金属超塑性

曹富荣 著

北京
冶金工业出版社
2014

内 容 简 介

本书是作者在多年超塑性研究工作的基础上，参考国内外近年来的研究成果编撰而成的，突出了超塑性机理与模型的论述，是一部有关超塑性研究的理论专著。

本书共7章，内容包括：超塑性概论，超塑性力学行为与组织演变，超塑性变形机理与模型，扩散蠕变与位错蠕变机理，本构模型与变形机理图，超塑性晶粒长大，超塑性空洞形核、长大与断裂。其中，超塑性流动和超塑性失稳是本书的重点内容。

本书适合从事金属超塑性研究和应用的研究人员阅读，也可供大专院校有关专业的师生和生产企业的工程技术人员参考。

图书在版编目（CIP）数据

金属超塑性/曹富荣著. —北京：冶金工业出版社，2014.7
ISBN 978-7-5024-6690-9

Ⅰ.①金… Ⅱ.①曹… Ⅲ.①金属—塑性变形—研究
Ⅳ.①TG111.7

中国版本图书馆 CIP 数据核字（2014）第 167638 号

出版人　谭学余
地　址　北京市东城区嵩祝院北巷 39 号　邮编　100009　电话　(010)64027926
网　址　www.cnmip.com.cn　电子信箱　yjcbs@cnmip.com.cn
责任编辑　张登科　程志宏　美术编辑　彭子赫　版式设计　孙跃红
责任校对　卿文春　责任印制　牛晓波

ISBN 978-7-5024-6690-9
冶金工业出版社出版发行；各地新华书店经销；北京佳诚信缘彩印有限公司印刷
2014 年 7 月第 1 版，2014 年 7 月第 1 次印刷
169mm×239mm；16.25 印张；316 千字；250 页
58.00 元

冶金工业出版社　投稿电话　(010)64027932　投稿信箱　tougao@cnmip.com.cn
冶金工业出版社营销中心　电话　(010)64044283　传真　(010)64027893
冶金书店　地址　北京市东四西大街 46 号(100010)　电话　(010)65289081(兼传真)
冶金工业出版社天猫旗舰店　yjgy.tmall.com

（本书如有印装质量问题，本社营销中心负责退换）

前　言

在材料科学领域，超塑性作为一个研究分支，其目的是使材料获得极大的塑性变形能力。超塑性研究经过80年的发展已经取得了很多成果，个别材料（钛、铝、镁等合金）的超塑性成型在航空航天等尖端领域获得应用。从1982年开始至今，超塑性国际会议（ICSMA）已经召开了十届，第十一届ICSMA会议将于2015年在日本东京召开，世界范围的超塑性研究在不断推进。

目前，国内出版的一些超塑性教材和专著，多论述超塑性材料和应用，缺少超塑性机理等方面的理论描述。作者尝试着把国外有关的变形机理学派思想引入我国超塑性理论研究，对超塑性机理与模型，蠕变机理与模型的精华，变形机理，超塑性晶粒长大与超塑性空洞形核、长大与断裂等，首次进行了系统阐述。

本书共分7章，第1章介绍了超塑性的定义和发展历史、力学特点和组织特点；第2章介绍了超塑性的力学行为与组织演变，该章为理解后面几章的理论模型提供背景基础。第3～7章为理论部分，将国外有关的变形机理学派创立的超塑性模型、蠕变模型和速控机理引入本书，其中，第3章介绍了超塑性机理与模型；第4章介绍了扩散蠕变与位错蠕变机理与模型，阐述了蠕变理论的精华内容，详细推导了固溶体合金3-5-3蠕变机理转变模型；第5章介绍了本构方程与变形机理图，以及作者结合自己研究给出的考虑位错数量与位错密度的变形机理图和新型蠕变机理图；由于国内缺少专门论述超塑性晶粒长大问题的著作，第6章专门介绍了超塑性变形诱发晶粒长大模型，配合该模型，书中比较详细地介绍了静态晶粒长大模型，系统阐述了超塑性变形诱发晶粒长大这一重要的组织失稳现象；第7章系统介绍了超塑性空洞形核、长大与断裂模型以及塑性失稳模型，并在前人工作的基础上，作者提出了位错塞积的空洞形核模型、空洞形核能量图和考虑聚合的统一的空洞长大模型和机理图。在第4~7章最后，分别介绍了速控机理、机理图、晶粒长大和空洞等领域的国外最新进展；书中第3、4、5章为超塑性流动，第6、7章为超塑性组织失稳与塑性失稳，二者构成了本书的重点内容。

本书是作者在多年超塑性研究工作的基础上，参考国内外近年来的研究成果并结合自己的科研最终完成的科学著作，突出了超塑性机理与模型的论述。

作者在超塑性研究过程中，曾得到过温景林教授、崔建忠教授和丁桦教授的支持与帮助；在本书写作过程中，参考了国内外有关学者的论文，同时，硕士生夏飞、尹斌、周碧晋和博士生李琢梁对书中插图做了很多工作，在此一并表示衷心的感谢。

由于时间仓促，书中难免有不妥之处，敬请读者批评指正。

作　者

2014年4月8日

目 录

1 超塑性概论 ··· 1
  1.1 超塑性定义 ··· 1
  1.2 超塑性历史与发展现状 ·· 1
  1.3 超塑性分类 ··· 3
    1.3.1 恒温超塑性或组织超塑性 ·································· 3
    1.3.2 相变超塑性 ·· 4
  1.4 超塑性特点 ··· 4
    1.4.1 宏观力学特性 ··· 4
    1.4.2 微观组织特征 ··· 5
  1.5 超塑性特征参数 ·· 6
    1.5.1 m 值或 n 值 ··· 6
    1.5.2 Q 值 ·· 6
    1.5.3 p 值 ·· 8
  1.6 超塑性材料与应用 ·· 10
  参考文献 ·· 10

2 超塑性力学行为与组织演变 ······································· 14
  2.1 超塑性力学行为 ··· 14
    2.1.1 应力-应变曲线 ··· 14
    2.1.2 应力-应变速率曲线 ··· 16
    2.1.3 对数应力或应变速率与温度倒数曲线 ··············· 18
    2.1.4 应变速率与晶粒尺寸倒数曲线 ··························· 18
    2.1.5 超塑性三区的划分 ··· 18
    2.1.6 应变速率敏感性与伸长率的关系 ······················· 20
    2.1.7 Cao 相熔点差与伸长率关系模型 ······················· 22
  2.2 超塑性显微组织演变 ·· 24
    2.2.1 超塑性变形前后的组织 ······································· 24
    2.2.2 轴比与相比例 ··· 28
    2.2.3 晶界滑动与迁移 ··· 32

2.2.4 晶粒转动和晶粒重排 …………………………………………… 38
2.2.5 位错活动 ………………………………………………………… 42
2.3 力学与组织小结 ……………………………………………………… 47
2.3.1 力学小结 ………………………………………………………… 47
2.3.2 组织小结 ………………………………………………………… 47
参考文献 ……………………………………………………………………… 49

3 超塑性变形机理与模型 …………………………………………………… 55
3.1 Ashby-Verrall 扩散调节的晶界滑移机理 ………………………… 55
3.1.1 晶粒暂时改变形状产生调节应变的扩散过程 ………………… 56
3.1.2 界面反应 ………………………………………………………… 56
3.1.3 晶界滑移 ………………………………………………………… 57
3.1.4 边界面积的波动 ………………………………………………… 57
3.2 Ball-Huchison 晶粒组滑移位错调节的晶界滑移机理 …………… 61
3.3 Mukherjee 晶内位错调节的晶界滑移机理 ………………………… 62
3.4 Gifkins "芯-表" 晶界滑移机理 ……………………………………… 64
3.5 Langdon 晶内与晶界位错调节的晶界滑移机理 …………………… 65
3.6 Gittus 双相合金晶界滑移机理 ……………………………………… 67
3.7 Arieli-Mukherjee 位错调节的晶界滑移机理 ……………………… 68
3.8 Cao 考虑变形诱发晶粒长大与加速晶界扩散的晶界滑移模型 …… 69
3.8.1 模型 ……………………………………………………………… 71
3.8.2 应用 ……………………………………………………………… 72
3.9 Suery-Baudelet 模型 ………………………………………………… 73
3.10 Spingarn-Nix 滑移带模型 ………………………………………… 74
3.11 Kaibyshev-Valiev-Emaletdinov 晶界硬化与恢复平衡模型 …… 76
3.12 Paidar-Takeuchi 晶粒转动承载的晶界滑移机理 ………………… 78
3.12.1 晶界位错过程 …………………………………………………… 79
3.12.2 物质扩散传输 …………………………………………………… 79
3.12.3 作用力与取向的关系 …………………………………………… 79
3.12.4 速控位错攀移 …………………………………………………… 80
3.13 Han 复合材料高应变速率超塑性机理与模型 …………………… 80
参考文献 ……………………………………………………………………… 83

4 扩散蠕变与位错蠕变机理 ………………………………………………… 85
4.1 扩散蠕变机理 ………………………………………………………… 85

4.1.1 Nabarro-Herring 蠕变机理 …………………………………… 86
4.1.2 Coble 蠕变机理 ……………………………………………… 89
4.1.3 Harper-Dorn 蠕变机理 ………………………………………… 91
4.2 位错蠕变机理 ……………………………………………………… 95
4.2.1 位错攀移蠕变机理 …………………………………………… 95
4.2.2 溶质拖曳蠕变机理 …………………………………………… 100
4.2.3 Class Ⅰ 或 Class A 固溶体合金蠕变机理的转变条件 ………… 101
4.2.4 溶质拖曳蠕变在准超塑性中的应用 ………………………… 107
4.3 速控机理研究新进展 …………………………………………… 109
参考文献 ……………………………………………………………… 111

5 本构模型与变形机理图 …………………………………………… 115
5.1 本构模型 …………………………………………………………… 115
5.1.1 机理型本构方程 ……………………………………………… 115
5.1.2 唯象学本构方程 ……………………………………………… 116
5.2 变形机理图 ………………………………………………………… 117
5.2.1 Ashby-Frost 机理图 ………………………………………… 118
5.2.2 Langdon-Mohamed 机理图 ………………………………… 120
5.2.3 Mohamed-Langdon 机理图 ………………………………… 123
5.2.4 Ruano-Wadsworth-Sherby 机理图 ………………………… 127
5.2.5 Cao 引入位错变量的 R-W-S 机理图 ……………………… 128
5.2.6 Cao 对包含 Ashby 型机理图的 Mg-6Li-3Zn 合金位错蠕变的研究 …………………………………………… 134
5.2.7 Cao 对包含 Ashby 型机理图的 Mg-11Li-3Zn 合金准超塑性的研究 …………………………………………… 142
5.2.8 变形机理图在钛、镍和铝合金中的应用 …………………… 150
5.3 机理图研究新进展 ………………………………………………… 155
参考文献 ……………………………………………………………… 157

6 超塑性晶粒长大 ……………………………………………………… 163
6.1 超塑性晶粒长大实验现象与一些规律性认识 ………………… 163
6.1.1 超塑性晶粒长大实验现象 …………………………………… 163
6.1.2 超塑性晶粒长大的一些规律性认识 ………………………… 168
6.2 静态晶粒长大模型 ………………………………………………… 169
6.2.1 $q=2$ 模型 …………………………………………………… 170

目 录

- 6.2.2 $q=3$ 模型 …………………………………………………………… 171
- 6.2.3 $q=4$ 模型 …………………………………………………………… 173
- 6.2.4 $q=5$ 模型 …………………………………………………………… 176
- 6.2.5 Cao 对 Mg-8.42Li 合金静态晶粒长大的计算 ……………………… 178
- 6.3 超塑性变形诱发晶粒长大机理与模型 …………………………………… 179
  - 6.3.1 Clark-Alden 变形诱发晶粒长大机理与模型 ……………………… 179
  - 6.3.2 Wilkinson-Caceres 变形诱发晶粒长大机理与模型 ……………… 181
  - 6.3.3 Sato-Kuribayashi 变形诱发晶粒长大机理与模型 ………………… 184
  - 6.3.4 Hamilton-Sherwood 变形诱发晶粒长大模型 …………………… 187
  - 6.3.5 Cao 的变形诱发晶粒长大模型 …………………………………… 188
- 6.4 颗粒或第二相尺寸在超塑性晶粒长大中的作用 ………………………… 190
- 6.5 晶粒长大研究新进展 ……………………………………………………… 192
  - 6.5.1 传统合金的细晶晶粒长大研究 …………………………………… 192
  - 6.5.2 超细晶和纳米晶金属与合金中的晶粒长大研究 ………………… 194
  - 6.5.3 陶瓷晶粒长大研究 ………………………………………………… 195
- 参考文献 ……………………………………………………………………… 195

7 超塑性空洞形核、长大与断裂 …………………………………………… 201
- 7.1 宏观断裂形貌 ……………………………………………………………… 201
- 7.2 空洞实验结果 ……………………………………………………………… 201
- 7.3 空洞形核理论 ……………………………………………………………… 206
  - 7.3.1 空洞形核机理与模型 ……………………………………………… 206
  - 7.3.2 空洞形核地点 ……………………………………………………… 207
  - 7.3.3 Cao 的超塑性空洞形核模型 ……………………………………… 211
- 7.4 空洞长大理论 ……………………………………………………………… 214
  - 7.4.1 空洞长大机理与模型 ……………………………………………… 215
  - 7.4.2 Cao 考虑空洞聚合的空洞长大模型 ……………………………… 219
- 7.5 空洞的抑制方法 …………………………………………………………… 232
  - 7.5.1 实验事实与结果 …………………………………………………… 232
  - 7.5.2 解释静压力减少空洞的原因 ……………………………………… 234
- 7.6 塑性失稳判据 ……………………………………………………………… 234
- 7.7 断裂方式与机理 …………………………………………………………… 237
- 7.8 空洞研究新进展 …………………………………………………………… 242
- 参考文献 ……………………………………………………………………… 245

1 超塑性概论

1.1 超塑性定义

从历史上看，没有普遍接受的超塑性定义。过去有人把伸长率大于100%，应变速率敏感性指数大于0.33定义为超塑性。在1991年日本大阪先进材料超塑性国际会议上提出如下超塑性定义[1]：超塑性指多晶材料以各向同性方式表现出很高的拉断伸长率的能力。2009年美国Langdon教授在大阪定义的基础上给出了新的超塑性定义[2]：超塑性指多晶材料以各向同性方式表现出很高的拉断伸长率的能力。测量的超塑性伸长率通常至少400%以上以及测量的应变速率敏感性接近0.5。同时把伸长率100%～300%和应变速率敏感性0.33的黏性滑移蠕变定义为准超塑性或类超塑性。不少英文文献报道，超塑性是指材料在一定的组织条件下和一定的温度和应变速率条件下表现出无明显缩颈的异常高的塑性的能力。通常，晶粒尺寸小于10μm。变形温度$T \geq 0.5T_m$，T_m为熔点。应变速率为$10^{-4} \sim 10^{-1} s^{-1}$。

1.2 超塑性历史与发展现状

超塑性的历史也许可以追溯到公元前2200年的青铜器时代。Geckinli推算早在青铜器时期土耳其使用的含As 10%（质量分数）的青铜就是超塑态的。这是因为这些材料是双相合金，在手工热锻的过程中产生了超塑性所需要的稳定的细晶组织，从而得到各种复杂形状的锻件。

不仅如此，Wadsworth和Sherby[3]等发现从公元前300年到19世纪一直使用的大马士革刀，其成分与现代超高碳钢十分相似，而后者最近才发现超塑性。

上述情况是人们对超塑性现象出现的推测。真正在文献中报道大延伸现象的是1912年美国物理实验室（NPL）科学家Bengough[4]发表的论文，他认为"某种特殊的黄铜像玻璃一样拉到一个细点，获得了极大的伸长率"。考察他的原始工作发现，他描述了α+β黄铜在700℃表现出了163%的最大伸长率。1934年英国的Pearson[5]在挤压态Bi-Sn合金中获得了1950%的伸长率。Pearson被西方学者认为是超塑性的创始人（其肖像见[6]）。1945年苏联的Baocvar和Sviderskaya在研究论文中把这种大延伸现象定义为"超塑性"，论文发表后被1945年的美国化学文摘（Chemical Abstracts）收录，从此，超塑性这一名词沿用至今。苏联的 Baocvar 是超塑性名词的提出者，他与 Sviderskaya 博士率先开展了 Zn–Al 合金超塑性研究（其肖像见[7]）。

1962 年 Underwood[8]发表了一篇对苏联超塑性的评述，引起了西方学者的注意，从此超塑性研究一直进行，规模越来越大。

1964~1967 年美国麻省理工学院 Backofen（其肖像见[9]）及其同事[10]研究了 Zn–Al 合金的超塑性能，提出了著名的应变速率敏感性指数的概念及其测量方法。Backofen 是 m 值概念和测量方法的创造者。

1967 年 Sherby 和 Burke[11]对高温蠕变做重要评述，提出了 Class Ⅰ和 Class Ⅱ两类蠕变的划分，在 Class Ⅰ固溶体合金中发现了较大的伸长率，近来一些研究者在 $n=3$ 机理中发现的准超塑性现象（含大晶粒超塑性现象）就发生在这类合金中。1967~1968 年 Bell 等[12]和 Gifkins[13]等提出测量晶界滑移的方法。

1969 年 Ball 和 Hutchison[14]，1970 年和 1994 年 Langdon[15,16]，1971 年 Mukherjee[17]，1973 年 Ashby[18]，1976 年 Gifkins[19]，1977 年 Gittus[20]等提出了各自的超塑性模型。从微观机理和定量角度解释了超塑性现象，并给出了应力与应变速率之间的机理型本构模型，1984 年 Sherby[21]等提出一个经典唯象学本构方程。上述工作奠定了超塑性机理的理论基础。

自 1972 年起，超塑性进入了较快的发展时期，到 1975 年短短几年的时间内发表的超塑性文献达 500 余篇，标志着超塑性已发展成为国际性的大课题。从文献上看，早期研究工作多针对共晶和共析合金（如 Pb–Sn、Bi–Sb、Zn–Al 等）进行。

1976 年以后美国 Rockwell 公司 Paton、Hamilton[22]等对当时难加工的工业铝合金发明了著名的 Rockwell 形变热处理方法；Watts 等对铝铜锆合金发明了著名的动态再结晶诱发超塑性的方法。

概括来说，20 世纪 60~80 年代主要开展了共析合金、共晶合金、纯金属、钛合金、镍合金、含第二相颗粒的铝合金超塑性研究。90 年代以后研究内容发生了很大的变化。

自 1991 年起，超塑性的研究内容更加广泛，超塑性的概念更加精确化。先进材料，如金属间化合物、陶瓷和复合材料超塑性研究成为热点。变形机制研究向原子层次进一步发展。1985 年第一篇超塑性陶瓷论文发表。1987 年第一篇金属间化合物论文发表。90 年代金属基复合材料（主要是铝基复合材料）超塑性研究报道开始涌现，到 2000 年日本 Higashi[23]对复合材料超塑性研究进行全面总结。与此同时，日本集中开展了镁合金及其复合材料的超塑性研究。

近 20 年来，剧烈塑性变形（SPD），如等通道转角挤压（ECAP 或 ECAE）、累积轧焊（ARB）、搅拌摩擦加工（FSP）和高压扭转（HPT）[24]及球磨新技术[25]的出现，使超塑性研究向超细晶和纳米晶进展。同时金属玻璃超塑性引起人们的关注。

自 1982 年以来,国际先进材料超塑性会议(ICSAM)每三年举行一次,共召开了十届。该会议的前十届分别在美国圣地亚哥、法国格勒诺布尔、美国布莱茵、日本大阪、俄罗斯莫斯科、印度班加罗尔、美国奥兰多、英国牛津,中国成都和法国阿贝等地成功召开,促进了国际超塑性界的交流。第十一届 ICSAM 将于 2015 年在日本召开,人们对超塑性的兴趣以及研究范围有了很大的扩展。

材料超塑性现象至今已经有 80 年的历史,金属超塑性现象引起了各国学者浓厚的科学兴趣,其最大伸长率的吉尼斯世界纪录不断被刷新。1969 年 Lee[26] 在镁铝中获得 2000% 的超塑性,1977 年 Ahmed 和 Langdon[27] 在铅锡中取得 4850% 的超塑性,该纪录被收入吉尼斯世界纪录中。1984 年 Nakatani 和 Higashi[28] 在工业铝青铜中伸长率突破 5500%,1994 年 Ma 和 Langdon[29] 在铅锡中获得了 7550% 的超塑性。与此同时,Sherby[30] 在铝青铜中获得了 8000% 的超塑伸长率。这是目前研究各种材料超塑性获得的最大伸长率,如图 1-1 所示。2008 年 Figueiredo 和 Langdon[31] 在 ZK60 镁合金中获得 3050% 的超塑性。2012 年 Avtokratova[32] 在 Al - Mg - Sc - Zr 合金中获得 4100% 的超塑性。

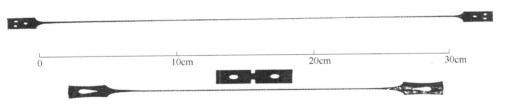

图 1-1 超塑性研究目前获得最大伸长率的实物照片

1.3 超塑性分类

早期由于超塑性现象仅限于 Pb - 62Sn,Bi - Sn、Mg - 33Al 和 Al - 33Cu 共晶合金、Zn - 22Al 共析合金等少数低熔点的有色金属,也曾有人认为超塑性现象只是一种特殊现象。随着更多的金属及合金实现了超塑性,以及与金相组织及结构联系起来研究以后,发现超塑性金属有着本身的一些特殊规律,这些规律带有普遍的性质。而并不局限于少数金属中。因此按照实现超塑性的条件(组织、温度、应力状态等)一般分为以下几种。

1.3.1 恒温超塑性或组织超塑性

根据材料的组织形态特点,它也称为微细晶粒、超细晶和纳米晶超塑性。

一般所指超塑性多属这类超塑性，其特点是材料具有微细的等轴晶粒组织[33]。在一定的温度区间（$T_s \geq 0.5T_m$，T_s 和 T_m 分别为超塑变形和材料熔点温度的绝对温度）和一定的变形速度条件下（应变速率为 $10^{-4} \sim 10^{-1} \mathrm{s}^{-1}$）呈现超塑性。这里指的晶粒尺寸，对细晶合金大都在微米级，一般为 $0.5 \sim 5 \mu m$，最近 20 年研究的超细晶材料，晶粒尺寸为 $1 \sim 0.1 \mu m$，纳米晶材料的晶粒尺寸在 100nm 以下。一般来说，晶粒越细越有利于塑性的发展，但有些材料（例如 Ti 合金），晶粒尺寸达几十微米时仍有很好的超塑性能。而个别纳米晶材料尽管有纳米晶粒存在，由于特殊原因，仍然得不到很高的伸长率。还应当指出，由于超塑性变形是在一定的温度区间进行的，因此即使初始组织具有微细晶粒、超细晶和纳米晶晶粒尺寸，如果热稳定性差，在变形过程中晶粒迅速长大的话，仍不能获得良好的超塑性。

1.3.2 相变超塑性

这类超塑性，并不要求材料有超细晶粒，而是在一定的温度和负荷条件下，经过多次的循环相变或同素异形转变获得大延伸[33]。例如碳素钢和低合金钢，加以一定的负荷，同时于 A1.3 温度上下施以反复的一定范围的加热和冷却，每一次循环发生两次转变，可以得到二次跳跃式的均匀延伸。D. Oelschlägel 等用 AISI 1018、1045、1095、52100 等钢种试验表明，伸长率可达到 500% 以上。这样变形的特点是，初期时每一次循环的变形量（$\Delta \varepsilon / N$）比较小，而在一定次数之后，例如几十次之后，每一次循环可以得到逐步加大的变形，到断裂时，可以累积为大延伸。

有相变的金属材料，不但在扩散相变过程中具有很大的塑性，并且淬火过程中奥氏体向马氏体转变，即无扩散的脆性转变过程中，也具有相当程度的塑性。同样，在淬火后有大量残余奥氏体的组织状态下，回火过程、残余奥氏体向马氏体单向转变过程，也可以获得异常高的塑性。另外，如果在马氏体开始转变点 Ms 以上的一定温度区间加工变形，可以促使奥氏体向马氏体逐渐转变，在转变过程中也可以获得异常高的延伸，塑性大小与转变量的多少，变形温度及变形速度有关。这种过程称为"转变诱发塑性"，即所谓"TRIP"现象。Fe–Ni 合金、Fe–Mn–C 等合金都具有这种特性。

1.4 超塑性特点

1.4.1 宏观力学特性

超塑性的宏观力学特性主要包括：大变形、无缩颈、小应力、易成型。

1.4.1.1　大变形

超塑性材料在单向拉伸时伸长率为300%~1000%[34]，有的高达5000%[28]。

1.4.1.2　无缩颈

超塑性材料初期形成缩颈，由于缩颈部位变形速率增加而发生局部强化，而其余部分继续变形，使缩颈传播出去，即所谓的"游动颈"变形。实际超塑性变形有缩颈，"无缩颈"是相对而言的。

1.4.1.3　小应力

超塑性流动应力是常规变形应力的几分之一到几十分之一。如超塑性钛合金板材，流动应力只有几十牛每平方毫米到10牛每平方毫米。这样，超塑性加工的设备吨位大大减小。

1.4.1.4　易成型

超塑态的合金流动性和填充性极好，有"金属饴"之称。使许多形状复杂、难成型的材料（如某些钛合金）成型成为可能。钛板可成型出弯曲半径 r 小到材料厚度 t 的零件。另外，其他材料的体积成型、气压成型、无模拉伸等也成为可能。可以说，超塑性成型为材料成型开辟了一条新途径。

1.4.2　微观组织特征

Kashyap等[34]介绍了经典超塑性的以下组织特征：

（1）晶粒结构，假如变形开始时为非等轴晶，那么在最初的百分之几十的变形量以后将获得近等轴晶条件。

（2）经过百分之几百或几千的变形，晶粒依然主要是等轴的。

（3）初始的直界面（晶界或相界）发生弯曲，有时出现球形外观，此为"圆弧化"现象。

（4）存在应变增强的晶粒长大，特别是在低的应变速率下。

（5）界面处出现条纹带。

（6）大范围的晶界迁移和晶界滑动。

（7）单个晶粒或晶粒群存在相当大的相对转动。

（8）超塑性流变过程发生相当大的位错活动。

（9）某些系合金在超塑性变形过程中发生"原位"连续再结晶。

1.5 超塑性特征参数

针对超塑性文献对应力指数(n)、变形激活能(Q)和晶粒指数(p)多直接给出公式不便于读者了解来龙去脉的问题,本书作者对n、Q和p做详细推导如下。

1.5.1 m值或n值

应力指数(n)是应变速率敏感性指数(m)的倒数,根据高温变形本构方程[16]:

$$\dot{\varepsilon} = \frac{AD_0 Gb}{kT}\left(\frac{b}{d}\right)^p \left(\frac{\sigma}{G}\right)^n \exp\left(-\frac{Q}{RT}\right) \quad (1-1)$$

式中,A为无量纲常数;σ为外加应力;p为晶粒指数;n为应力指数;D_0为扩散预指数因子;Q为激活能,取决于速控过程,Q_L(晶格扩散或体扩散激活能)或Q_{gb}(晶界扩散激活能)。

在温度T、晶粒尺寸d、剪切模量G等参数一定的情况下,得$\dot{\varepsilon} = B\left(\frac{\sigma}{G}\right)^n$
对上式取对数,得到:

$$\ln\dot{\varepsilon} = \ln B + n\ln\left(\frac{\sigma}{G}\right)$$

$$\ln\dot{\varepsilon} = \ln B - n\ln G + n\ln\sigma$$

令$B' = \ln B - n\ln G$,则

$$\ln\dot{\varepsilon} = B' + n\ln\sigma$$

于是

$$n = \frac{\partial \ln\dot{\varepsilon}}{\partial \ln\sigma}\bigg|_T, \quad m = \frac{\partial \ln\sigma}{\partial \ln\dot{\varepsilon}}\bigg|_T \quad (1-2)$$

根据式(1-2)可以计算材料超塑性的n值和m值。图1-2所示为Mg-7.83Li合金超塑性的n值曲线[35]。可见$n=2.3$和$n=2.1$,接近经典超塑性$n=2$。

1.5.2 Q值

变形激活能(Q)是用来衡量材料热变形或原子发生重排的难易程度,变形激活能是位错密度的函数。材料位错密度高,则变形激活能数值大。其大小受材料本质、变形温度、变形速率以及变形程度等因素的影响。一定程度上反映了材料变形的难易程度,激活能大小和变化可以作为表征材料超塑性过程中的变形机制的特征参数之一。

超塑性变形激活能可以从式(1-1)高温变形本构方程[16]获得。
对式(1-1)取对数变形:

$$\ln\dot{\varepsilon} = \ln\frac{AD_0 b}{k} + p\ln b + \ln(\sigma^n G^{1-n} T^{-1} d^{-p}) - \frac{Q}{RT} \quad (1-3)$$

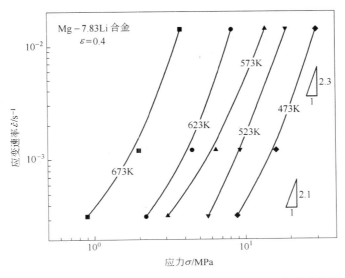

图 1-2 Mg-7.83Li 合金超塑性流动应力与应变速率关系曲线

假设应变速率恒定，微分式（1-3）

$$\partial \ln(\sigma^n G^{1-n} T^{-1} d^{-p}) = \frac{Q}{R} \partial \left(\frac{1}{T}\right) \tag{1-4}$$

得到恒定应变速率下的真实激活能

$$Q_t = R \left. \frac{\partial \ln(\sigma^n G^{1-n} T^{-1} d^{-p})}{\partial \left(\frac{1}{T}\right)} \right|_{\dot{\varepsilon} = \text{const}} \tag{1-5}$$

假设应力恒定，微分式（1-3），同理得到恒定应力下的真实激活能：

$$Q_t = R \left. \frac{\partial \ln(\dot{\varepsilon} G^{1-n} T^{-1} d^{-p})}{\partial \left(\frac{1}{T}\right)} \right|_{\sigma = \text{const}} \tag{1-6}$$

式（1-5）和式（1-6）是在假设剪切模量 G 和晶粒尺寸随温度变化的条件下获得的，对超塑性 Q 确定具有普适性。

假设 d 一定，$\dot{\varepsilon}$ 一定，对式（1-1）取对数：

$$\frac{Q}{RT} = n\ln\sigma + \ln\frac{AD_0 b}{kT} - \ln\dot{\varepsilon} - n\ln G + p\ln\left(\frac{b}{d}\right) \tag{1-7}$$

微分式（1-7）：

$$\partial \ln\sigma = \frac{Q}{R} \partial \left(\frac{1}{T}\right)$$

得到恒定应变速率下的表观激活能

$$Q_a = Rn \left. \frac{\partial \ln\sigma}{\partial \left(\frac{1}{T}\right)} \right|_{\dot{\varepsilon} = \text{const}} \tag{1-8}$$

假设 d 一定，σ 一定，对式（1-1）取对数并微分，同理得到恒定应力下的表观激活能：

$$Q_a = -R \left. \frac{\partial \ln \dot{\varepsilon}}{\partial \left(\frac{1}{T}\right)} \right|_{\sigma=\text{const}} \quad (1-9)$$

由于超塑性过程发生变形诱发晶粒长大，应采用真实激活能而采用表观激活能并不合适。但是许多研究者喜欢采用表观激活能，因为表观激活能计算简便。但是对晶粒长大明显的合金，采用表观激活能可能误判超塑性扩散机理。

图 1-3 所示为采用式（1-5）确定的 Mg-7.83Li 合金超塑性真实激活能曲线（变形温度 523～623K，应变速率 $1.67\times10^{-3}\mathrm{s}^{-1}$）[35]。该条件下合金的变形激活能为 107kJ/mol。

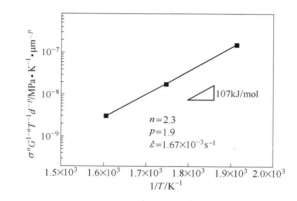

图 1-3 Mg-7.83Li 合金超塑性真实激活能曲线

图 1-4 所示为采用式（1-8）确定的 Mg-11Li-3Zn 合金表观激活能曲线（变形温度 473～573K，应变速率 $1.67\times10^{-2}\mathrm{s}^{-1}$）[36]。该条件下合金的变形激活能为 112.6kJ/mol。

采用变形激活能判定机理的方法：将实验获得的变形激活能与理论激活能比较，如果变形激活能与体扩散理论激活能接近，则断定为体扩散控制的过程；如果变形激活能与晶界扩散理论激活能接近，则断定为晶界扩散控制的过程。

应当指出，在材料科学文献中，激活能多以 kJ/mol 为单位；在物理文献中，多以 eV（电子伏特）为单位。

1.5.3 p 值

晶粒指数（p）是判定超塑性与蠕变机理的一个特征参数。超塑性的 p 值通常为 2 或 3。

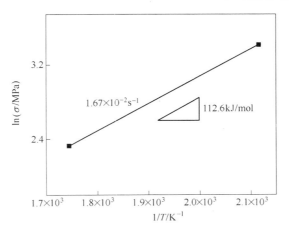

图 1-4 对数应力与温度倒数的关系

在温度 T、应力 σ 等参数一定的情况下,式(1-1)变成:$\dot{\varepsilon} = B\left(\dfrac{b}{d}\right)^p$,取对数,则

$$\ln\dot{\varepsilon} = \ln B + p\ln b - p\ln d$$

令 $B' = \ln B + p\ln b$,则

$$\ln\dot{\varepsilon} = B' + p\ln\left(\dfrac{1}{d}\right)$$

于是

$$p = \dfrac{\partial \ln\dot{\varepsilon}}{\partial \ln\left(\dfrac{1}{d}\right)}\bigg|_{T,\sigma} \quad \text{或} \quad p = -\dfrac{\partial \ln\dot{\varepsilon}}{\partial \ln d}\bigg|_{T,\sigma} \tag{1-10}$$

图 1-5 所示为 Mg-7.83Li 合金超塑性的 p 值曲线[35]。从图可看出,$p = 1.9$,接近经典超塑性 $p = 2$。

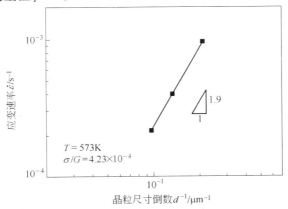

图 1-5 Mg-7.83Li 合金超塑性的 p 值曲线

1.6 超塑性材料与应用

超塑性现象最先在双相合金中研究，以为是材料的一种特殊现象，后来发现许多材料只要达到超塑性要求的条件都可以出现超塑性，因此超塑性材料变得十分广泛。近几十年来金属超塑性已在工业生产领域中获得了较为广泛的应用。美国 NASA 采用 Ti 合金、铝合金和镁合金超塑性成型制备航空零件。美国 Superform 公司每年生产几千吨的超塑性成型零件，主要生产以下合金的板材：钛合金（Ti-6Al-4V、Ti6Al2Sn4Zr2Mo、Ti3Al-2.5V、SP700）、铝合金（SP2004（Supral 100）、SP7475、SP5083、SP2195）、镁合金（AZ31 和 ZK10）以及其他合金（INCO718、IN744 和 NAS565）[9]。一些超塑性的 Zn 合金、Al 合金、Ti 合金、Cu 合金以及黑色金属等正以它们优异的变形性能和材质均匀等特点，在航空航天以及汽车的零部件生产、工艺品制造、仪器仪表壳罩件和一些复杂形状构件的生产中起到了不可替代的作用。同时超塑性金属的品种和数量也有了大幅度的增加，除了早期的共晶、共析型金属外，还有沉淀硬化型和高级合金；除了低熔点的 Pb 基、Sn 基和著名的 Zn-Al 共析合金外，还有 Mg 基、Al 基、Cu 基、Ni 基和 Ti 基等有色金属以及 Fe 基合金（Fe-Cr-Ni、Fe-Cr 等）、碳钢、低合金钢以及铸铁等黑色金属，总数已达数百种。除此之外，相变超塑性、"先进材料"（如金属基复合材、金属间化合物、陶瓷等）的超塑性也得到了很大的发展[33]。近来超细晶和纳米晶材料的应用将成为一个重要的方向。由于超塑性力学、材料与应用在国内外许多超塑性教材、专著和综述[37~56]中有大量详细的介绍，本书不做专题论述。

参 考 文 献

[1] Hori S, Tokizane M, Furushiro N. Superplasticity in advanced materials [C]. Japan Osaka, The Japan Society of Research on Superplasticity, 1991.

[2] Langdon T G. Seventy-five years of superplasticity: historic developments and new opportunities [J]. J. Mater. Sci. 2009, 44: 5998~6010.

[3] Wadsworth J, Sherby O D. On the bulat-damascus steels revisited [J]. Prog. Mater. Sci., 1980, 25: 35~68.

[4] Bengough G D. A study of the properties of alloys at high temperatures [J]. J. Inst. Metals., 1912, 123~174.

[5] Pearson C E. The viscous properties of extruded eutectic alloys of lead-tin and bismuth-tin [J]. J. Inst. Metals., 1934, 54: 111~124.

[6] Ridley N. C E Pearson and his observation of superplasticity [C]. In N Ridley ed., Superplas-

ticity: 60 years after Pearson, UK, The Institute of Materials, 1994: 1.
[7] Novikov I I. 50th anniversary of Russian investigations on superplasticity [J]. Mater. Sci. Forum 1994, 170~172: 3~12.
[8] Underwood E E. A review of superplasticity and related phenomenon [J]. J. Metals, 1962, 14: 914~919.
[9] Barnes A J. Superplastic forming 40 years and still growing [J]. J. Mater Eng. Perf., 2007, 16 (4): 440~454.
[10] Backofen W A, Turner I R, Avery D H. Superplasticity in an Al – Zn alloy [J]. Trans. ASM, 1964, 57: 980~990.
[11] Sherby O D, Burke P M. Mechanical behavior of solids at high temperatures [J]. Prog. Mater. Sci., 1967, 13: 325~390.
[12] Bell R L, Langdon T G. An investigation of grain – boundary sliding during creep [J]. J. Mater. Sci., 1967, 2: 313~323.
[13] Gifkins R C, Gittins A, Bell R L, Langdon T G. The dependence of grain – boundary sliding on shear stress [J]. J. Mater. Sci., 1968, 3: 306~313.
[14] Ball A, Hutchison M M. Superplasticity in the Aluminum – Zinc eutectoid [J]. J. Metal Sci., 1969, 3: 1~7.
[15] Langdon T G. Grain boundary sliding as a deformation mechanism in creep [J]. Phil. Mag., 1970, 22: 689~700.
[16] Langdon T G. Unified approach to grain boundary sliding in creep and superplasticity [J]. Acta Metallurgicaet Materialia, 1994, 42 (7): 2437~2443.
[17] Mukherjee A K. The rate controlling mechanism in superplasticity [J]. Mater. Sci. Eng., 1971, 8: 83~89.
[18] Ashby M A, Verrall R A. Diffusion – accommodated flow and superplasticity [J]. Acta Metall., 1973, 21 (2): 149~163.
[19] Gifkins R C. Grain – boundary sliding and its accommodation during creep and superplasticity [J]. Metallurgical Transactions A., 1976, 7: 1225~1231.
[20] Gittus J H. Theory of superplastic flow in two – phase materials: roles of interphase – boundary dislocations, ledges, and diffusion [J]. Transactions ASME: J. Eng. Mater. Technol., 1977, (7): 244~251.
[21] Sherby O D, Wadsworth J. Development and characterization of fine grain superplastic materials [C]. In: G. Krauss (Ed.). Deformation, Processing and Structure. ASM, Metals Park, Ohio, 1982: 355~388.
[22] Paton N E, Hamilton C H, Wert J, Mahoney M. Characterization of fine – grained superplastic aluminum alloys [J]. Journal of Metals, 1982, 34 (8): 21~27.
[23] Higashi K. High strain rate superplasticity in Japan [J]. Mater. Sci. Technol., 2000, 16: 1320~1329.
[24] Srinivasarao B, Zhilyaev A P, Langdon T G, Prez – Prado M T. On the relation between the

microstructure and the mechanical behavior of pure Zn processed by high pressure torsion [J]. Mater. Sci. Eng., A 2013, 562: 196~202.

[25] Dheda S S, Melnyk C, Mohamed F A. Effect of titanium nitride nanoparticles on grain size stabilization and consolidation of cryomilled titanium [J]. Mater. Sci. Eng. A, 2013, 584: 88~96.

[26] Lee D. Nature of superplastic deformation in Mg – Al eutectic [J]. Acta Metall, 1969, 17: 1057~1069.

[27] I Ahmed M M, Langdon T G. Exceptional ductility in the superplastic Pb – 62 pct Sn eutectic [J]. Metall. Trans. A, 1977, 8: 1832~1833.

[28] Nakatani Y, Ohnishi T, Higashi K. Superplastic behavior of commercial aluminum bronze [J]. J. Jpn. Inst. Met., 1984, 48 (1): 113~114.

[29] Ma Y, Langdon T G. Factors influencing the exceptional ductility of a superplastic Pb – 62 pct Sn alloy [J]. Metall. Mater. Trans. A, 1994, 25: 2309~2311.

[30] Sherby O D, Wadsworth J. Superplasticity – recent advanceds and future directions [J]. Prog. Mater. Sci., 1989, 33: 169~221.

[31] Figueiredo R B, Langdon T G. Record superplastic ductility in a magnesium alloy processed by equal – channel angular pressing [J]. Adv Eng. Mater, 2008, 10 (1~2): 37~40.

[32] Avtokratova E, Sitdikov O, Markushev M, Mulyukov R. Extraordinary high – strain rate superplasticity of severely deformed Al – Mg – Sc – Zr alloy [J]. Mater. Sci. Eng. A, 2012, 538: 386~390.

[33] 金泉林. 金属超塑性数据库. http: //www.superplasticity.net/super/MetalDef.htm.

[34] Kashyap B P, Arieli A, Mukherjee A K. Microstructural aspects of superplasticity [J]. J. Mater. Sci., 1985, 20: 2661~2686.

[35] Cao F R, Ding H, Li Y L, Zhou G, Cui J Z. Superplasticity, dynamic grain growth and deformation mechanism in ultralight two – phase magnesium – lithium alloys [J]. Mater. Sci. Eng. A, 2010, 527 (9): 2335~2341.

[36] 曹富荣, 丁桦, 王昭东, 李英龙, 管仁国, 崔建忠. 超轻β固溶体Mg – 11Li – 3Zn合金的准超塑性与变形机理 [J]. 金属学报, 2012, 48 (2): 250~256.

[37] 何景素, 王燕文. 金属的超塑性 [M]. 北京: 科学出版社, 1986.

[38] 刘勤. 金属的超塑性 [M]. 上海: 上海交通大学出版社, 1989.

[39] 吴诗敦. 金属超塑性变形理论 [M]. 北京: 国防工业出版社, 1997.

[40] 崔建忠. 超塑性 [M]. 石家庄: 河北教育出版社, 1996.

[41] 林兆荣. 金属超塑性成型原理及应用 [M]. 北京: 航空工业出版社, 1990.

[42] 陈浦泉. 组织超塑性 [M]. 哈尔滨: 哈尔滨工业大学出版社, 1988.

[43] 文九巴, 杨蕴林, 杨永顺, 陈拂晓, 张柯柯, 张耀宗. 超塑性应用技术 [M]. 北京: 机械工业出版社, 2005.

[44] 宋玉泉. 超塑性力学 [M]. 长沙: 湖南大学出版社, 1988.

[45] 宋玉泉, 刘颖, 徐进, 管晓方. 结构陶瓷超塑性. Ⅱ. 陶瓷材料的超塑性 [J]. 金属学

报，2009，45（1）：6~17.
- [46] 海锦涛，王仲仁，阳永春，张立斌. 国内外超塑性研究近况与发展［C］. 全国第五届超塑性学术讨论会论文集，北京：1992.
- [47] 张凯锋，骆俊廷，陈国清，王国锋. 纳米陶瓷超塑加工成型的研究进展［J］. 塑性工程学报，2003，10（1）：1~3.
- [48] 郭隆，白秉哲，侯红亮. 置氢 Ti-6Al-4V 钛合金超塑性研究［J］. 稀有金属，2009，33（4）：467~471.
- [49] 金泉林. 超塑变形的力学行为与本构描述［J］. 力学进展，1995，25（2）：260~274.
- [50] 于卫新，李淼泉，胡一曲. 材料超塑性和超塑成型/扩散连接技术及应用［J］. 材料导报，2009，23（6）：8~14.
- [51] Ma Z Y, Friction stir processing technology: a review［J］. Metall. Mater. Trans. A, 2008, 39: 642~658.
- [52] 蔚胤红，王渠东，刘满平，丁文江. 镁合金超塑性的研究现状及发展趋势［J］. 材料导报，2002，16（9）：20~23.
- [53] 鲁世强，黄伯云，贺跃辉. TiAl 基金属间化合物的超塑性现状［J］. 南昌航空工业学院学报，2001，15（4）：6~10.
- [54] 郭建亭，杜兴嵩. 金属间化合物的组织超塑性行为［J］. 材料研究学报，2001，15（5）：487~498.
- [55] 黄伯云，贺跃辉，邓忠勇，王健农. 热变形 TiAl 基合金的超塑性行为［J］. 金属学报，1998，34（11）：1173~1177.
- [56] 蒋冬梅，林栋梁. 大晶粒 Ni-45Al 合金的超塑性［J］. 金属学报，2003，39（1）：47~50.

2 超塑性力学行为与组织演变

2.1 超塑性力学行为

2.1.1 应力-应变曲线

通常有两种方法获得应力-应变曲线。国内多采用恒速度方法，国外多采用恒应变速率方法，但也有采用恒速度方法的。文献中介绍的应力-应变曲线分两种，一种是工程应力-工程应变曲线，另一种是真应力-真应变曲线。图 2-1 和图 2-2 分别为本书作者[1]在细晶双相 Mg-7.83Li 和 Mg-8.42Li 合金超塑性工程应力与工程应变关系曲线和超塑性试样照片。该图分三个变形阶段：弹性变形阶段、塑性变形阶段和断裂阶段。弹性变形阶段为屈服之前应力随应变增加的阶段，在外力去除后，发生弹性回复。塑性变形阶段是屈服之后到断裂之前的阶段，此时只要发生超塑性变形，由于大延伸变形，该阶段（又称稳态阶段）的持续时间最长，变形过程中发生微观晶界滑移或相界滑移，累积变形结果导致 920% 和 850% 的超塑性。断裂阶段是应力降低到最低点，空洞连接导致断裂的阶段。此时持续时间很短。图 2-3 所示为 Panicker 等[2]获得的细晶单相 AZ31 镁合金 673K 超塑性应力-应变曲线。

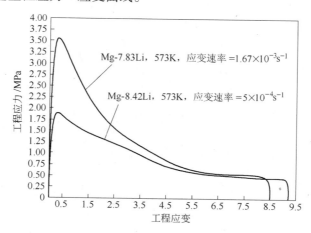

图 2-1　Mg-7.83Li 和 Mg-8.42Li 合金超塑性工程
应力与工程应变关系曲线

2.1 超塑性力学行为 · 15 ·

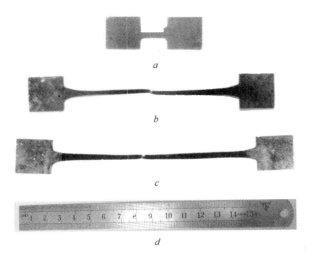

图 2-2 Mg-Li 合金超塑性实物照片
a—未变形试样；b—Mg-7.83Li, 573K, $1.67 \times 10^{-3} \mathrm{s}^{-1}$；
c—Mg-8.42Li, 573K, $5 \times 10^{-4} \mathrm{s}^{-1}$；d—标尺

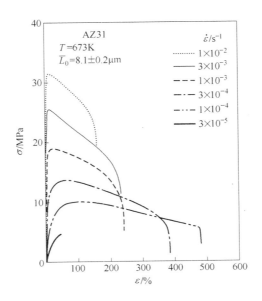

图 2-3 AZ31 镁合金 673K 超塑性应力-应变曲线

2.1.2 应力-应变速率曲线

Backofen 等[3]第一个提出应变速率敏感性指数（m 值）的概念和著名的超塑性本构模型。

$$\sigma = K\dot{\varepsilon}^m \tag{2-1}$$

式中，K 为常数。对式（2-1）微分得应变速率敏感性指数（m 值）

$$m = \mathrm{d}\ln\sigma/\mathrm{d}\ln\dot{\varepsilon} \tag{2-2}$$

m 值是超塑性变形重要特征参数，它表征材料抑制颈缩扩展的能力，所以一般把 m 值称为流动应力对应变速率的敏感性指数。

Mohamed 等[4]推导了试样断面积变化率与 m 值的关系，阐述了 m 值的理论意义。应力与载荷和断面积的关系为

$$\sigma = P/A \tag{2-3}$$

式中，P 为载荷；A 为试样断面积。

应变速率为

$$\dot{\varepsilon} = \frac{\mathrm{d}\varepsilon}{\mathrm{d}t} = \frac{\mathrm{d}\ln(l/l_0)}{\mathrm{d}t} = \frac{1}{l}\frac{\mathrm{d}l}{\mathrm{d}t} = -\frac{1}{A}\frac{\mathrm{d}A}{\mathrm{d}t} \tag{2-4}$$

式中，ε 为真应变；t 为时间；l 为变形后到 t 时刻的长度；l_0 为试样标距长度。

将式（2-3）和式（2-4）代入式（2-1），得

$$-\frac{\mathrm{d}A}{\mathrm{d}t} = \left(\frac{P}{K}\right)^{\frac{1}{m}} \frac{1}{A^{(1-m)/m}} \tag{2-5}$$

式（2-5）左边负数表示拉伸时试样断面减小，为断面减小率。当 $m=1$ 时，根据式（2-1），应力与应变速率呈线性关系，具有牛顿黏性流动性质，K 可用黏度系数来代替，断面减小率与断面面积 A 无关。当 $0<m<1$ 时，m 值越大，断面减小率越小，说明试样断面变小的速度越慢，表现为稳定的扩展型缩颈。因此，m 值表征了材料抵抗缩颈扩展的能力。Mohamed 等还指出，在某处产生某缩颈的同时，可能导致应变速率的增加。后来的研究者完善了 Mohamed 等的思想，进一步指出，某处缩颈带来应变速率增加的同时，增加了此处的应力使之强化，结果其余无缩颈部分因"相对软化"被迫在新位置发生变形，之后新缩颈又强化，如此循环下去，好像缩颈沿拉伸试样长度"游动"，故有"游动颈"理论。

式（2-2）是测定 m 值的依据。Backofen 等提出的 m 值确定方法为速度突变法（SRC），在 Padmanabhan 等[5]专著中已经详细介绍。通常是在一定的应变的范围内从应力-应变曲线上采集数据后获得应力-应变速率曲线，应力-应变速率曲线斜率为应变速率敏感性指数，此为目前流行的三角形法确定 m 值的方法。确定 m 值的方法有许多，如 SRC 法、最大载荷法、反向外推载荷法、应力

松弛法、恒定应力法（应力循环法）、三角形法等，近些年使用比较多的方法是 SRC 法和三角形法。

图 2-4 所示为 Panicker[2] AZ31 镁合金超塑性速度突变法（SRC）获得平均 m 值的曲线。图 2-5 所示为本书作者等[6]获得的 Al-12.7Si-0.7Mg 合金超塑性应力-应变速率曲线。

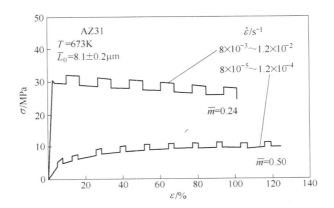

图 2-4　AZ31 镁合金 673K 超塑性速度突变法（SRC）
获得平均 m 值的曲线

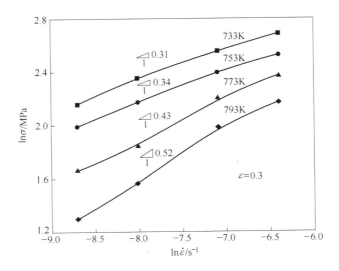

图 2-5　Al-12.7Si-0.7Mg 合金超塑性应力-应变速率曲线

2.1.3 对数应力或应变速率与温度倒数曲线

从不同温度下的应力-应变速率关系曲线可以获得对数应力或应变速率与温度倒数两种曲线,目的是确定变形激活能 Q。图 2-6 所示为 Al-12.7Si-0.7Mg 合金超塑性对数应力与温度倒数曲线[6]。根据此曲线,实验获得的 Q 值为 132~156.7kJ/mol,接近铝自扩散自由能 142kJ/mol,所以该合金的原子扩散机理为体扩散控制的。

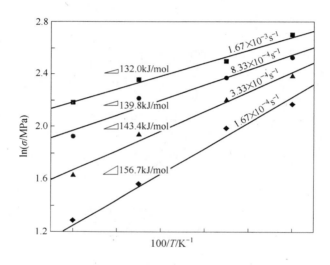

图 2-6 Al-12.7Si-0.7Mg 合金超塑性对数应力与温度倒数曲线

2.1.4 应变速率与晶粒尺寸倒数曲线

获得应变速率与晶粒尺寸倒数曲线的目的是确定晶粒指数 p。图 2-7 所示为 Watanabe 等[7]在 AZ61 镁合金中获得的 648K 超塑性应变速率与晶粒尺寸倒数曲线。根据此曲线,实验获得的 p 值为 2,与超塑性机理型本构方程的 $p=2$ 吻合。图 2-8 所示为 Watanabe 等[8]粉末冶金 ZK61 镁合金 473K 超塑性应变速率与晶粒尺寸倒数曲线,根据此曲线,实验获得的 p 值为 3,与 Sherby 等[9]超塑性唯象学本构方程的 $p=3$ 吻合。Sherby 等[9]认为高温下体扩散占主导,晶粒指数 $p=2$,低温下晶界扩散占主导,晶粒指数 $p=3$。Watanabe 等的研究结果与 Sherby 等的唯象学本构方程预测一致。

2.1.5 超塑性三区的划分

图 2-9 所示为 Mohamed 和 Langdon 等[4,10,11]报道的 Zn-22% Al 共析合金伸

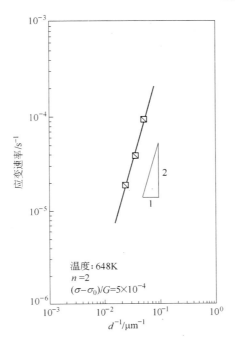

图 2-7 AZ61 镁合金中获得的超塑性应变速率与晶粒尺寸倒数曲线

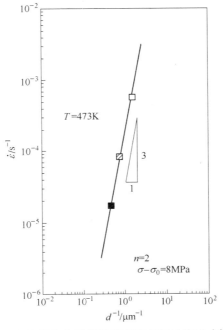

图 2-8 ZK61 镁合金超塑性应变速率与晶粒尺寸倒数曲线

长率与应变速率关系（上图）及应力与应变速率的关系（下图）。从上图可见，曲线呈钟罩形状。从下图可见，根据速率将曲线划分为三区：低应变速率下为Ⅰ区，属于扩散蠕变区，是有争议的区；中等应变速率下为Ⅱ区，属于超塑性晶界滑移区；高应变速率下为Ⅲ区，属于位错蠕变区。在Ⅰ和Ⅲ区，m 值低，而在Ⅱ区 m 值高。图 2-9 所示的特征在本书作者[12] Mg-8Li 合金力学行为和 Watanabe 等[8] ZK61 镁合金中得到证实。图 2-10 所示为 Chokshi 和 Langdon 等[13] 报道的 Al-33% Cu 共晶合金的三区，与 Mohamed 和 Langdon 等不同的是在有争议的扩散蠕变区，作者认为可能存在三种情况：(1) $m \leqslant 0.3$；(2) $m = 0.5$；(3) $m = 1.0$。Langdon[11] 分析超塑性与蠕变应力和应变速率关系之后，得到图 2-11，认为左图超塑性三区与右图蠕变三区等效，换句话说，该等效关系在许多材料中得到证实，应力指数 $n = 1/m$，这是一个著名的论断，它使蠕变数据与超塑性数据发生本质的联系。

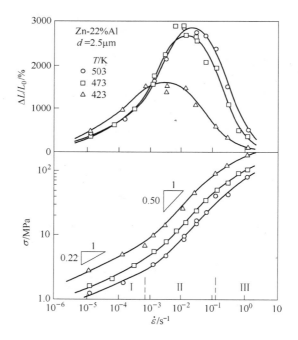

图 2-9　Zn-22% Al 共析合金伸长率与应变速率的关系（上图）
及应力与应变速率的关系（下图）

2.1.6　应变速率敏感性与伸长率的关系

图 2-12 所示为应变速率敏感性与伸长率的关系曲线[4,14~16]。可以看出，应

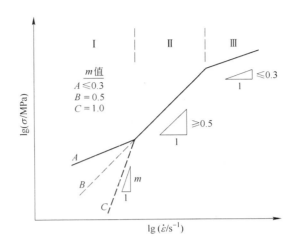

图 2-10 Al-33%Cu 共晶合金的三区
(可能的 I 区标记为 A、B 和 C)

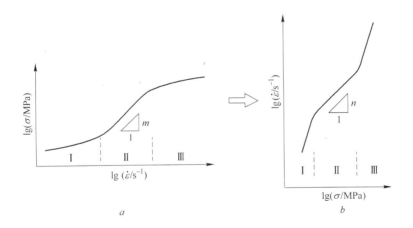

图 2-11 超塑性材料力学数据对数图两种表达方式的示意图
a—应力-应变速率关系；b—应变速率-应力关系

变速率敏感性随伸长率的增加而增加。一般来说，伸长率大一定应变速率敏感性指数大，但是应变速率敏感性指数大，不一定伸长率大。当 m 值小时，缩颈应力的增加带来该区域应变速率的很大增加，缩颈迅速长大，导致突然断裂，断裂之前持续的时间很短，因而得到很低的拉断伸长率。当 m 值大时，由于缩颈区域的应力增加导致应变速率增加缓慢，结果缩颈逐渐形成，断裂之前持续的时间

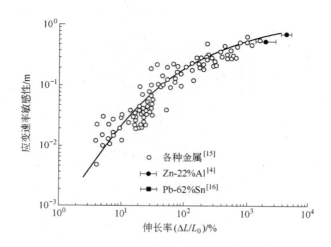

图 2-12 应变速率敏感性与伸长率的关系[15]与高度
超塑性的 Zn-22%Al[4] 和 Pb-62%Sn[16] 的数据

很长,因而有可能得到很高的拉断伸长率。

建立应变速率敏感性(m)与伸长率(δ)的关系模型是超塑性研究者关注的一个问题,提出不少模型。这里介绍三个既简便又实用的模型。

Avery 和 Stuart[17] 获得以下公式:

$$\delta = \left[\left(\frac{1-\beta^{\frac{1}{m}}}{1-\alpha^{\frac{1}{m}}} \right)^m - 1 \right] \times 100 \qquad (2-6)$$

式中,α 为 0.99;β 为 0.5。

Al-Naib-Duncan[18] 获得以下公式:

$$\delta = (100^m - 1) \times 100 \qquad (2-7)$$

Burk 和 Nix[19] 获得以下公式:

$$\delta = \left[\exp\left(\frac{2m}{1-m} \right) - 1 \right] \times 100 \qquad (2-8)$$

2.1.7 Cao 相熔点差与伸长率关系模型

本书作者[6]在双相 Al-Si-Mg 合金超塑性研究中发现伸长率与相熔点差之间存在关系,提出了相应的模型。表 2-1 给出了双相 Al-Si-Mg 合金和一些共晶或共析合金的相熔点差对超塑性伸长率的影响[4,16,20,21]。从表 2-1 可以看出,Pb-62Sn、Zn-22Al、Mg-33Al 和 Al-33Cu 共晶或共析合金共同的特点是均获得 1475% 以上的伸长率,两相熔点差很小,只有 65~227K,而 Al-12.7Si-

0.7Mg 合金获得 379% 的伸长率,两相熔点差太大,达到 754K。

表 2-1 双相 Al-Si-Mg 合金和一些共晶或共析合金的相熔点差对超塑性伸长率的影响

合 金	$\dfrac{d}{T}/\mu m \cdot K^{-1}$, $\dfrac{\dot{\varepsilon}}{\delta}/(s \cdot \%)^{-1}$	T_e[①] /K	T_{m1}[②]/K	T_{m2}[②]/K	ΔT_m[③]	备注
Pb-62Sn	6.9/413, 3.3×10⁻⁴/4850	456	578((Pb)相)	503(β-Sn)	75	[16]
Zn-22Al	2.5/473, 3.33×10⁻³/2900	550	691(β-Zn)	918(α-Al)	227	[4]
Mg-33Al	2.2/673, 3.3×10⁻²/2100	710	873(α-Mg)	728($Al_{12}Mg_{17}$)	45	[20]
Al-33Cu	7.9/723, 1.3×10⁻⁵/1475	821.2	928((Al)相)	863($CuAl_2$)	65	[21]
Al-12.7Si	9.1/793, 1.67×10⁻⁴/379	850	923((Al)相)	1687((Si)相)	754	作者研究

①共晶或共析温度[22];②两相的熔点[22];③$\Delta T_m = T_{m1} - T_{m2}$。

熔点与强度密切相关。Gubicza 等[23]给出了面心立方金属(Al、Cu、Ni)室温最大屈服强度与熔点之间的关系如下式所示:

$$\frac{\sigma_{\max} - \sigma_0}{G} = A\left(\frac{293}{T_m}\right)^q \tag{2-9}$$

式中,$\sigma_{\max}$ 为最大屈服强度;σ_0 为摩擦应力;G 为剪切模量;$A = 3.4 \times 10^{-4}$;$q = -2.1$。

由式(2-9)得:

$$T_m = \frac{293}{A^{1/2.1}}\left(\frac{\sigma_{\max} - \sigma_0}{G}\right)^{1/2.1} \tag{2-10}$$

式(2-10)表示了熔点与最大屈服强度和剪切模量的关系。假设合金的单相服从式(2-10),得

$$\Delta T_m = T_{m1} - T_{m2} = \frac{293}{A^{1/2.1}}\left[\left(\frac{\sigma_{\max 1} - \sigma_{01}}{G_1}\right)^{1/2.1} - \left(\frac{\sigma_{\max 2} - \sigma_{02}}{G_2}\right)^{1/2.1}\right] \tag{2-11}$$

式中下标 1 和 2 分别代表第一相和第二相。式(2-11)表明两相熔点差与两相之间的剪切模量补偿的屈服强度 $[(\sigma_{\max} - \sigma_0)/G]^{1/2.1}$ 密切相关。

对高温超塑性变形,假设双相合金中的单相为细晶并遵循以下本构关系[24]:

$$\dot{\varepsilon} = \frac{AD_0Gb}{kT}\left(\frac{b}{d}\right)^p\left(\frac{\sigma}{G}\right)^n\exp\left(-\frac{Q}{RT}\right) \tag{2-12}$$

式中,A 为无量纲常数;σ 为外力,这里指屈服强度;p 为晶粒指数(2);n 为应力指数(2);D_0 为预指数因子;Q 为激活能,与速控过程有关(Q_L 或 Q_{gb})。

对给定超塑性变形,$\dot{\varepsilon}$、T、d、A、D_0、b 和 k 具有特定的值。由式(2-12)得

$$C_1 G \left(\frac{\sigma}{G}\right)^2 = \exp\left(\frac{Q}{RT}\right) \qquad (2-13)$$

式中，C_1 为常数。由于 $Q_{gb} \propto T_m$ 和 $Q_L \propto T_m$[1]，令 $Q = C_2 T_m$，式中 C_2 为常数，由式（2-13）得

$$C_3 \ln C_1 G \left(\frac{\sigma}{G}\right)^2 = T_m \qquad (2-14)$$

式中，$C_3 = (RT)/C_2$。式（2-14）表明熔点与剪切模量与屈服强度的关系。相熔点越高，相屈服强度越大。于是得

$$\Delta T_m = T_{m1} - T_{m2} = \ln \frac{\left[C_{11} G_1 \left(\frac{\sigma_1}{G_1}\right)^2\right]^{C_{31}}}{\left[C_{12} G_2 \left(\frac{\sigma_2}{G_2}\right)^2\right]^{C_{32}}} \qquad (2-15)$$

式中，下标 1 和 2 分别代表第一相和第二相；C_{11}、C_{12}、C_{31}、C_{32} 为常数。可见，两相熔点差与对数相剪切模量和剪切模量补偿的屈服强度有关。

由此可以看出，上面提到的共晶或共析合金很小的熔点差意味着很小的相剪切模量和剪切模量补偿的屈服强度对数比，合金中两相容易协调边界滑移。Al-Si-Mg 合金显著的熔点差意味着（Al）和（Si）相之间很大的相剪切模量和剪切模量补偿的屈服强度对数比，空洞容易在（Al）/（Si）界面形成，导致伸长率损失。这可能是多数 Al-Si 合金超塑性伸长率为 147%～380% 的一个重要原因。除了细小等轴的晶粒尺寸和上面提到的温度与应变速率变形条件外，两相的屈服强度和剪切模量在确定最大超塑伸长率方面还起重要作用。

2.2 超塑性显微组织演变

2.2.1 超塑性变形前后的组织

第一种变形前的组织为细小等轴晶粒的组织。图 2-13 所示为 Zn-22%Al 合金变形前组织[2]。晶粒尺寸为 2.5μm，晶粒形状为等轴状，该组织超塑性变形获得 2900% 的伸长率。图 2-14 所示为 Al-33%Cu 793K 退火 16h 的组织[21]。晶粒尺寸为 7.9μm，晶粒形状为等轴状，该组织超塑性变形获得 1450% 的伸长率。可见，细小（1～10μm）稳定的等轴晶是获得最大超塑性伸长率的前提，是实现晶界滑移的必要条件。这种细小晶粒的组织在超塑性变形几百或几千之后仍然保持其等轴性。组织"稳定"是相对而言的，超塑性变形后的组织通常会发生一定的晶粒长大，由于材料组成相性质的不同和变形条件的不同，发生晶粒长大的程度也不同。

第二种变形前的组织为细小等轴晶粒占大多数并有少量带状晶粒的组织。图 2-15 所示为本书作者[1]在 Mg-7.83Li 合金和 Mg-8.42Li 合金采用轧制与盐浴

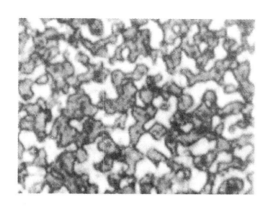

图 2-13　Zn-22%Al 合金变形前的组织[2]（放大倍数 1860）

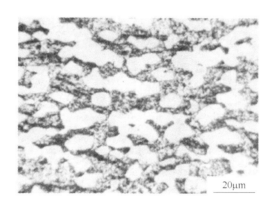

图 2-14　Al-33%Cu 793K 退火 16h 的组织[21]

退火获得的组织。发现经过 648K，30min 硝酸盐浴退火之后晶粒细小，为 3.48μm。大变形轧制（加工率大于 92%）使双相合金内部储存了大量能量和形核地点。由于硝酸盐浴退火加热速度快，晶粒以高密度进行再结晶形核，从而获得细小的再结晶晶粒。显微照片中仍然可以看到轧制造成的晶粒方向性的"痕迹"。图 2-15b 中存在一个"虫形"晶粒，而其他晶粒均为细小的等轴晶。这种细小的晶粒组织预示着获得超塑性的可能性。这种"虫形"晶粒属于带状晶粒，在超塑性变形初期会由于应力作用达到动态再结晶临界应变后转变为等轴晶粒，从而转变成第一种形式的组织，实现晶界滑移。该组织经过超塑性变形分别获得 850% 和 920% 的超塑性。第 6 章第 1 节给出了 Mg-7.83Li 合金超塑性变形后组织，可见晶粒发生长大，但保持其等轴性。

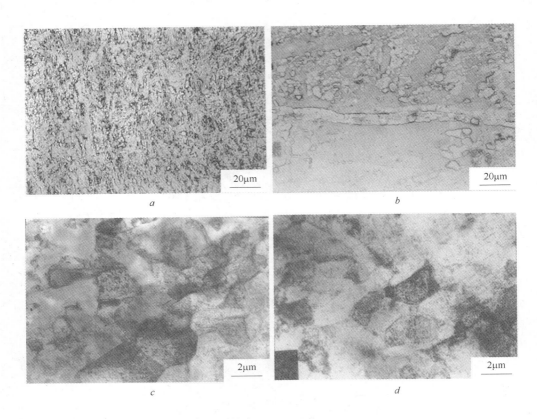

图 2-15 Mg-7.83Li 合金和 Mg-8.42Li 合金变形前的显微组织
a—Mg-7.83Li, 648K, 30min 硝酸盐浴退火, OM; b—Mg-8.42Li, 648K, 30min 硝酸盐浴退火, OM;
c—Mg-7.83Li, 648K, 30min 硝酸盐浴退火, TEM; d—Mg-8.42Li, 648K, 30min 硝酸盐浴退火, TEM

第三种变形前的组织为带状晶粒的组织。带状晶粒是热挤压和轧制等形变之后存在的组织[25]。图 2-16 所示为带状组织的 Pb-Sn 共晶合金的变形前后组织演变。图 2-16a 未变形的带状组织经过 175% 的应变之后相分布发生变化, 转变为图 2-16b 等轴晶组织。图 2-17 所示为 Cu-5P 合金不同真应变下的组织演变[26]。黑色的为 β 相, 随应变从 0 增加到 18%、47% 和 70%, 发生带状相团块的分解与粗化, 黑色的 β 相逐渐分离, 黑白相之间界面接触点的数量增加。Dunlop 和 Taplin[27] 研究了铝青铜超塑性三区的应变速率对组织的影响。发现较低应变速率下, 晶粒团作为一个单元一起滑动。随应变速率增加, 晶粒团一起滑动的倾向降低。因此, 在带状组织中, 发生不同相的晶粒均匀重新分布或带状组织转变的速度在较高应变速率下要比在较低应变速率下快。

伸长的晶粒或带状组织的存在带来变形初始阶段很高的应力值[28~30]和较低

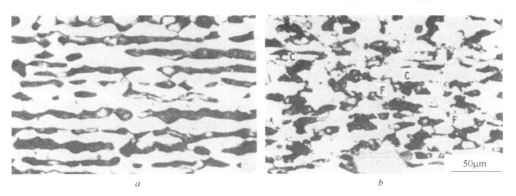

图 2-16 初始伸长组织的 Pb-Sn 共晶合金等轴晶组织演变

a—未变形的组织；b—平行于 a 中的晶粒条方向拉伸应变175%

C—带有尖端的弯曲相界；F—甲状突出

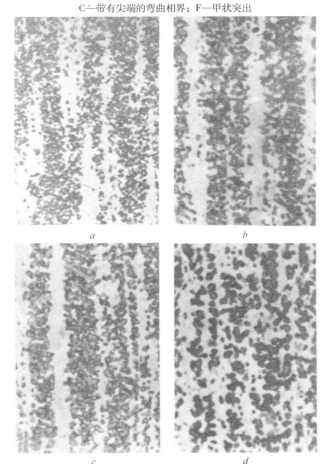

图 2-17 Cu-5P 合金 550℃和 $1.28 \times 10^{-4} s^{-1}$ 不同真应变下黑色的 β 相团块的分解与粗化

a—0%；b—18%；c—47%；d—70%

的应变速率敏感性值[29,31]。这些伸长的晶粒在变形的初期阶段逐渐向等轴晶转变,最后稳定在轴比 1.2[28,32,33]。实现稳定等轴组织的应变取决于合金体系、初始轴比、实验温度与应变速率。表2-2给出了不同超塑性合金实验观察到该应变值。可以看出,只要达到一定的应变,就可以使带状组织转变为等轴晶组织。该应变即使对相同的合金,由于热机械化历史的不同也不同。

表2-2 不同超塑性合金实现向等轴晶转变的应变值

合 金	工程应变/%	参考文献
Al-Cu-Zr	~50	[34]
60/40 黄铜	<30	[28]
Cu-P	<30	[35]
Cu-Zn-Fe	<40	[30]
IN-744	<80	[31]
Al-Cu 共晶	~15	[36]
Pb-Sn 共晶	~5	[37]
Ti-6Al-4V	0①	[32]

① 实验温度静态退火。

降低轴比带来应变软化,这与发生的组织变化有关。Watts 等[34]研究了预时效 Al-Cu-Zr 合金超塑性变形后的组织变化。在10%的应变之后,原来的亚晶尺寸增加了一个数量级,达到约 3μm。在50%应变之后,获得均匀等轴组织,此时亚晶尺寸等于晶粒尺寸。最近 Sotoudeh 等[38]对工业铝合金细晶超塑性研究提出两种方式:一种方式是 AA5083 Al-Mg-Mn 和 AA7475 Al-Zn-Mg-Cr 合金静态再结晶获得变形前细晶组织;另一种方式是 AA2004 Al-Cu-Zr(SUPRAL)和 AA8090 Al-Li-Mg-Cu-Zr 合金,其轧制与退火处理得到回复的带状组织,该带状组织在超塑性变形过程中亚晶演变为大角度晶界的晶粒。

一旦材料中等轴晶粒组织形成,就变成第一种形式的细小等轴组织,该组织超塑性变形几百或几千的工程应变之后仍然保持等轴性。需要指出,有些研究发现[39~41]初始等轴组织Ⅱ区超塑性变形会出现晶粒略微伸长,Valiev 和 Kaibyshev[39~40]对 Zn-1%Al 和 Mg-1.5%Mn-0.3%Cr 合金研究发现对应变速率降低,晶粒伸长。Lee 和 Niessen[41]研究 Zn-0.1%Ni-0.04%Mg 合金发现Ⅱ区伸长大约为试样总伸长的17.5%。除了 Ghosh 和 Hamilton 研究的双相(Ti-6Al-4V)合金外,值得注意的是超塑性变形过程中所有发现晶粒伸长的研究是针对单相合金进行的。

2.2.2 轴比与相比例

轴比是衡量晶粒等轴性的一个指标,是纵向晶粒尺寸与横向晶粒尺寸之比。

超塑性材料变形过程中保持等轴形状的能力取决于界面的移动性、成型性和相体积分数[42]。一般情况下,等轴晶粒的轴比在1.2以下,为1~1.2。本书作者研究了 Mg-8.4%Li 双相合金在573K,$1.67\times10^{-3}\mathrm{s}^{-1}$条件下晶粒的轴比,用线截距法测定的晶粒轴比为1.185,小于1.2。而采用图像分析仪确定的轴比范围为1.1~1.8,造成1.8的轴比是由于组织中存在带状晶粒,主要原因是超塑性之前组织存在带状晶粒,在超塑性变形初期发生动态再结晶发生向等轴晶转变,630%之后的组织为完全的等轴晶,此时轴比为1~1.2。Kaibyshev 等[43]和 Rabinovich 等[44]研究发现超塑性变形后的组织要比退火态的组织分散度大,Kaibyshev 等[43]认为超塑性材料的轴比为1.1~1.4。Watts 等[33]对 Al-Cu 共晶超塑性变形后组织的轴比为1.5,而退火态的为1.2。在粉末冶金材料中,起初轴比为1,超塑性变形后轴比为1.5。出现上述轴比证明了 Raj 和 Ghosh[45]超塑性晶粒分布不均匀性理论的正确性。轴比或晶粒形状的偏差大小直接反映了变形机理的变化。我们知道 Rachinger[47]晶粒换位思想是 Ashby-Verrall 近邻晶粒换位超塑性机理[46]产生的基础。

Rachinger 计算晶内变形的模型为:

$$\varepsilon_{ids} = (N_t/N_l)^{\frac{2}{3}} - 1$$

式中,ε_{ids}为晶内变形应变;N_t,N_l分别为横向和纵向单位长度的晶粒数。

$$d_t = 1.74 l_t/(MN_t), \quad d_l = 1.74 l_l/(MN_l)$$

式中,d_t,d_l分别为横向和纵向空间晶粒尺寸;l_t,l_l分别为横向和纵向线截距晶粒尺寸;M为显微镜放大倍数。

设轴比为 GAR,本书作者获得以下轴比与晶内应变关系模型:

$$\varepsilon_{ids} = GAR^{2/3} - 1$$

另外,晶界应变为总应变减去晶内应变 $\varepsilon_{gbs} = \varepsilon_t - \varepsilon_{ids}$,等式两边同除以 ε_t,得

$$\varepsilon_{gbs}/\varepsilon_t = 1 - \varepsilon_{ids}/\varepsilon_t$$

令

$$\xi_{gbs} = \varepsilon_{gbs}/\varepsilon_t, \quad \xi_{ids} = \varepsilon_{ids}/\varepsilon_t$$

式中,ξ_{gbs},ξ_{ids}分别为晶界滑动的贡献率和晶内变形的贡献率。

用此模型计算发现,轴比在2以下,晶内变形在45%以下而晶界变形贡献率在55%以上,说明晶界滑移是主导机理;轴比在2以上,晶内变形是主导机理。对 Mg-8.42Li 合金超塑性空洞研究发现空洞轴比均在2以上,说明空洞断裂是在晶界滑移转变为晶内变形之后,试样很快被拉断,进一步证明了 Rachinger 理论的正确性。轴比与晶内应变关系模型把不同作者的轴比与晶界滑动机理联系起来。

相比例研究是某些合金中存在的问题。一个是由实验温度变化引起的相比例变化,如 α/β 黄铜[48]、Ti-6Al-2Sn-4Zr-2Mo-0.1Si[49]和 Ti-6Al-4V[50]合

金中的相比例研究。例如,Ti – 6Al – 2Sn – 4Zr – 2Mo – 0.1Si 合金在变形温度 982℃和899℃条件下,α 相体积分数从初始时的50%增加到55%,然后增加到70%,如图2 – 18 所示[51]。α/β 黄铜在等相比例情况下,获得最大超塑性伸长率,该现象被称为"Crane 效应"。Cao 等[52]汇集了铜合金与钛合金晶粒尺寸、相比例与超塑性伸长率的关系,如表2 – 3 所示。另一个是合金成分影响的相比例变化。例如 Mg – Li 合金。Cao 等[52]研究与汇集了镁锂合金晶粒尺寸、相比例与超塑性伸长率的关系,如表2 – 4 所示。一些研究者在 Mg – Li 合金中在不同的相比例条件下获得了不同的超塑性。Fujitani 等[53]对 Mg – 7.81Li 合金板在温度573K,初始应变速率$3.3 \times 10^{-4} s^{-1}$ 条件下获得了580%的超塑性。α 相体积分数与 β 相体积分数之比为60:40,超塑性变形前晶粒尺寸为11μm,由于等轴晶粒尺寸较大,所以微观晶界滑动给出的应变较小,表现为宏观伸长率较低。Higashi

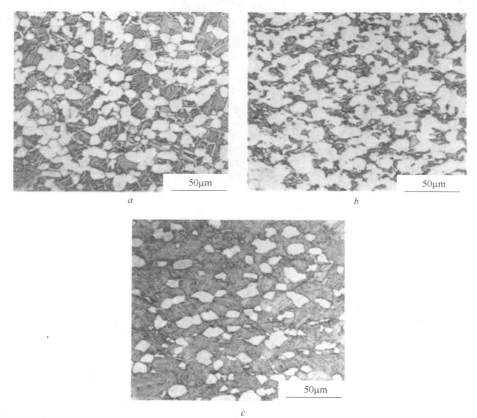

图2 – 18 (α + β) Ti – 6Al – 2Sn – 4Zr – 2Mo – 0.1Si 合金显微组织
a—来料;b—899℃变形 (ε = 0.7);c—982℃变形 (ε = 0.7),$\dot{\varepsilon} = 10^{-3} s^{-1}$

等[54]对 Mg-8.5Li 合金板在温度 623K，真应变速率 $4\times10^{-4}\mathrm{s}^{-1}$ 条件下获得了 610% 的超塑性。合金 α 相体积分数与 β 相体积分数之比为 47:53，超塑性变形前晶粒组织为带状组织，长轴晶粒尺寸为无限长，短轴晶粒尺寸为 6.7~17μm。由于组织由非等轴的晶粒组成，超塑变形时发生动态再结晶，由带状组织变成等轴晶组织，所以宏观伸长率较低。Kojima 等[55]对 Mg-8.3Li-0.99Zn 合金板在温度 573K，初始应变速率 $4.2\times10^{-4}\mathrm{s}^{-1}$ 条件下获得了 840% 的超塑性。合金 α 相体积分数与 β 相体积分数之比为 51:49，超塑性变形前晶粒组织为少量的细小晶粒与大量的带状晶粒组成，带状组织长轴晶粒尺寸为有限长 5.8~158μm，短轴晶粒尺寸为 1.9~13μm。超塑变形时发生动态再结晶——非等轴的晶粒向等轴晶组织的转变，由于短轴晶粒尺寸较小，加上接近 50:50 的两相比例，所以宏观伸长率较高。

表 2-3　铜合金与钛合金晶粒尺寸、相比例与超塑性伸长率的关系

作　者	合　金	α/%	β/%	$\dot{\varepsilon}/\mathrm{s}^{-1}$	T/K	d/μm	m	δ/%
Sagat 等	Cu40%Zn	50	50	5.3×10^{-4}	898	3	0.6	520
Taplin 等	Cu10%Al	50	50	5.3×10^{-4}	973	1	0.66	700
Patterson 等	Cu41%Zn	57.9	42.1	$(1\sim8)\times10^{-4}$	873	8.3	0.65	520
Cope 等	Ti6Al4V	60	40	2.33×10^{-4}	1153	4.4~4.8	0.55	1050
Ro 等	Ti6Al4V	57	43	6.67×10^{-4}	1173	4.7	0.6	530
Dutta 等	Ti6Al4V	52	48	1.3×10^{-4}	1200	4.7	—	—

表 2-4　镁锂合金晶粒尺寸、相比例与超塑性伸长率的关系

序号	锂含量	α/%	β/%	$\dot{\varepsilon}/\mathrm{s}^{-1}$	T/K	d/μm	GAR	m	δ/%
1	6.12	92.14	7.86	5.0×10^{-4}	573	5.0	—	0.25	175
2	8.42	48.19	52.80	5.0×10^{-4}	573	7.5	<1.2	0.64	920
3	10.86	0.77	52.80	5.0×10^{-4}	573	41	—	0.39	250
4	6.5	84.81	15.19	5.0×10^{-4}	573	5.9	—	0.33	168
5	7.16	72.09	27.91	8.3×10^{-4}	573	—	—	0.45	408
6	7.81	59.56	40.44	3.3×10^{-4}	573	11	—	0.49	580
7	7.96	53.50	46.50	8.3×10^{-4}	623	16.4	—	0.67	400
8	8.3	50.12	49.88	4.2×10^{-4}	573	6.3/39.95	6.4	0.72	840
9	8.5	42.40	57.60	4.0×10^{-4}	623	10	—	0.70	610
10	9.0	42.40	57.60	4.0×10^{-4}	623	10	—	0.47	455

本书作者[56]制备的 Mg-7.83Li 和 Mg-8.42Li 合金超塑性变形前的平均线截距晶粒尺寸为 3.48μm，主要为等轴晶粒，满足经典超塑性变形晶粒尺寸小于 10μm 的组织要求。计算得到 Mg-7.83Li 合金的 α 相体积分数与 β 相体积分数之比为 60:40，Mg-8.42Li 合金的 α 相体积分数与 β 相体积分数之比为 49:51。两种合金的 α 相与 β 相的相比例与 50:50 比较接近，据等相比例效应（Crane 效应），在 50:50 二相比例时，相界面滑动最活跃，双相合金获得最大超塑伸长率。因此非常细小的等轴晶尺寸和接近 50:50 的两相比例是两种合金分别获得 850% 和 920% 超塑性的内在原因。结合前述不同作者的数据，可以看出晶粒细小的等轴晶的合金超塑性最大，带状晶粒的合金超塑性次之，晶粒粗大的等轴晶的合金超塑性最小。因此细小的等轴晶粒是 Mg-Li 合金获得最大超塑性的关键条件。接近 50:50 的两相比例是不同研究者获得较高超塑性的辅助条件。

2.2.3 晶界滑动与迁移

2.2.3.1 晶界滑动

超塑性流动发生大量的晶界或相界滑移，甚至在扩散蠕变机理占主导的研究中，晶界滑移也伴随扩散蠕变进行。表 2-5 所示为 Langdon[11] 总结的一些合金 Ⅰ、Ⅱ、Ⅲ区晶界滑移的测量结果，可见超塑性Ⅱ区的晶界滑移贡献 ξ 为 50%~70%，在Ⅰ和Ⅲ区晶界滑移贡献 ξ 明显降低。

表 2-5　Ⅰ、Ⅱ、Ⅲ区晶界滑移的测量结果

研究者	材　料	晶粒尺寸 $\bar{L}/\mu m$	实验温度 T/K	伸长率 $\delta/\%$	$\xi/\%$		
					Ⅰ区	Ⅱ区	Ⅲ区
Hori 等	Al-33Cu	~10	793	40	—	70	—
Matsuki 等	Al-9%Zn-1%Mg	9.3	793	60	42	63	26
Matsuki 等	Al-11%Zn-1%Mg	7.6	823	30	60	80	50
Shei 和 Langdon	Cu-2.8%Al-1.8%Si-0.4%Co	4.5	823	10	28±12	44±10	20±5
Lee	Mg-33%Al	10.6	673	17	12	64	29
Valiev 和 Kaibyshev	Mg-1.5%Mn	9.6	673	30	33±4	49±6	30±4
Dingley	Pb-62%Sn	—	293	—		70	
Vastava 和 Langdon	Pb-62%Sn	9.7	423	22	21±5	56±12	20±4

续表 2-5

研究者	材料	晶粒尺寸 $\bar{L}/\mu m$	实验温度 T/K	伸长率 $\delta/\%$	$\xi/\%$		
					Ⅰ区	Ⅱ区	Ⅲ区
Furushiro 和 Hori	Pb - 62% Sn	6.0	293	15~35	—	50	—
Kaibyshev 等	Zn - 0.4% Al	1.0	293	20	40	50	30
Holt	Zn - 22% Al	1.8	523	20	30	60	30
Novikov 等	Zn - 22% Al	1.6	523	20	<30	60	<30
Shariat 等	Zn - 22% Al	3.8	473	100	10±5	11±5	6±3

一些工作研究了边界（α-α、β-β、α-β）滑移量或研究滑移与外力之间的取向的影响。

Vastava 和 Langdon[57]在应变速率 $5.0 \times 10^{-6} s^{-1}$（Ⅰ区）、$1.33 \times 10^{-3} s^{-1}$（Ⅱ区）、$1.33 \times 10^{-1} s^{-1}$（Ⅲ区）条件下，测量了 Pb-Sn 共晶合金的单个边界的贡献，如表 2-6 所示。对所有的三区，他们发现滑移主要发生在 Sn-Sn 晶界，Pb-Pb 晶界绝对不发生滑移。Pb-Sn 界面的滑移量介于 Sn-Sn 晶界和 Pb-Pb 晶界滑移量之间。Shariat 等[58]进一步研究了双相合金中晶界与相界滑移的作用。在 Zn-22Al 合金中，最大滑移发生在 Zn-Zn 晶界，Zn-Al 相界滑移量略小，Al-Al 晶界滑移量最小。根据 Pb-Sn 共晶合金和 Zn-22Al 共析合金的边界滑移量数据，Shariat 等[58]提出最大滑移发生在具有最大 WD_{gb} 值的界面上，这里 W 为晶粒宽度，D_{gb} 为晶界扩散系数。最近，Kawasaki 和 Langdon[59]采用等通道转角挤压（ECAP）研究了超细晶 Zn-22% Al 的边界滑移特点，发现 Zn-Zn 和 Zn-Al 界面具有相当大的滑移量，而 Al-Al 晶界滑移量最小，这与 Shariat 等[58]的细晶 Zn-22% Al 的边界滑移研究结果一致。

表 2-6 Pb-Sn 共晶合金三区滑移测量结果

分区	滑移量/μm			所有边界的平均值
	边界类型			
	Sn-Sn	Pb-Sn	Pb-Pb	
Ⅰ	0.33	0.27	0	0.30
Ⅱ	0.87	0.43	0	0.79
Ⅲ	0.37	0.22	0	0.28

一些研究者持与上述结果不同的观点。Chandra 等[60]测量了双相黄铜的边界滑移量，如表 2-7 所示，发现 α-β 相界滑移比 α-α 晶界滑移和 β-β 晶界滑移更容易。Park 等[61]研究 Pb-62% Sn，发现 Pb-Sn 相界滑移贡献大于 Pb-Pb

和 Sn – Sn 晶界的滑移贡献。Kaibyshev[62]认为在 Zn – 22% Al 合金和双相黄铜中，相界滑移量大于晶界滑移量。Nieh 等[63]根据 Baudelet 的结果提出异相边界比同相边界更容易滑移。

表 2 – 7 α – β 黄铜边界滑移结果（晶粒尺寸 32μm，600℃，$7.7 \times 10^{-5} s^{-1}$）

边界类型	滑移速率/m·s^{-1}	对应的应变速率/s^{-1}
α – α	8.6×10^{-10}	2.69×10^{-5}
α – β	1.5×10^{-9}	4.69×10^{-5}
β – β	6.8×10^{-10}	2.13×10^{-5}

Valiev 和 Kaibyshev[40]发现晶界滑移量与试样轴线与表面滑移边界之间的角度存在依赖关系。在 I 区，滑移主要发生在横向边界，而在 II 和 III 区，测量的最大滑移量处于与试样轴线呈 45°角的边界上。再有，II 和 III 区中，滑移各向异性不如 I 区滑移各向异性那么明显。在所有的三区中，表现最大滑移量的边界显示最活跃的边界迁移。这些结果见图 2 – 19。

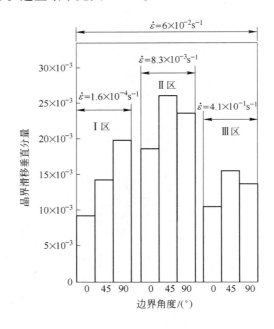

图 2 – 19 晶界滑移垂直分量值与边界角度的关系

近来，电子背散射（EBSD）的出现使晶界滑移研究获得新的进展。本书作者[6]在 Al – Si – Mg 合金中获得了超塑性试样的 EBSD 图和大、小角度晶界的取向分布图,如图 2-20 所示。从图 2-20a 可以看出,晶粒为细小的等轴晶。从图 2-20b 和图 2-20c 可以看出,大角度晶界占大多数,小角度晶界数很小,与超塑性的组织要求一致。

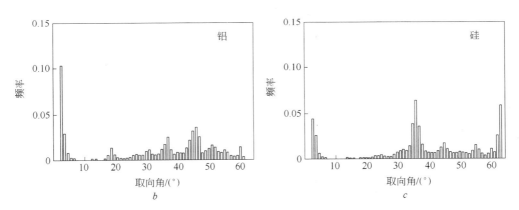

图 2-20 在 793K、$1.67 \times 10^{-4} s^{-1}$ 条件下 Al-12.7Si-0.7Mg 合金晶界的取向分布
a—EBSD 图;b—Al 晶粒;c—Si 晶粒

2.2.3.2 晶界迁移

正如 Ashby[64] 指出的那样,"只有边界迁移才有可能发生不改变边界结构的迁移"。晶界迁移通常伴随超塑性流动。图 2-21[57] 为 Pb-Sn 共晶合金滑移的 Sn-Sn 晶界伴随晶界迁移的照片。尽管三叉点晶界迁移调节晶界滑动有待讨论,但超塑性流动过程中发生晶界迁移已经被许多工作证明。

实验观察到的超塑性边界无析出区(PFZs)是晶界迁移的结果。Nicholson[65] 报告了 Zn-Al 共晶合金 α-α 晶界和 α-β 相界附近出现 PFZs。Karim

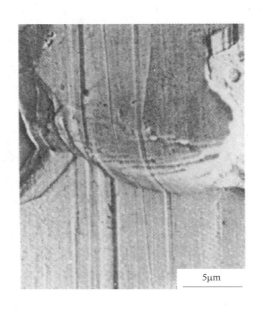

图 2-21　Pb-Sn 共晶合金滑移的 Sn-Sn 晶界伴随晶界迁移

等[66]和 Lee[67]等在 Mg 合金中观察到类似的 PFZs，他们根据扩散蠕变和晶界迁移分别作了解释。图 2-22 为无析出区（PFZs）的照片。实验还观察到超塑性之后晶界发生弯曲或称圆弧化现象，如图 2-23 所示[68,69]。起初的直线边界（图 2-23a）变成超塑性后弯曲的边界（图 2-23b）[68]或者晶粒突出（图 2-23c）[69]。如图 2-24 所示，Lee[70]提出一个对晶界弯曲现象的解释，认为晶界滑移伴随三叉点晶界迁移可以使边界能最低。在 Zn-22Al 共析和 Al-Cu 共晶合金中也观察到这种弯曲现象[65]，在 Zn-22Al 共析中，α 相为凸侧，β 相为凹侧；在 Al-Cu 共晶合金中，Al_2Cu 相为凸侧，Al 相为凹侧。但是 Lee 模型无法解释图 2-23c 晶界突出现象。可能的一种解释是由于表层位错密度的存在激活了晶界迁移的附加分量[71]。相比表面能诱发边界迁移，应变诱发边界迁移发生的方式为边界离开弯曲中心并且通常具有不规则的弯曲形状[71]，如图 2-25 所示。本书作者认为可以从力的角度解释边界弯曲，由于外力作用造成边界上受垂直边界的分力（即迁移力）和平行边界的滑移力，又由于迁移力和滑移力伴随流动过程，力交互作用造成晶界台阶或坎的存在与变化，最后导致边界不规则形状，发生弯曲。迁移边界之所以影响超塑性流动是因为其扩散系数不同于静止边界的扩散系数[72]。Valiev 等[73]和 Chuvil'deev 等[74,75]均研究了超塑性晶界加速扩散系数的问题，获得了晶界加速扩散模型。本书作者[76]在超塑性机理型本构方程中引入了晶界加速扩散系数。

图 2-22 镁合金中观察到的无析出区（PFZs）

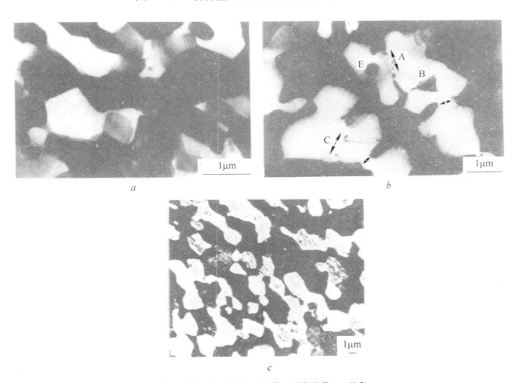

图 2-23 晶界发生弯曲（圆弧化）现象

a—100kV 透射电镜照片，展示试样夹头（未变形）区的直线边界；b—30% 超塑性流动后的弯曲界面边界；c—透射电镜照片，显示1280% 超塑性流动之后的相界"突出"

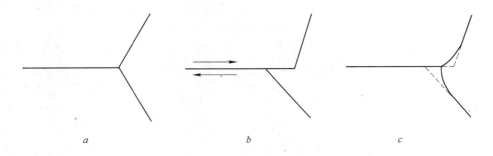

图 2-24 说明晶界弯曲的示意图
a—初始状态；b—滑移后；c—三叉点分离后

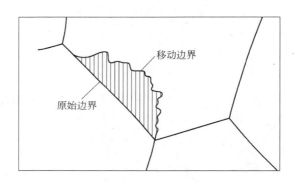

图2-25 应变诱发边界迁移示意图

2.2.4 晶粒转动和晶粒重排

2.2.4.1 晶粒转动

超塑性流动期间观察到明显的晶粒转动。显示晶粒转动证据的实验包括预先抛光和腐蚀的试样表面上的刻痕线发生变形[77~79]或者原位变形[80,81]。晶粒转动的主要特点是转动角度从不超过45°。变形期间晶粒转动经常改变方向[80,81]，如图2-26所示，表明任何晶粒的转动都取决于其当时的环境。

Beere[82]假定晶粒转动起因于不同类型边界的不同滑移速率。在进一步分析Geckinli和Barrett[80]测量的晶粒转动数据之后，Beere断定为了解释实验观察到的转动最大滑移速率，滑移速率必须变化10倍。鉴于Chandra等[60]获得的不同类型边界的测量滑移速率（表2-7），看来该值是合理的。

Matsuki等[83]测量了超塑性变形期间晶粒转动量与应变速率和应变的关系。

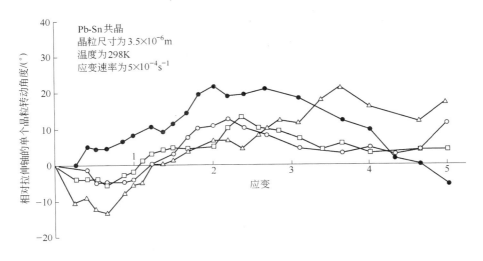

图 2-26 不同应变的晶粒转动角度与转动方向变化

其结果如表 2-8 和表 2-9 所示。一个有趣的发现是，大于 35°的转动仅在最低应变速率下被观察到。随着应变速率增加（仍然在Ⅱ区），转动的中等角度（5°~25°）的相对频率增加到 48%，而在低应变速率下只有 30%。在Ⅲ区，转动的中等角度（5°~25°）的相对频率下降到 23%，而大多数转动（占 75%）小于 5°。随应变从 30%增加到 200%，更多的晶粒转动到更大的角度。这一点在图 2-27 中也被反映出来。超塑性变形期间，晶粒转动不对总应变做出贡献，但是可以提供超塑性变形的自由度。变形期间，晶粒转动与晶界滑移一起使织构总量减少。

表 2-8 应变 60%时晶粒转动相对频率与应变速率的关系

机理区	应变速率/s^{-1}	相对频率/%				
		转动角度/(°)				
		0~5	5~15	15~25	25~35	35~40
Ⅰ	3.3×10^{-5}	65	25	5	3	2
Ⅱ	1.12×10^{-4}	50	40	8	2	0
Ⅲ	1.83×10^{-3}	75	20	3	2	0

2.2.4.2 晶粒重排

超塑性变形期间在很大范围内发生晶粒重排。两个起初近邻的晶粒在超塑性

表 2-9　应变速率 $1.12 \times 10^{-4} \mathrm{s}^{-1}$ 时晶粒转动相对频率与应变的关系

应变/%	相对频率/%				
	转动角度/(°)				
	0~5	5~15	15~25	25~35	35~45
30	53	34	10	3	0
60	50	40	8	2	0
100	44	37	14	3	2
200	42	34	14	6	4

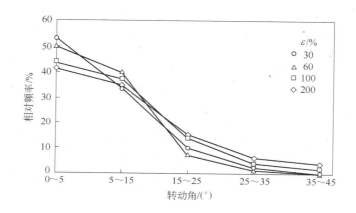

图 2-27　晶粒转动角度、应变及相对频率的关系

变形之后分开许多晶粒直径的距离。晶粒转动使晶粒重排变得容易[82]。图 2-28 的照片说明了 Pb-Sn 共晶在 25°下超塑性变形期间晶粒重排情况[84]。比较随应变增加的组织，可以看到过渡表面空洞的形成和晶粒露出消除空洞。根据 Rai 和 Grant[84]的工作（图 2-28），可以获得随机选择的晶粒之间的微观蠕变曲线，如图 2-29 所示。

　　近邻晶粒的相对运动依赖于其共同边界的取向[80]。与拉伸轴呈 0°和 90°的边界的晶粒比其他晶粒取向移动得缓慢。考虑超塑性流动中观察到的滑移各向异性[40,85]，晶界滑动决定晶粒重排。Naziri 等[68,86]在 1mV 电镜上对 Zn-Al 共析合金薄膜进行了原位拉伸试验，结果如图 2-30 所示。他们的观察清楚地证明变形期间发生大量的晶粒重排，证实了 Ashby-Verrall[46]"晶粒换位模型"。随后 Kobayashi 等[87]在 Al-Cu 共晶合金中做原位透射电镜观察也发现此类晶粒重排。该研究除了观察到晶界滑动和晶粒重排以外，还观察到大量的晶界和相界迁移。

　　Hazzledine 和 Newbury[88]提出新的思想，变形期间空洞在界面处开个口，该

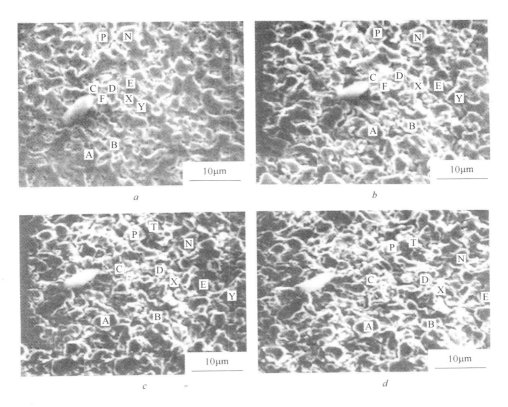

图 2-28　Pb-Sn 共晶 25° 和应变速率 $10^{-5} s^{-1}$ 时，超塑性变形期间晶粒运动的扫描电镜照片
（拉伸轴为水平的）
a—变形前；b—58%应变以后；c—98%应变以后；d—139%应变以后

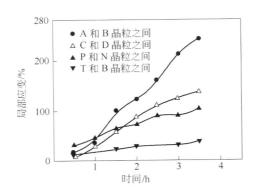

图 2-29　Pb-Sn 共晶 25° 和应变速率 $10^{-5} s^{-1}$ 时，139%应变随机选择的晶粒之间的微观蠕变曲线

空洞被临界面上露出的晶粒所填充。他们计算得出以下结论，在 $\varepsilon=0.8$ 时，面上三分之一的晶粒为来自邻近面的露出的新晶粒；在 $\varepsilon=1.39$ 时，面上一半的晶粒为来自邻近面的露出的新晶粒，如图 2-31 所示。白色晶粒为位于参考面的原始晶粒，黑色晶粒为来自上下邻近面的新晶粒。Kashyap 等认为 Hazzledine 和 Newbury[88] 的思想得到实验支持，但是认为来自邻近面的新晶粒数小于其计算的新晶粒数。

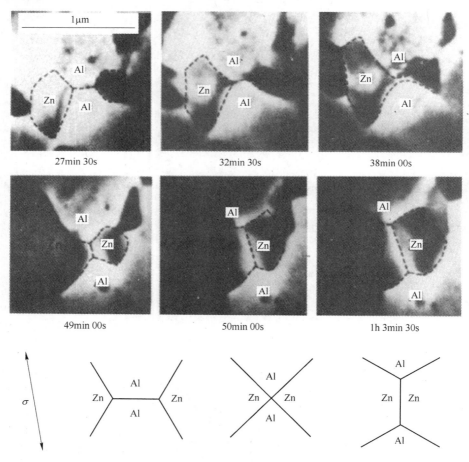

图 2-30 超塑性流动期间的晶粒重排

2.2.5 位错活动

超塑性变形位错活动研究，迄今仍然存在争论。一些人实验发现组织没有位错活动，另一些人实验发现组织有位错活动。甚至发生这样的情况，在相同条件

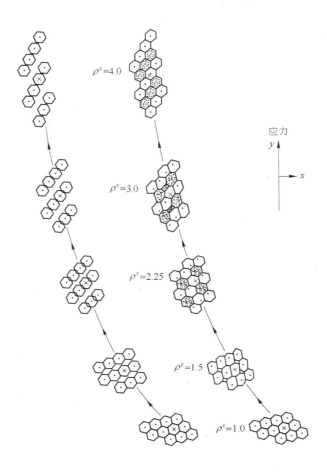

图 2-31 三维晶粒重排

下支持位错活动者与反对位错活动者提出各自的实验证据。

Nicholson[65]采用内部标记法研究位错活动。由于内部标记没有发生变化，他断定超塑性流动没有位错活动。Edington 等[42]反对 Nicholson 的结论，认为 Nicholson 采用的内部标记不是位错的有效壁垒，因而其实验没有提供位错不存在的结论性证据。

Naziri 等[68,86]做原位变形实验也发现几乎没有或根本没有位错活动。然而，Bricknell 和 Edington[89]在与 Naziri 等采用的相同的条件下实验，发现试样产生极高的空位流。该空位流使位错攀移变得容易，可能已经屏蔽或消除了位错活动的证据。Kobayashi 等[87]对 Al-Cu 合金做原位实验也发现缺少位错活动。但是 Kobayashi 等实验是在初始应变速率 $1.67 \times 10^{-4} \text{s}^{-1}$ 条件下进行的，处于 Holt 和

Backofen[90]认为的Ⅰ区而不是在Ⅱ区。

Kashyap 等[25]对前述问题提出自己的观点,薄膜的透射电镜观察没有位错未必证明超塑性变形没有位错活动。有以下几点原因:

(1) 它涉及变形后保持位错的问题,有无变形后水淬会影响到位错的保持;

(2) 由于晶粒细小,位错只需要移动很短的距离就会在晶界处消失,所以高温试样卸载后即使变形期间存在的位错也会消失;

(3) 制备透射电镜薄膜期间位错消失。

在承载条件下水淬变形试样,仔细做透射电镜实验找到一些位错活动的证据[40,89,91,92]。Kaibyshev 等[85,92]报道了位错从晶界发射的研究结果。该位错在晶界滑动引起大的应力集中的条件下,可以在坎和凸起处产生。Valiev 等[93]发现位错处在晶界中,该位错被称为外禀晶界位错,即位于晶界的晶格位错。在超塑性变形条件下,这些位错在晶界销毁,产生比平衡晶界更高原子移动性的不平衡晶界。

在宽范围应变速率下,下列工作详细给出了透射电镜研究结果。Falk 等[94]在变形后的 CDA638(Cu - 2.8Al - 1.8Si - 0.4Co)合金中研究了晶界位错密度测量结果,如图 2 - 32 所示。发现Ⅲ区变形,大量基体位错是可移动的,在Ⅱ区由于应力减小,位错密度大大降低,在Ⅰ区几乎为零。Howell 和 Dunlop 发现Ⅰ

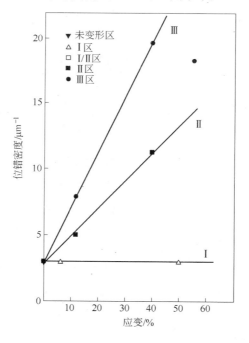

图 2 - 32 CDA638 合金晶界位错密度与应变关系

区和Ⅲ区变形材料的晶界位错特点非常相似。图 2-33 给出了含弥散析出物的 Cu 合金Ⅱ区 12% 应变条件下的晶界位错排列。在图 2-33a 中,可以看出界面析出物(颗粒),如箭头 A 和 B 所示。从图 2-33b 可以看出位错与颗粒的交互作用,位错被颗粒 A 和 B 强烈地钉扎。还可以看出位错在三叉点塞积和晶界相互作用。后者如图 2-33c 所示,单个位错的间隔从 A 处的约 10nm 变化到 B 处的约 4nm。

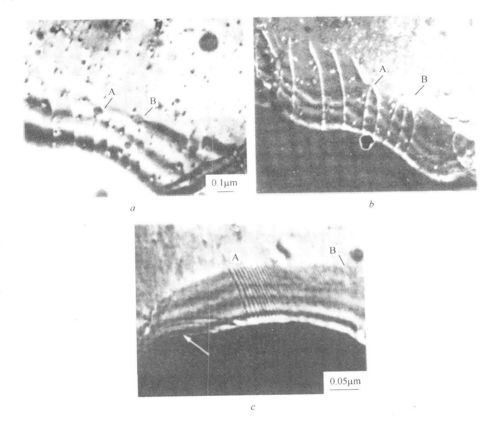

图 2-33 说明位错存在的透射电镜照片
a—晶界位错与析出物的相互作用;b—暗场像,说明晶界
位错受到析出物的阻碍;c—位错在晶界塞积

在 Zn-40% Al 合金富 Al 相中,Samuelsson 等[91]观察发现大多数位错发生攀移。位错密度和攀移位错的比例随应变速率的增加而增加,而位错弯曲半径随应变速率的增加而减小。甚至在最低的应变速率下(Ⅱ区的低速率侧)晶粒内多于一个滑移系发挥作用。在Ⅱ区和Ⅲ区之间,没有发现位错结构突然变化,而是

同种类型的位错在两个区发挥作用。在晶界附近或沿晶界很少观察到位错。而晶界处的这种位错由于卸载最有可能消失。

在Ⅲ区中，变形产生高密度位错。并不形成规则的位错胞结构，只观察到小角度晶界和位错缠结。在Ⅱ区的上端，在含有析出物的每个晶粒内发现位错，但是许多无析出物的晶粒没有位错。在Ⅱ区的中部，几乎总是在含有析出物的晶粒内发现位错。没有析出物的晶粒内无位错可能是由于位错运动没有遇到阻碍迅速地在晶界销毁。这些事实说明在低应变速率下，位错仅调节晶界滑移，而在高应变速率下，位错对晶内滑移做出贡献。

对IN100粉末冶金超合金在宽应变速率范围内（Ⅰ，Ⅱ，Ⅲ区），Menzies等[95]研究了合金组织变化，获得了以下结果：

（1）位错密度随应变速率降低而降低；

（2）Ⅰ区和Ⅱ区发现大量位错活动，但是某些晶粒没有位错；位错经常弯曲伸进基体内；

（3）Ⅲ区位错密度太高，以至于无法分辨位错活动。

Mohamed研究小组对位错活动进行了研究[96,97]。Mohamed等[96]对细晶Zn-22Al位错研究发现超塑性流动过程中，很少有位错存在。Xun等[97]对纳米晶Zn-22Al位错研究发现超塑性流动中，有的晶粒有位错存在，有的晶粒没有位错存在，这与Ball-Huchison细晶电镜实验结果和模型一致。

本书作者在Mg-8.42Li合金超塑性研究中，在573K和$1.67 \times 10^{-3} s^{-1}$条件下，获得了630%的超塑性，其透射电镜照片如图2-34所示。晶粒内部没有发现位错，而是发现条纹带和个别晶粒内部15~150nm的Mg_2Li相。本书作者等[6]在Al-12.7Si-0.7Mg合金超塑性研究中，在973K和$1.67 \times 10^{-4} s^{-1}$条件

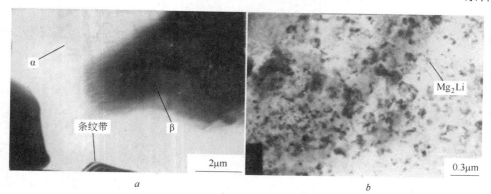

图2-34　573K和$1.67 \times 10^{-3} s^{-1}$条件下，Mg-8.42Li合金透射电镜照片
a—明场相；b—Mg_2Li相

下，获得了379%的超塑性，其透射电镜照片如图2-35所示。个别晶粒内部发现位错活动。

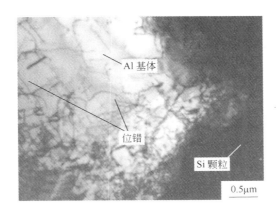

图 2-35　在973K、$1.67 \times 10^{-4} s^{-1}$条件下，Al-12.7Si-0.7Mg合金透射电镜照片

2.3　力学与组织小结

2.3.1　力学小结

在第1章介绍根据力学本构方程获得了特征值 n，p、Q。本章2.1节给出了力学性能曲线，对力学行为作了详细的交代。为了便于阐述以下各章的联系，这里介绍 Nieh 等[63]对 n 值与变形机理的联系：$n=1$ 为扩散蠕变机理，$n=2$ 为超塑性机理，$n=3$ 为溶质拖曳蠕变或位错滑移机理，$n=5$ 为位错攀移机理，$n=7$ 为位错蠕变，$n>7$ 为幂律终止。下面第3章介绍 $n=2$ 为超塑性机理与模型。第4章介绍 $n=1$ 为扩散蠕变机理与模型，以及 $n=3$ 与 $n=5$ 位错蠕变机理与模型，特别是 $n=3$ 机理与准超塑性的联系。第5章介绍利用（$n=1\sim7$）这些模型构建不同形式的变形机理图。

2.3.2　组织小结

在本章2.2节介绍了超塑性组织特征。除了在第1章介绍的 Kashyap 等[25]对组织归纳的内容外，这里还介绍 Sherby 等[98]对超塑性组织总结的规律性认识。

2.3.2.1　细小晶粒尺寸

组织超塑性的最重要的一个要求是晶粒尺寸。线截距晶粒尺寸为 $1\sim5\mu m$。这是因为当晶界滑移为速控过程时，超塑性应变速率随晶粒尺寸的减小而增大。

因此，晶粒细化是增加合金超塑性成型应变速率的有效方法。实现细小晶粒尺寸后的另一个特点是对给定的应变速率，流动应力随晶粒尺寸减小而减小。因此，对体积超塑性成型，仅要求很低的外力，因而降低了能量成本和模具磨损。

2.3.2.2 第二相的存在

由于单相材料高温下晶粒长大太快，很难在单相材料中观察到超塑性。因此，为了保持超塑性细晶尺寸，要求晶界存在第二相。基于此原因，许多早期研究的超塑性材料为共析（例如 Fe – Fe_3C，Zn – Al）、共晶（例如 Al – Ca）成分。这些材料经过热机械化处理得到细小、等轴的双相组织。如果增加第二相的数量，通常会抑制晶粒长大，条件是第二相尺寸细小，第二相分布均匀。

2.3.2.3 第二相的强度

有证据表明，在某些合金系中，基体与第二相颗粒的相对强度构成空洞控制的一个重要参数。许多细晶铝合金和铜合金易于产生空洞，可能的原因是基体与第二相颗粒之间很大的强度差。另外，细晶 Ti – 6Al – 4V 合金与过共析 Fe – Fe_3C 合金不产生空洞。这可能归因于发生超塑性流动的温度下，两相的强度类似。

2.3.2.4 第二相尺寸与分布

如果第二相比基体相硬很多，它应当在基体内均匀分布。在此情况下，超塑性流动的空洞被颗粒附近发生的各种回复机理所抑制。相反，粗大的颗粒可以导致空洞。

2.3.2.5 晶界结构的性质

临近基体晶粒之间的晶界为大角度的。这是因为晶界滑移通常是超塑性流动的主要方式。具有伸长的晶粒的材料，即使在横向存在细晶，当沿纵向测试时也不会表现出很大的晶界滑移。共析成分的合金包含小角度晶界的组织不会表现超塑性，但是如果小角度晶界转换成大角度晶界，就可以表现出超塑性。此点已经在工具钢和 Al – Li 合金中得到证实。

2.3.2.6 晶粒形状

晶界形状应当是等轴的。目的是晶界可以承受剪切应力以使晶界发生滑移。具有伸长的晶粒的材料（轴比大的材料），即使在横向存在细晶，当沿纵向测试时也不会表现出很大的晶界滑移。然而沿横向测试，可以导致大量的晶界滑移，因而导致超塑性。

2.3.2.7 晶界可移动性

超塑性合金的晶界应当是可动的。在晶界滑移期间，三叉点和其他障碍处会产生应力集中。晶界迁移的能力降低了应力集中。这样晶界滑移就可以不断地进行。晶粒在很大变形之后仍然等轴是发生晶界迁移的间接证据。多数细晶陶瓷材料获得有限的延展率的可能原因是缺少晶界可动性。缺少晶界可动性会带来三叉点很高的应力集中，导致裂纹形核和过早断裂。

需要指出的是，由于晶粒长大与空洞的重要性，本书准备做专题论述。第 6 章论述晶粒长大。第 7 章论述空洞。但是对蠕变组织演变本书不做介绍，感兴趣的读者可以参看有关蠕变组织的著作或论文。

至此，超塑性的背景知识已经做了介绍。进一步的理论研究在第 3～7 章展开。

参 考 文 献

[1] Cao F R, Ding H, Li Y L, Zhou G, Cui J Z. Superplasticity, dynamic grain growth and deformation mechanism in ultralight two - phase magnesium - lithium alloys [J]. Mater Sci Eng. A, 2010, 527 (9): 2335～2341.

[2] Panicker R, Chokshi A H, Mishra R K, Verma R, Krajewski P E. Microstructural evolution and grain boundary sliding in a superplastic magnesium AZ31 alloy [J]. Acta Mater., 2009, 57: 3683～3693.

[3] Backofen W A, Turner I R, Avery D H. Superplasticity in an Al - Zn alloy [J]. Trans. ASM, 1964, 57: 980～990.

[4] Mohamed F A, Ahmed M M I, Langdon T G. Factors influencing ductility in superplastic Zn - 22Pct Al eutectoid [J]. Metall. Trans. A, 1977, 8: 933～938.

[5] Padmanabhan K A, Davies G J. Superplasticity [M], USA, New York, 1980: 31～32.

[6] Cao Furong, Li Zhuoliang, Zhang Nianxian, Ding Hua, Yu Fuxiao, Zuo Liang. Superplasticity, flow and fracture mechanism in an Al - 12.7Si - 0.7Mg alloy [J]. Mater. Sci. Eng. A, 2013, 571C: 167～183.

[7] Watanabe H, Mukai T, Kohzu M, Tanabe S, Higashi K. Eeefect of temperature and grain size on the dominant diffusion process for superplastic flow in an AZ61 magnesium alloy [J]. Acta Mater. 1999, 47 (14): 3753～3758.

[8] Watanabe H, Mukai T, Mabuchi M, Higashi K. Superplastic deformation mechanism in powder metallurgy magnesium alloys and composites [J]. Acta Mater. 2001, 49: 2027～2037.

[9] Sherby O D, Wadsworth J. Development and characterization of fine grain superplastic materials [C]. In: G. Krauss (Ed.). Deformation, Processing and Structure. ASM, Metals Park,

Ohio, 1982: 355~388.
[10] Kawasaki M, Langdon T G. Principles of superplasticity in ultrafine-grained materials [J]. J. Mater. Sci., 2007, 42: 1782~1796.
[11] Langdon T G. The mechanical properties of superplastic materials [J]. Metall. Trans. A, 1982, 13: 689~701.
[12] 曹富荣, 崔建忠. 超轻 Mg-8Li 合金超塑性力学性能的研究 [J], 稀有金属材料与工程, 1997, 26 (2): 27~30.
[13] Chokshi A H, Langdon T G. The mechanical properties of the superplastic Al-33 Pct Cu eutectic alloy [J]. Metall. Trans. A, 1988, 19: 2487~2496.
[14] Langdon T G. Fracture processes in superplastic flow [J]. Metal Sci., 1982, 16: 175~183.
[15] Woodford D A. Strain rate sensitivity as a measure of ductility [J]. ASM Trans. Quart., 1969: 62 (1): 291~293.
[16] Ahmed M M I, Langdon T G. Exceptional ductility in the superplastic Pb-62 Pct Sn eutectic [J]. Metall. Trans. A, 1977, 8: 1832~1833.
[17] Avery D H, Stuart J M. The role of surfaces in superplasticity [C]. In: J J Burke, N L Reed, V Weiss eds. Surface and Interface II, Physical and Mechanical Properties. New York, Syracuse University Press, 1968: 371~392.
[18] At-Naib T Y M, Duncan J L. Superplastic metal forming [J]. Int. J. Mech. Sci., 1970, 12 (6): 463~477.
[19] Burke M A, Nix W D. Plastic instabilities in tension creep [J]. Acta Metall., 1975, 23: 793~798.
[20] D Lee, Nature of superplastic deformation in Mg-Al eutectic [J]. Acta Metall., 1969, 17: 1057~1069.
[21] Chokshi A H, Langdon T G. The mechanical properties of the superplastic Al-33 Pct Cu eutectic alloy [J]. Metall. Trans. A, 1988, 19: 2487~2496.
[22] Massalski T B. Binary Alloy Phase Diagrams, Second edition plus updates, ASM, USA, 2011.
[23] Gubicza J, Chinh N Q, Csanadi T, Langdon T G, Ungar T. Microstructure and strength of severely deformed fcc metals [J]. Mater. Sci. Eng. A, 2007, 462: 86~90.
[24] Langdon T G. Unified approach to grain boundary sliding in creep and superplasticity [J]. Acta Metall. Mater., 1994, 42 (7): 2437~2443.
[25] Kashyap B P, Arieli A, Mukherjee A K. Microstructural aspects of superplasticity [J]. J. Mater. Sci., 1985, 20: 2661~2686.
[26] Herriot G, Baudelet B, Jonas J J. Superplastic behaviour of two-phase Cu-P alloys [J]. Acta Metall., 1976, 24 (7): 687~694.
[27] Dunlop G L, Taplin D M R. A metallographic study of superplasticity in a micrograin aluminum bronze [J]. J. Mater. Sci., 1972, 7 (3): 316~324.
[28] Suery M, Baudelet B. Theoretical and experimental constitutive equations of superplastic behav-

iour: discussion [J]. J. Mater. Sci., 1975, 10 (6): 1022~1028.

[29] Smith C I, Norgate B, Ridley N. Superplastic deformation and cavitation in a microduplex stainless steel [J]. Metal. Sci., 1976, 10 (5): 182~188.

[30] Sagat S, Taplin D M R. Fracture of a superplastic ternary brass [J]. Acta Metall., 1976, 24 (4): 307~315.

[31] Hayden H W, Floreen S, Goddell P D. Deformation mechanisms of superplasticity [J]. Metall. Trans., 1972, 3 (4): 833~842.

[32] Arieli A, Rosen A. Superplastic deformation of Ti – 6Al – 4V alloy [J]. Metall. Trans. A, 1977, 8 (10): 1591~1596.

[33] Watts B M, Stowell M J, Cottingham D M. The variation in flow stress and microstructure during superplastic deformation of the Al – Cu eutectic [J]. J. Mater. Sci., 1971, 6 (3): 228~237.

[34] Watts B M, Stowell M J, Baikie B L, Owen D G E. Superplasticity in Al – Cu – Zr alloys – 2. Microstructural study [J]. Metall. Sci., 1976, 10 (6): 198~206.

[35] Herriot G, Suery M, Baudelet B. Superplastic behaviour of the industrial Cu7wt% P alloy [J]. Scr. Metall., 1972, 6 (8): 657~662.

[36] Rai G, Grant N J. On the measurements of superplasticity in an Al – Cu alloy [J]. Metall. Trans. A, 1975, 6 (2): 385~390.

[37] Lam S T, Arieli A, Mukherjee A K. Superplastic behavior of Pb – Sn eutectic alloy [J]. Mater. Sci. Eng., 1979, 40 (1): 73~79.

[38] Sotoudeh K, Ridley N, Humphreys F J. Bate P S. Superplasticity and microstructural evolution in aluminum alloys [J]. Mater. Werktofftech., 2012, 43 (9): 794~798.

[39] Valiev R Z, Kaibyshev O A. Microstructural changes during superplastic deformation of the alloy Zn – 0.4% Al [J]. Fiz. Metall. Metalloved., 1976, 41 (2): 382~387.

[40] Valiev R Z, Kaibyshev O A. Mechanism of superplastic deformation in a magnesium alloy. I. Structural changes and operative deformation mechanisms [J]. Phys. Status. Solidia 1977, 44 (1): 65~76.

[41] Lee J D, Niessen P. Deformation behaviour of a dispersion strengthened superplastic zinc alloy [J]. J. Mater. Sci., 1974, 9 (9): 1467~1477.

[42] Edington J W, Melton K N, Cutler C P. Superplasticity [J]. Prog. Mater. Sci., 1976, 21 (2): 63~170.

[43] Kaibyshev O A, Valiev R Z, Tsenev N K. Dynamic recrystallization of fine – grained Al [J]. Metallofizika, 1980, 2 (6): 117~123.

[44] Rabinovich K, Trifonov V G. Dynamic grain growth during superplastic deformation [J]. Acta Mater, 1996, 44 (5): 2073~2078.

[45] Ghosh A K, Raj R. Grain size distribution effects in superplasticity [J]. Acta Metall., 1981, 29 (4): 607~616.

[46] Ashby M F, Verrall R A. Diffusion – accommodated flow and superplasticity [J]. Acta Metal-

lurgical, 1973, 21 (2): 149~163.
- [47] Rachinger W A. Relative grain translations in the plastic flow of aluminum [J]. J. Inst. Metals. 1952 – 1953, 81: 33~41.
- [48] Sagat S, Taplin D M R, Blenkinsop P. A metallographic study of superplasticity and cavitation in microduplex Cu – 40% Zn [J]. J. Inst. Metals., 1972, 100: 268~274.
- [49] Semiatin S L, Thomas J F, Dadras P. Processing – microstructure relationship for Ti – 6Al – 2Sn – 4Zr – 2Mo – 0.1Si [J]. Metall. Trans. A, 1983, 14 (11): 2363~2374.
- [50] Dutta A, Birla N C, Gupta A K. Some aspects in superplastic behaviour of Ti – 6Al – 4V alloy [J]. Trans. Indian Inst. Met., 1983, 36 (3): 169~180.
- [51] Aadras P D, Thomas J F. Characterization and modeling for forging deformation of Ti – 6Al – 2Sn – 4Zr – 2Mo – 0.1Si [J]. Metall. Trans. A, 1981, 12 (11): 1867~1876.
- [52] Cao F R, Cui J Z, Wen J L, Lei F. Mechanical behavior and microstructure evolution of superplastic Mg – 8.4wt% pct Li alloy and effect of grain size and phase ratio on its elongation [J]. J. Mater. Sci. Technol., 2000, 16 (1): 55~58.
- [53] Fujitani W, Furushiro N, Hori S, Kumeyama K. Microstructural change during superplastic deformation of the Mg – 8mass% Li alloy [J]. Journal of Japan Institute of Light Metals, 1992, 42: 125~131.
- [54] Higashi K, Wolfenstine J. Microstructural evolution during superplastic flow of a binary Mg – 8.5wt% Li alloy [J]. Materials Letter, 1991, 10: 329~332.
- [55] Kojima Y, Inoue M, Tanno O. Superplasticity in Mg – Li alloy [J]. Journal of Japan Institute of Metals, 1990, 54 (3): 354~355.
- [56] 曹富荣, 丁桦, 李英龙, 周舸. 超轻双相镁锂合金超塑性、显微组织演变与变形机理 [J]. 中国有色金属学报, 2009, 19 (11): 1908~1916.
- [57] Vastava R B, Langdon T G. An investigation of intercrystalline and interphase boundary sliding in the superplastic Pb – 62% Sn alloy [J]. Acta Metall., 1979, 27: 251~230.
- [58] Shariat P, Vastava R B, Langdon T G. An evaluation of the roles of intercrystalline and interphase boundary sliding in two – phase superplastic alloys [J]. Acta Metall., 1982, 30: 285~296.
- [59] Kawasaki M, Langdon T G. The significance of grain boundary sliding in the superplastic Zn – 22% Al alloy processed by ECAP [J]. J. Mater. Sci. DOI: 10.1007/s10853 – 012 – 7104 – 9.
- [60] Chandra T, Jonas J J, Taplin D M R. Grain boundary sliding and intergranular cavitation during superplastic deformation of α/β brass [J]. J. Mater. Sci., 1978, 13: 2380~2384.
- [61] Park K T, Yan S, Mohamed F A. Boundary sliding behaviour in high – purity Pb – 62% Sn [J]. Philos. Mag. A, 1995, 72: 891~903.
- [62] Kaibyshev A. Superplasticity of Alloys, Intermetallides and Ceramics [M]. Springer – Verlag, Berlin, 1992: 33.
- [63] Nieh T G, Wadsworth J, Sherby O D. Superplasticity in Metals and Ceramics [M]. Cambridge University Press, Cambridge, England, 1997: 26~34.

[64] Ashby M F. Boundary defects and atomic aspects of boundary sliding and diffusion creep [J]. Surf. Sci., 1972, 31: 498~542.

[65] Nicholson R B. In G Thomas ed., Electron Microscopy and Structure of Materials [C]. Berkely, University of California Press, 1972: 689.

[66] Karim A, Holt D L, Backofen W A. Diffusional creep and superplasticity in a Mg – 6Zn – 0.5Zr alloy [J]. Trans. Met. Soc. AIME, 1969, 245 (5): 1131~1132.

[67] Lee D. Structural changes during the superplastic deformation [J]. Metall. Trans., 1970, 1 (1): 309~311.

[68] Naziri H, Pearce R, Brown M H, Hale K F. Microstructural – mechanism relationship in the Zn – Al eutectoid superplastic alloy [J]. Acta Metall., 1975, 23 (4): 489~496.

[69] Johnson R H, Packer C M, Anderson L, Sherby O D. Microstructure of superplastic alloys [J]. Phil. Mag., 1968, 18 (156): 1309~1314.

[70] Lee D. The nature of superplastic deformation in the magnesium – aluminum eutectic [J]. Acta Metall., 1969, 17 (8): 1057~1069.

[71] King A H, Smith D A. Nucleation of recrystallization: model for strain – induced grain – boundary migration [J]. Metal. Sci., 1979, 8 (3/4): 113~117.

[72] Smidoda K, Gottschalk C, Gleiter M. Grain – boundary diffusion in migrating boundaries [J]. Metal. Sci., 1979, 8 (3/4): 146~148.

[73] Valiev R Z, Kaibyshev O A, Khannanov S S. Grain boundaries during superplastic deformation [J]. Physica Status Solidia, 1979, 52 (2): 447~452.

[74] Chuvil'deev V N, Shchavleva A V, Nokhrin A V, Pirozhnikova O é, Gryaznov M Yu, Lopatin Yu G, Sysoev A N, Melekhin N V, Sakharov N V, Kopylov V I, Myshlyaev M M. Influence of the Grain Size and Structural State of Grain Boundaries on the Parameter of Low_Temperature and High_Rate Superplasticity of Nanocrystalline and Microcrystalline Alloys [J]. Physics of the Solid State, 2010, 52 (5): 1098~1106.

[75] Chuvil'deev V N, Myshlyaev M M, Pirozhnikova O é, Gryaznov M Yu, Nokhrin A V. Effect of Grain Boundary Diffusion Acceleration during Structural Superplasticity of Nano_and Microcrystalline Materials [J]. Doklady Physics, 2011, 56 (10): 520~522.

[76] Cao Furong, Ding Hua, Hou Hongliang, Yu Chuanping, Li Yinglong. A novel superplastic mechanism – based constitutive equation and its application in an ultralight two – phase hypereutectic Mg – 8.42Li alloy [J]. Mater. Sci. Eng. A, 2014, 596C, 250~254.

[77] Watts B M, Stowell M J, Baike B L, Wen D G E O. Superplasticity in Al – Cu – Zr alloys. Pt. 2. microstructural study [J]. Metal. Sci., 1976, 10 (6): 198~206.

[78] Holt D L. The relation between superplasticity and grain boundary shear in the aluminum – zinc eutectoid alloy [J]. Trans Met. Soc. AIME, 1968, 242 (1): 25~31.

[79] Alden T H. The origin of superplasticity in the Sn – 5 per cent Bi alloy [J]. Acta Metall., 1967, 15 (3): 469~480.

[80] Geckinli A E, Barrett C R. Superplastic deformation of the Pb – Sn eutectic [J]. J. Ma-

ter. Sci. , 1976, 11 (3): 510~521.

[81] Hotz W, Ruedl E, Shiller P. Observation of processes of superplasticity with the scanning electron microscope [J]. J. Mater. Sci. , 1975, 10 (11): 2003~2006.

[82] Beere W. Grain-boundary sliding controlled creep-its relevance to grain rolling and superplasticity [J]. J. Mater. Sci. , 1977, 12 (10): 2093~2098.

[83] Matsuki K, Monita H, Yamada M, Murakami Y. Relative motion of grains during superplastic flow in an Al-9Zn-1per cent Mg alloy [J]. Metal. Sci. , 1977, 11 (5): 156~163.

[84] Rai G, Grant N J. Observations of grain boundary sliding during superplastic deformation [J]. Metall. Trans A, 1983, 14 (7): 1451~1458.

[85] Kaibyshev O A, Valiev R Z, Astanin V V. Nature of superplastic deformation [J]. Phys. Status. Solidia, 1976, 35 (1): 403~413.

[86] Naziri H, Pearce R, Brown M H, Hale K F. In situ superplasticity experiments in the 1-million-volt electron microscope [J]. J. Microsc. , 1973, 97 (1-2): 229~238.

[87] Kobayashi Y, Ishda Y, Kato M. In situ observation of superplasticity of an Al-Cu eutectic alloy by transmission electron microscopy [J]. Scr. Metall. , 1977, 11 (1): 51~54.

[88] Hazzledine P M, Newbury D E. In Proceedings of the 3rd International Conference on Strength of Metals and Alloys [C]. Vol. 1, Institute of Metals, London, 1973: 202.

[89] Bricknell R M, Edington J W. Study of superplasticity by high voltage electron microscopy [J]. Acta Metall. , 1977, 25 (4): 447~458.

[90] Holt D L, Backofen W A. Superplasticity in the Al-Cu eutectic alloy [J]. Trans. ASM, 1966, 59 (2): 755~768.

[91] Samuelsson L C A, Melton K N, Edington J W. Dislocation structure in a superplastic Zn-40wt per cent Al alloy [J]. Acta Metall. , 1976, 24 (11): 1017~1026.

[92] Kaibyshev O A, Kazachov I V, Salikhov S Y. The influence of texture on superplasticity of the Zn-22% Al alloy [J]. Acta Metall. , 1978, 26 (12): 1887~1894.

[93] Valiev R Z, Kaibyshev O A. Mechanism of superplastic deformation in a Mg alloy. Pt. 2. role of grain boundaries [J]. Phys. Status. Solidia, 1977, 44 (2): 477~484.

[94] Falk L, Dunlop G L, Langdon T G. In Proceedings of the 7th European Congress on Electron Microscopy [C]. The Hague, Electron Microscopy, 1980: 154.

[95] Menzies R G, Davies G J, Edington J W. Microstructural changes during superplastic deformation of powder-consolidated nickel-base superalloy In-100 [J]. Metal. Sci. , 1982, 16: 483~494.

[96] Mohamed F A, Shei S A, Langdon T G. Activation energies associated with superplastic flow [J]. Acta Metall. , 1975, 23 (12): 1443~1450.

[97] Xun Y, Mohamed F A. Slip-accommodated superplastic flow in Zn-22wt% Al [J]. Philos. Mag. A, 2003, 83 (19): 2247~2266.

[98] Sherby O D, Wadsworth J. Superplasticity-recent advances and future directions [J]. Prog. Mater. Sci. , 1989, 33: 169~221.

3 超塑性变形机理与模型

超塑性流动过程根据应变速率和流动应力的不同划分为三个机理区[1]：低速率下的扩散蠕变机理（Ⅰ区）、中等速率下的晶界滑移机理（Ⅱ区）和高应变速率下的位错蠕变机理（Ⅲ区）。目前对Ⅱ区和Ⅲ区机理已经达成共识。对Ⅰ区很长时期以来存在争议。近来 Mohamed 等认为微量杂质对Ⅰ区产生重要影响。超塑性Ⅱ区的一个主要组织特点是晶界滑移。晶界滑移过程中的晶粒相容性伴随着同时发生的调节过程。调节过程包括晶界迁移、晶粒转动、扩散或位错运动。通常，文献中提出的超塑性机理与模型多数考虑一个调节过程。根据调节机理，可以把晶界滑移机理划分为以下几组晶界滑移[2]：

（1）扩散调节的，如 Ashby – Verrall 机理；

（2）位错运动调节的，如 Ball – Huchision、Mukerhjee、Gifkins、Langdon 机理；

（3）多机理调节，晶粒重排与位错运动或扩散的组合调节。

因此，多于一个机理在超塑性变形中起作用。认为调节步骤是速控的。正如 Hazzledine 指出的那样，超塑性材料中晶界滑移本身不可能是速控的。超塑性流动的特点由具体的调节过程来决定。不同机理获得的速控方程（本构方程）基本上具有相同的形式。

3.1 Ashby – Verrall 扩散调节的晶界滑移机理

Ashby – Verrall[3] 提出了扩散调节的晶界滑移机理与模型。作者认为超塑性是在低应变速率下的扩散调节的流动与高应变速率下位错蠕变之间的过渡区内发生的。为了在变形过程中使晶粒保持相容性，作者提出了晶粒形状变化的拓扑特征，同时给出了晶粒拓扑变化的微观应变。其调节是通过扩散传输完成的。由于晶粒重排过程中晶粒面积的增加，变形是在低应变速率下发生的，同时存在门槛应力。另外，在高应变速率下，位错蠕变对主要应变速率做出贡献。在Ⅱ区中等应变速率下，扩散流动与位错蠕变相互叠加。由于这两个过程是彼此独立的并且同时发生的，所以总应变速率为两个机理速率的叠加。

$$\dot{\varepsilon}_{\text{total}} = \dot{\varepsilon}_{\text{diff. acc}} + \dot{\varepsilon}_{\text{disloc. creep}} \quad (3-1)$$

$$\dot{\varepsilon}_{\text{diff. acc}} = 100 \frac{\Omega}{kTd^2}\left(\sigma - \frac{0.72\Gamma}{d}\right) D_L \left(1 + \frac{3.3\delta}{d}\frac{D_B}{D_L}\right) \quad (3-2)$$

式中，Ω 为原子体积；Γ 为晶界自由能；δ 为边界或晶界厚度；D_B 为边界扩散系数；D_L 为晶格扩散系数。

$$\dot{\varepsilon}_{\text{disloc. creep}} = A \frac{D_L G b}{kT} \left\{ \frac{\sigma}{G} \right\}^n \tag{3-3}$$

这里重点介绍扩散调节的晶界滑移机理的思想与本构模型［式（3-2）］的建立过程。如图 3-1 所示，是四个晶粒为一个单元的相对运动过程。产生的调节应变由扩散完成。单元初始状态如图 3-1a 所示，晶粒尺寸为 d。晶粒体积为 $0.65d^3$。中间状态和终了状态分别为图 3-1b 和图 3-1c。初始状态与终了状态的晶粒形状是相同的，但是单元的形状却改变了，由于外力做功产生了 0.55 的真应变。单元每秒做的功为：$\dot{W} = \sigma \dot{\varepsilon} V$，式中，$V$ 为单元体积。

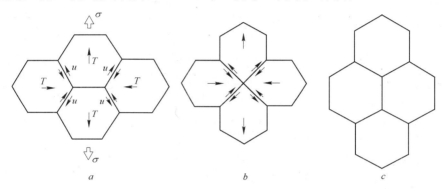

图 3-1　晶粒换位模型
a—初始状态；b—中间状态；c—终了状态

该功驱动四个不可逆过程。它们是扩散、界面反应、晶界滑移和边界面积的波动。

3.1.1　晶粒暂时改变形状产生调节应变的扩散过程

在交叉边界的两个晶粒，产生物质流动，单元每个晶粒的物质移动平均体积为 $0.075d^3$。发生物质传输的加权平均距离为 $0.3d$。或者通过体扩散或者通过晶界扩散实现扩散过程，把物质输运到边界或从边界移走，即产生垂直位移。这要求扩散流（I）从晶粒边界的一个地点流动到另一个地点。I 为单元内部从源到阱的每秒流动的总原子数或空位数。假设源和阱之间的化学势为 $\Delta \mu$，那么此过程耗散的功率为 $I \Delta \mu$。

3.1.2　界面反应

晶界或相界或许是点缺陷不完整的源和阱。当空位加入边界或从边界移走

3.1 Ashby-Verrall 扩散调节的晶界滑移机理

时，存在一个界面壁垒。从原理上来说，化学势垒的大小在源和阱处是不同的，但是我们假设它们相同，为 $\Delta\mu_i$。由于扩散流在源处产生，流进阱里，所以驱动边界作为源或阱的耗散的功率为 $2I\Delta\mu_i$。

3.1.3 晶界滑移

伴随扩散产生垂直位移，在界面产生剪切位移。这就允许晶粒发生相互移动。当滑移发生时，抵抗边界黏度做功，导致独立的不可逆的过程。假设作用在边界面上的局部剪应力为 τ，边界滑移的面积为 A，相对速度为 u，则耗散的功率为 $\tau A u$。根据几何关系确定，$u = 0.46d$，$A = 2d^2$。这些大滑移位移构成了模型必不可少的部分。

3.1.4 边界面积的波动

随着单元从初始状态移动到中间状态，晶界面积增加，在系统中储存自由能。随着单元从中间状态移动到中间状态，晶界面积又减少，在系统中释放能量。没有办法得到其他单元从初始状态过渡到中间状态的能量，但是它必须转变为热。可以计算单元从初始状态过渡到中间状态单元实际边界面积的变化（ΔA），$\Delta A = 0.26d^2$。假设边界具体的自由能为 Γ，面积变化率为 $\dot{A}$，那么耗散的功率为：$\dot{A}\Gamma$。整个结果是一个小的门槛应力，低于门槛应力则不发生超塑性流动。门槛应力的根源是十分清楚的，如果外力不做足够的功以提供新晶界需要的储存能，不可能发生流动。

模型需要的几何特征参数如表 3-1 所示。

表 3-1 模型几何特征参数

特 性	符 号	数 值
1. 单元从初始状态移动到终了状态的真应变	ε_0	0.55
2. 每个晶粒从初始状态移动到终了状态扩散的物质体积	$M\Omega = c_1 d^3$	$0.075d^3$
3. 加权平均距离	$l = c_2 d$	$0.3d$
4. 从初始状态移动到终了状态边界滑移位移	$u = c_3 d$	$0.46d$
5. 滑移边界的净面积	$A = c_4 d^2$	$2d^3$
6. 单元从初始状态移动到终了状态边界面积的变化	$\Delta A = c_5 d^2$	$0.26d^2$
7. 晶粒体积	$V = 4c_6 d^3$	$0.65d^3$

下面介绍扩散调节的晶界滑移本构模型的建立过程：

（1）热力学。在恒定温度、压力和应力下，图 3-1 中初始状态与终了状态是相同的。除了多晶体外表面积微不足道的增加以外，试样所有状态变量（包括熵）保持相同。然而，形状变化使外力做功。此功驱动许多不可逆过程：扩散、界面反应、一个晶粒与其近邻的滑移、晶界面积的周期性的波动。由于在稳态条件下，所有状态变量是不变的（恒定的），试样的熵并不随时间发生改变。由于不可逆过程产生熵，所有的熵必须以热的形式离开试样，即

$$T\Delta S_{irr} = -\Delta Q \tag{3-4}$$

式中，$-\Delta Q$ 为离开试样的热量；ΔS_{irr} 为不可逆过程产生的熵量。

假设在一个单元步骤中，试样在恒温 T、恒压 p 下，试样做了功和产生了热。那么，由于初始状态与终了状态的内能相等，有：

$$\Delta W = -\Delta Q \tag{3-5}$$

但是，

$$\Delta W = \sigma \varepsilon_0 V \tag{3-6}$$

式中，ε_0 为单元发生一个步骤期间在总体积 V 中产生的应变，因此

$$\sigma \varepsilon_0 V = -Q = T\Delta S_{irr}$$

假设发生一个单元步骤的时间为 Δt，那么平均应变速率为 $\varepsilon_0/\Delta t$，可以写成如下形式：

$$\sigma \dot{\varepsilon}_0 V = T\left(\frac{\Delta S}{\Delta t}\right)_{irr} = VT\theta \tag{3-7}$$

式中，θ 为单位体积的熵产生率。$T\theta$ 具有势的特性，它是能量耗散力的势。

根据 Bridgeman 的观点，我们假定能量耗散过程线性叠加。可以让外力做功与四个不可逆过程耗散的能量相等：

$$\sigma \dot{\varepsilon} = \sum_i T\theta_i$$

假定应力主轴与应变速率主轴重合，这对图 3-1 中晶粒取向是符合的。对随机取向的晶粒单元，外力做的功要比图 3-1 中单元晶粒做的功小，简单平均后引入 1/2 因子。最后方程变成：

$$\frac{1}{2} \sigma \dot{\varepsilon} = \sum_i T\theta_i \tag{3-8}$$

随后的计算按照三步进行：第一步，对每个不可逆过程，评价熵产生率，引入平均势差 $\Delta \mu$，由于平均势差作用，扩散原子下降。用式（3-8）获得应力、应变速率与 $\Delta \mu$ 之间的关系。第二步，采用 Einstein 扩散方程获得这三个变量的第二个关系。第三步，消掉 $\Delta \mu$，给出本构方程。

（2）不可逆过程。忽略界面反应过程，现在考虑把功转换为热的三个过程。对图 3-1 中考虑晶粒单元从初始状态到终了状态的运动，计算每个过程的熵产生率。

1）最重要的不可逆过程是提供调节应变的物质扩散流动。为了计算熵产生率，我们采用下列方法。假设原子从源流动到阱，期间存在一个平均化学势差 $\Delta \mu$。需要确定的就是 $\Delta \mu$。假设原子流 I 从源流动到阱，熵产生率与电流速率相

同，扩散流 I 在存在电势差的两点之间流动，那么有：
$$(VT\theta)_{\text{diffusion}} = I\Delta\mu$$
式中，θ 为单位体积的熵产生率；V 为四个晶粒的体积。

假设在 Δt 时间内发生一个单元步，这个过程中每个晶粒的原子数 M 从源移动到阱，那么 $I = 4M/\Delta t$。而应变 ε_0 在 Δt 时间产生，结果应变速率为：
$$\dot{\varepsilon} = \varepsilon_0/\Delta t$$

最后，根据表 3-1，$M = c_1 d^3/\Omega$，式中，Ω 为原子体积。

将上面关系组合，得：
$$(VT\theta)_{\text{diffusion}} = 4c_1 \frac{d^3 \dot{\varepsilon}}{\Omega \varepsilon_0} \Delta\mu \qquad (3-9)$$

2）由于晶界处的黏性滑移阻力，进行功与热的转换。熵产生率由下式给出：
$$(VT\theta)_{\text{viscousflow}} = \frac{d\omega}{dt}$$

式中，$d\omega/dt$ 为抵抗黏性滑移力耗散的功率。该功率可以表示力与位移速率的乘积。假设边界处的滑移位移为 u/单元步。那么，出现在边界面上的平均剪应力为：
$$\tau_B = \frac{\eta_B}{\delta} \frac{u}{\Delta t}$$

式中，δ 为边界厚度；η_B 为剪切黏度。根据表 3-1，滑移边界的总面积为 $A = c_4 d^2$，则功率耗散为力（$\tau_B A$）与平均位移速率（$u/\Delta t$）的乘积。于是得：
$$(VT\theta)_{\text{viscousflow}} = \frac{d\omega}{dt} = \frac{c_3^2 c_4 \eta_B d^4}{\delta} \left(\frac{\dot{\varepsilon}}{\varepsilon_0}\right)^2 \qquad (3-10)$$

式中，$u = c_3 d$（表 3-1），$\varepsilon_0/\Delta t = \dot{\varepsilon}$。

3）最后，随着从初始状态移动到中间状态，四个晶粒的边界面积增加到 ΔA。如果晶界能为 Γ/单位面积，那么储存的能（之后耗散为热）为 $\Gamma\Delta A$，其中 $\Delta A = c_5 d^2$（表 3-1）。该能量在 $\Delta t/2$ 时间内被转换为热。熵产生率为：
$$(VT\theta)_{\text{boundaryarea}} = \frac{2\Delta A\Gamma}{\Delta t}$$

或
$$(VT\theta)_{\text{boundaryarea}} = \frac{2c_5 d^2 \Gamma \dot{\varepsilon}}{\varepsilon_0} \qquad (3-11)$$

（3）扩散控制的本构方程。令外功率与熵产生率相等 [式 (3-8)]，得到下列关于 σ、$\dot{\varepsilon}$ 与 $\Delta\mu$ 的表达式：
$$\sigma = \frac{2}{c_6 \varepsilon_0} \left\{ \frac{c_1 \Delta\mu}{\Omega} + \frac{c_3^2 c_4 \eta_B d \dot{\varepsilon}}{4\delta \varepsilon_0} + \frac{c_5 \Gamma}{2d} \right\} \qquad (3-12)$$

式中，$V = 4c_6 d^3$（表 3-1）。

为继续进行推导，需要 $\Delta\mu$ 的第二个方程。根据 Einstein 扩散方程，势梯度（或力）$\nabla\mu$ 引入扩散流：

$$J = \frac{1}{\Omega}\frac{D}{kT}\nabla\mu \qquad (3-13)$$

式中，J 为扩散通量；Ω 为原子体积；D 为自扩散系数；kT 为玻耳兹曼常数与绝对温度的乘积。

假设扩散传输通过边界扩散 D_B 与体扩散 D_L 进行。如果边界流动的横断面为 A_B 和体流动的横断面为 A_L，那么从源到阱每秒原子流动的总数为：

$$\dot{N} = J_L A_L + J_B A_B \qquad (3-14)$$

式中，下标 L 与 B 代表体与边界传输。根据模型，物质被平均传输距离为 $l = c_2 d$，其中 d 为晶粒尺寸。势梯度为：

$$\nabla\mu = \Delta\mu/l$$

近似有
$$A_L = ld, A_B = \delta d \qquad (3-15)$$

式中，δ 为有效边界厚度。

这些方程表现了本处理中的对原理的近似处理。

组合这些公式给出每个晶粒的平均流动速率：

$$\dot{N} = \frac{6}{\Omega kT}\frac{\Delta\mu}{l}(D_L ld + D_B d\delta) \qquad (3-16)$$

出现因子 6 是因为平均来说，每个晶粒存在 6 对源和阱。

在单元步要求的 Δt 时间里，每个晶粒里流动 M 个原子。因此

$$\dot{N} = \frac{M}{\Delta t} = \frac{M}{\varepsilon_0}\dot{\varepsilon}$$

这样就获得下面包括 $\Delta\mu$ 的第二个公式：

$$\frac{M}{\varepsilon_0}\dot{\varepsilon} = \frac{6}{\Omega kT}\Delta\mu D_L d\left\{1 + \frac{D_B \delta}{D_L l}\right\} \qquad (3-17)$$

联立式（3-12）与式（3-17），消掉 $\Delta\mu$，得：

$$\sigma - \frac{c_5 \Gamma}{c_6 d\varepsilon_0} = \left[\frac{c_1^2 d^2 kT}{3c_6 \varepsilon_0^2 \Omega D_L\left(1 + \frac{\delta}{l}\frac{D_B}{D_L}\right)} + \frac{c_3^2 c_4 \eta_B d}{2c_6 \delta \varepsilon_0^2}\right]\dot{\varepsilon} \qquad (3-18)$$

该式即材料完整的本构方程。常数 $c_1 \sim c_6$ 在表 3-1 中给出。

（4）简化模型。式（3-18）中涉及 η_B 的右边第二项通常可以忽略不计。代入表 3-1 中的 $c_1 \sim c_6$，得到扩散调节的晶界滑移本构方程式（3-2）。

$$\dot{\varepsilon}_{\text{diff. acc}} = 100 \frac{\Omega}{kTd^2}\left(\sigma - \frac{0.72\Gamma}{d}\right)D_L\left(1 + \frac{3.3\delta}{d}\frac{D_B}{D_L}\right)$$

该模型预测了一个蠕变门槛应力和应变速率。门槛应力由内部能量波动引

起，大小为 $0.72\Gamma/d$。其应变速率比 Nabarro – Herring – Coble 方程快大约 1 个数量级。

该模型 $n \sim 1$，$p = 2$，与超塑性 $n \sim 2$，$p = 2$ 存在一定的差别。Ashby – Verall 突出贡献是提出四个晶粒为单元的晶粒换位机理，后来被许多学者承认和实验证实。模型（3–3）的加和应变速率在细晶 Pb，Zn – 0.5%（质量分数，下同）Al 固溶体中得到实验验证。

3.2　Ball – Huchison 晶粒组滑移位错调节的晶界滑移机理

如图 3 – 2 所示[4]，Ball 和 Huchison[5]提出晶粒组作为一个单元滑移，直到不利取向的晶粒阻碍滑移过程。产生的应力集中通过在阻塞的晶粒中的位错运动来释放。这些位错在对面的晶界处塞积，直到反应力防止位错源进一步激活和停止滑移为止。于是，塞积群里的领先位错攀移进入晶界并沿晶界攀移到销毁地点。

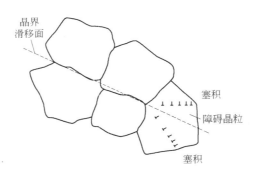

图 3 – 2　Ball 和 Huchison 晶粒组滑移位错调节的晶界滑移

晶界滑移的应变速率为：

$$\dot{\varepsilon} \approx \frac{NaL^2}{t} = \frac{a}{Lt}$$

式中，晶粒数量 N（也就是晶界数量）等于 $1/L^3$；a 为滑移单位；L 为晶粒直径；t 为发生滑移的时间。

在阻碍滑移的晶粒上作用的平均剪应力（σ_r），大致依赖于容易滑移晶粒数量与阻塞晶粒之比（R）。因此，在塞积前端的局部拉伸应力（σ_e）为：

$$\sigma_e = \sigma \sim n\sigma_r \approx \frac{2LR^2\sigma_s^2}{Gb}$$

式中，n 为塞积位错的数量；G 为剪切模量；b 为柏氏矢量的模；σ_s 为外加剪切应力。

在此动态塞积过程中，位错运动以位错沿晶界攀移的速率进行，在局部拉伸应力（σ_e）作用下，到达销毁地点，其距离为晶粒直径的分数（L/x）。根据 Friedel 理论，攀移速度受晶界空位扩散的速率控制，即：

$$V = \frac{D_{gb} x}{L}(C/C_0 - 1)$$

式中，C 为允许攀移的空位浓度；C_0 为平衡空位浓度；D_{gb} 为空位沿晶界流动的扩散系数。

当引起攀移的应力（σ_e）很小时，边界里的空位浓度低，因而获得下列近似处理：

$$\frac{C}{C_0} = \exp\left[\frac{\sigma_e b^3}{kT}\right] \approx 1 + \frac{\sigma_e b^3}{kT}$$

因此，

$$\frac{C}{C_0} = 1 + \frac{2LR^2 \sigma_s^2 b^2}{GkT}$$

以及

$$V = \frac{2xb^2 R^2 \sigma_s^2 D_{gb}}{GkT}$$

位错攀移 L/x 距离花费的时间为：

$$t = \frac{L}{xV} = \frac{LGkT}{2x^2 b^2 R^2 \sigma_s^2 D_{gb}}$$

因此，引入扩散系数，应变速率为：

$$\dot{\varepsilon} = \frac{a}{Lt} = \frac{2ax^2 b^2 R^2 \sigma_s^2}{L^2 GkT} D_{0gb} \exp\left[\frac{-U_{gb}}{kT}\right]$$

式中，U_{gb} 为过程的激活能。

于是得到：

$$\dot{\varepsilon} = \frac{K\sigma^2}{L^2} \exp\left[\frac{-U_{gb}}{kT}\right] \tag{3-19}$$

可以看出，该模型第一次获得应变速率与应力 2 次方成正比，与晶粒尺寸的 2 次方成反比。即 $n=2$，$p=2$，该关系首先在该 Zn - 22% Al 共析合金中得到证实，后来被许多共晶与共析合金超塑性实验结果所证实。

3.3 Mukherjee 晶内位错调节的晶界滑移机理

如图 3-3 所示[4]，Mukherjee[6] 提出位错调节的模型，晶粒单个滑移而不是晶粒组滑移。位错在晶界坎和突出处产生、穿越晶粒、在晶界塞积处被阻挡。滑移速率受领先位错的攀移速率所控制，进入到位于晶界处的销毁地点。

3.3 Mukherjee 晶内位错调节的晶界滑移机理

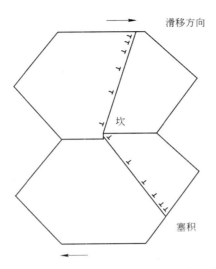

图 3-3 Mukherjee 晶界坎或台阶处位错调节的晶界滑移

因晶界滑移产生的变形速率为：

$$\dot{\varepsilon} = \frac{a}{dt}$$

式中，a 为滑移单位；d 为晶粒尺寸；t 为滑移过程的时间。

根据 Friedel 和 Koehler 位错理论，塞积长度等于晶粒直径的塞积前端的局部应力集中为：$\sigma_c = 2d\sigma^2/Gb$。位错在塞积群内的产生与运动速率取决于沿晶界的位错攀移速率。根据 Friedel 理论，位错攀移速率为：

$$V = \frac{D_{gb}}{d}\left[\exp\left(\frac{\sigma_c b^3}{kT}\right) - 1\right]$$

当引起攀移的有效应力（σ_c）很低时，存在 $\sigma_c b^3 \ll kT$。于是：

$$V \approx \frac{D_{gb}}{d} \times \frac{\sigma_c b^3}{kT} = \frac{2D_{gb} b^2 \sigma^2}{GkT}$$

位错攀移距离 d 花费的时间：

$$t = d/V = dGkT/2D_{gb}b^2\sigma^2$$

因此，应变速率为：

$$\dot{\varepsilon} = \frac{a}{dt} = (2ab^2)D_{gb}\left(\frac{\sigma}{d^2}\right)\frac{1}{GkT}$$

或

$$\frac{\dot{\varepsilon}kT}{D_{gb}Gb} = A\left(\frac{\sigma}{G}\right)^2\left(\frac{b}{d}\right)^2 \tag{3-20}$$

式中，$A = 2a/b \approx 2$。

该模型在 Zn-22%Al 共析合金和 Pb-62%Sn 共晶合金中得到证实。

应当指出，Ball – Hutchison 和 Mukherjee 模型共同之处是采用了 Eshelby 表达式，位错塞积的攀移处理严格来说未必有效。Spingarn 和 Nix 指出高温位错攀移过程中，大角度晶界不能承受塞积所要求的非常大的塞积应力。上面讲到的 Ball – Hutchison 和 Mukherjee 机理是考虑晶粒内部的位错塞积。后来 Mukherjee 对上述模型做了修正[7]，提出界面（晶界和/或相界）塞积机理。其修正模型的思想是：晶界滑移不是通过穿越晶粒速率控制的而是通过位错在晶界的攀移 – 滑移实现速率控制的。临近晶粒之间的相容性通过晶格位错沿晶界的扩散控制的攀移来实现，晶界滑移作为一个单位过程允许重复调节。晶界滑移与位错攀移组合在一起导致晶粒重排，这就解释了超塑性流动没有晶粒伸长的原因。

Mukherjee 修正模型为：

$$\dot{\varepsilon} = (75 - 150) \frac{D_{gb} G b}{kT} \left(\frac{\sigma}{G} \right)^2 \left(\frac{b}{d} \right)^2 \quad (3-21)$$

3.4 Gifkins "芯 – 表" 晶界滑移机理

Gifkins[8] 提出晶粒由不变形的"芯"和滑移的"表层"组成。"芯"行为类似单晶体行为，周围的"表层"存在晶界，产生晶界滑移，这就是著名的"芯 – 表"模型的思想。具体到晶界滑移的模型，如图 3 – 4 所示[4]，Gifkins 认为滑移通过塞积在三叉点的晶界位错产生，产生的应力集中通过领先晶界位错的分解来松弛。领先位错能够在构成三叉点的另外两个边界上运动以及（或）进入晶格位错调节滑移。这些新位错然后在这两个边界里或在两个边界附近发生攀移或滑移，直到彼此相遇。然后它们销毁或合并以形成晶界位错。该过程发生的完整的顺序会产生符合超塑性组织要求的晶粒转动和晶粒重排。该模型的提出强调了晶界位错所起的作用。该模型的一个重要特点是模型并不要求在变形的所有阶段保持临近晶粒之间的相容性。正如 Hazzeldine 和 Newbury 指出的那样，在界

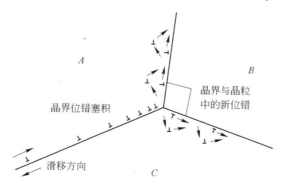

图 3 – 4 位错在晶界处或晶界附近的调节

面处产生的间隙（空洞）通过临近面的晶粒滑移来填充。

在三叉点三边由晶界位错塞积（塞积长度 l）引起的应力：$\sigma_p = 2l\sigma^2/Gb'$。分解领先位错的攀移速度为：

$$V_c = (D_{gb}/h)[\exp(\sigma_p b^3/kT) - 1]$$

式中，h 为沿表层的总攀移距离。考虑到 $\sigma_p b^3 \ll kT$，攀移 h 高度花费的时间 t 为：

$$h/V_c = h^2 kT/D_{gb}\sigma_p b^3 = h^2 kTGb'/2D_{gb}b^3 l\sigma^2$$

把上式代入滑移速率：$\dot{s} = b'/t$，在 $\dot{\varepsilon} = (2K/d)\dot{s}$ 中，K 为几何常数，获得

$$\dot{\varepsilon} = 4Klb'^3 D_{gb}\sigma^2/dh^2 GkT$$

取 $b' = b, K = 1, l = d/2, h = d/\sqrt{32}$（因为平行边界攀移的距离为 $d/4$），上式变成：

$$\dot{\varepsilon} = 64b^3 D_{gb}\sigma^2/GkTd^2$$

可见，Gifkins 模型与 Mukherjee 模型的系数 2 不同，而是 64，两者的机理思想不同。

该模型在细晶 Zn – 22% Al，Pb – 62% Sn，Al – 17% Cu，Cu – 40% Zn，Zn – 0.2% Al 中得到实验证实。

3.5 Langdon 晶内与晶界位错调节的晶界滑移机理

Langdon[9] 基于 Rachinger 晶界滑移[10] 的思想，提出了小晶粒尺寸下位错调节的晶界滑移机理与模型，同时提出大晶粒尺寸下存在亚晶的晶界滑移机理与模型。对小晶粒材料来说，晶界位错运动在三叉点或晶界坎的障碍处受阻，在临近晶粒内产生滑移，结果晶格位错在晶内运动并在第一个障碍前塞积。滑移速率受塞积前端的攀移所控制。对大晶粒材料来说，外禀位错沿亚晶界运动在晶界处塞积受阻，滑移速率受塞积前端的攀移所控制。基于此思想，建立了晶界滑移两个模型。

如果位错穿过晶粒在障碍前塞积，塞积前端的应力（σ_p）为：

$$\sigma_p = \frac{2L\tau^2}{Gb}$$

式中，L 为塞积长度；τ 为柏氏矢量方向作用在滑移面内的剪切应力。

塞积前端的攀移速度（V_c）受控于与攀移过程关联的空位扩散速率，结果 V_c 由下式给出：

$$V_c = \frac{D}{d}\left[\exp\left(\frac{\sigma_c b^3}{kT}\right) - 1\right]$$

式中　D——适合的扩散系数。

令 $\tau = \sigma/\sqrt{3}$，并考虑到 $\sigma_p b^3 \ll kT$，得：

$$V_c = \frac{2DL\sigma^2 b^3}{3hGbkT}$$

式中 h——攀移距离。

攀移通过距离 h 所花费的时间为 h/V_c，以及边界上的局部滑移速率（$\dot{\gamma}$）等于 b/t，式中 t 为时间。定义宏观滑移速率 $\dot{\varepsilon}_{gbs} = \dot{\gamma}/\sqrt{3}d$，得到以下速率方程：

$$\dot{\varepsilon}_{gbs} = \frac{2DL\sigma^2 b^3}{3\sqrt{3}h^2 GkTd} \tag{3-22}$$

为了使用上述方程，必须考虑阻碍 Rachinger 滑移的障碍的性质。两种可能的情况如图 3-5 所示。

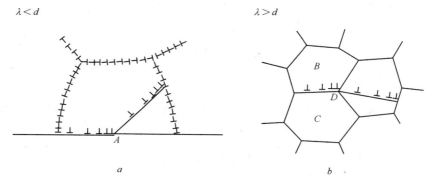

图 3-5 Rachinger 晶界滑移
a—在大晶粒处，位错在坎（如 A 点）处塞积；b—在小晶粒处，
B 和 C 晶粒之间的滑移导致位错在 D 点的塞积

首先，看小晶粒（$d < 10\mu m$）情况，此时机理类似 Ball-Hutchison 思想，但在具体参数处理上与其存在区别。令 $L = \bar{l}$，$h = 0.3\bar{l}$ 和 $D = D_{gb}$，式中 $\bar{l}$ 为平均线截距晶粒尺寸。空间晶粒尺寸 $d = 1.7\bar{l}$。将这些关系代入速率方程，得到晶粒尺寸小于亚晶尺寸（$d < \lambda$）条件下 Rachinger 滑移的本构关系：

$$\dot{\varepsilon}_{gbs} = \frac{10 D_{gb} Gb}{kT} \left(\frac{b}{d}\right)^2 \left(\frac{\sigma}{G}\right)^2 \tag{3-23}$$

该晶界滑移模型与细晶 Zn-22%Al，Pb-62%Sn 合金实验结果一致。

其次，看大晶粒情况，此时亚晶粒形成。晶内位错受小角度亚晶界阻碍，领先位错攀移进入亚晶界，通过与胞壁内部的位错相互作用位错被销毁。由于亚晶壁与位错作用的性质目前还不完全清楚，所以该情况下很难建模。但是可以引入适当的假设，诸如有限宽度的亚晶壁或者位错穿过亚晶界的统计能力。尽管存在这些缺点，还是可以获得近似解。根据亚晶尺寸（λ）与应力关系方程：

$$\frac{\lambda}{b} = \zeta \left(\frac{\sigma}{G}\right)^{-1} \tag{3-24}$$

式中，ζ 为接近 20 的常数。根据此式，有 $L = \lambda = 20Gb/\sigma$。根据 Weertman 亚晶蠕变理论，$h = bG/A'\sigma$，式中，$A'$ 实验确定为 16，令 $D = D_1$，把这些关系代入速率方程（3-22），得到晶粒尺寸大于亚晶尺寸（$d > \lambda$）条件下 Rachinger 滑移的本构关系：

$$\dot{\varepsilon}_{\text{gbs}} = \frac{10^3 D_1 Gb}{kT}\left(\frac{b}{d}\right)\left(\frac{\sigma}{G}\right)^3 \quad (3-25)$$

上述推导表明，Langdon 统一了超塑性与蠕变中涉及的晶界滑移机理，该关系在 600μm 的纯铝蠕变实验得到证实。

3.6 Gittus 双相合金晶界滑移机理

Gittus[11] 提出晶界位错在相界（IPB）塞积，位错攀离进入 IPB 的无序的割阶中。IPB 中的源动作引入新位错以更换攀离塞积前端的那些源。随着塞积的位错朝着塞积前端滑移，IPB 处发生滑移。随着位错攀移进入无序的晶界区域，物质向位错的流动允许晶粒形状的变化。这种晶粒形状的变化是保持变形过程中边界连续性所必需的。

根据 Ashby-Verall 晶粒换位模型，晶粒的扩散距离为 $0.3d$。位错攀移速度为：

$$V = \frac{D_{\text{IPB}}}{0.3d}\left(\frac{\sigma_p b^3}{kT}\right)$$

位错移动的距离近似等于扩散距离。一根位错以 V 的速度攀移此距离（$\lambda = 0.3d$）花费的时间为：$t = 0.3d/V$，即：

$$t = \frac{0.09 d^2 kT}{D_{\text{IPB}} \sigma_p b^3}$$

在 t 时间间隔内，两根位错攀移相遇被销毁，同时要求产生新的两个位错以保持体系的平衡。位错在时间 t 晶界滑移 $2b$ 距离，就可以产生两个新位错。按照 Ashby-Verall 模型，四个晶粒作为一个单元发生换位给出 0.55 的应变，则必须发生 $0.46d$ 的边界滑移。因此，$2b$ 滑移量会产生 $0.55 \times 2b/0.46d = 2.4b/d$ 的应变。因此，应变速率为：

$$\dot{\varepsilon} = 4.8\left(\frac{d}{\lambda}\right)^2 \frac{D_{\text{IPB}} Gb}{kT}\left(\frac{\sigma - \sigma_0}{G}\right)^2\left(\frac{b}{d}\right)^2$$

将 $\lambda = 0.3d$ 代入上式，因此得到相界滑移的速率方程：

$$\dot{\varepsilon} = 53.4 \frac{D_{\text{IPB}} Gb}{kT}\left(\frac{\sigma - \sigma_0}{G}\right)^2\left(\frac{b}{d}\right)^2 \quad (3-26)$$

可以看出，该方程适合双相合金。注意到 Gittus 模型包括一个门槛应力 σ_0，用于鉴别 IPB 超位错与位错特征的边界坎之间的钉扎作用。造成门槛应力的原因是由于位错边界的坎的存在。经推导 $\sigma_0 \leq 2E/(bL)$，式中，E 为单位长度缺陷的能量；L 为晶界坎的宽面宽度；或者 $\sigma_0 \sim Gh/(70L)$，式中 h 为坎高度；L 为晶界坎的宽面宽度。从理论上来说，激活能为 IPB 扩散的激活能。式（3-26）中，D_{IPB} 为相界扩散系数。本书作者目前仍然没有发现相界扩散系数的明确表达式，只有个别国外作者对双晶材料相界扩散的介绍。D_{IPB} 的难以确定直接影响了 Gittus 模型的应用。

3.7 Arieli–Mukherjee 位错调节的晶界滑移机理

Arieli–Mukherjee[12] 认为界面附近狭窄区域的单个晶格位错直接攀移进入和（或）沿界面攀移，进入界面被销毁。在攀移过程中，位错按照 Bardeen–Herring 机理增殖，因而使过程本身是自我再生的。由于攀移接近界面，单个晶界攀移受晶界扩散控制。在高应力下，更多的位错从晶粒内部来到界面处。关键的一步是这些位错通过晶格扩散控制的滑移与攀移过程，克服在晶粒内部运动的障碍。

为了开发速控方程，让我们考虑一个晶粒与边界。边界沿垂直边界方向迁移一个 yd 的距离，这里 d 为晶粒直径，y 为比例因子。在接近边界宽度 yd 区域内的位错被吸引到移动边界并且攀移进入边界。弯曲位错的攀移速度为：

$$V_c = \frac{2\pi D\Omega\Gamma_0}{R^2 bkT}$$

式中，D 为扩散系数；Ω 为原子体积；Γ_0 为位错线张力；R 为沿晶界的源和阱的总距离。

将 $\Omega = b^3$，$\Gamma_0 = b\rho\tau$ 和 $R = Zd = Zb(d/b)$ 代入，得到：

$$V_c = \frac{2\pi Db\rho\tau}{Z^2(d/b)^2 kT}$$

式中，ρ 为位错弯曲瞬时半径；d 为晶粒直径；τ 为外加剪切应力；Z 为常数。

整理上式得：

$$V_c = \frac{2\pi}{Z^2}\rho \frac{DGb}{kT}\left(\frac{b}{d}\right)^2 \frac{\tau}{G}$$

在位错向晶界攀移过程中，其弯曲半径从开始的 ρ_0 增加到瞬时的 ρ。对小弹性应变，

$$\gamma = \frac{\rho}{\rho_0} = \frac{\tau}{G}$$

式中，γ 为位错弯曲半径从 ρ_0 增加到 ρ 所需的弹性应变。于是，

$$\rho = \rho_0 \frac{\tau}{G}, \rho_0 = \omega b$$

式中，ω 为常数。

将 ρ 表达式代入整理后的攀移速度公式得到：

$$V_c = \frac{2\pi\omega b}{Z^2} \frac{DGb}{kT} \left(\frac{b}{d}\right)^2 \left(\frac{\tau}{G}\right)^2$$

攀移时间为：

$$t = \frac{yd}{V_c} = \frac{Z^2 yd}{2\pi\omega b} \frac{kT}{DGB} \left(\frac{b}{d}\right)^{-2} \left(\frac{\tau}{G}\right)^{-2}$$

滑移与迁移是耦合发生的。根据 Ashby 处理，迁移距离 M 与滑移距离 S 之比由下式给出：

$$\frac{M}{S} = 0.5 \tan\left(\frac{\theta}{2}\right)$$

式中，θ 为近临晶粒的错配角。

假设： $M = yd$ 和 $S = hb$ ($h \geq 1$)

于是

$$yd = 0.5 hb \tan\left(\frac{\theta}{2}\right)$$

将 yd 表达式代入攀移时间 t 公式，同时考虑到应变速率 $\dot{\gamma} \propto 1/t$，得到以下剪切速率方程：

$$\dot{\gamma} = \frac{4\pi\omega}{hZ^2 \tan(\theta/2)} \frac{D_{gb}Gb}{kT} \left(\frac{\tau}{G}\right)^2 \left(\frac{b}{d}\right)^2$$

进一步得到应变速率方程：

$$\dot{\varepsilon} = \frac{4\pi\omega}{hZ^2 \tan(\theta/2)} \frac{D_{gb}Gb}{kT} \left(\frac{\sigma}{G}\right)^2 \left(\frac{b}{d}\right)^2 \qquad (3-27)$$

式中，亚结构有关的参数并不是几何常数，而是随界面结构（通过 h 和 θ）和界面附近狭窄区域的结构（通过 ω 和 Z）的变化而变化。Gifkins 认为耦合的晶界迁移随晶粒尺寸而变化，认为这缺少证据。本书作者认为上述方程中，h、θ、ω 和 Z 的确定是实现模型定量的重要条件。Arieli - Mukherjee 解决了 $n = 2$，$p = 2$ 的机理问题，与超塑性实验值一致，但是其缺憾是并没有在具体合金中验证该模型的有效性。

3.8 Cao 考虑变形诱发晶粒长大与加速晶界扩散的晶界滑移模型

超塑性是在一定温度和变形速率下材料表现出大伸长率（几百或几千）的能力。超塑性机理和本构方程一直是研究者不懈探索的一个重要问题。Ball - Huchison（B - H）[5] 提出了晶粒组滑移为特征的晶内位错调节的晶界滑移机理和本构方程。Ashby - Verrall（A - V）[3] 提出了扩散调节的晶界滑移机理和本构方程。Mukherjee（M）[6] 提出了位错在晶界坎和台阶处产生的单个晶粒晶内位错调节的晶界滑移机理和本构方程，后来 Mukherjee（MM）[7]提出修正的非穿越晶粒的位错在晶界处攀移与滑移的晶界滑移机理和本构方程。Gifkins（G）[8]认为超塑性是一种晶界行为，提出三叉晶界附近攀移与滑移的"芯－表"模型，芯不变形，表层发生晶界滑移，并建立了本构方程。Langdon（L）[9]提出了同时考虑晶内位错活动和晶界坎和台阶处滑移的晶界滑移机理和本构方程。

超塑性机理型本构方程一般可用下式表示：

$$\dot{\varepsilon} = \frac{ADGb}{kT}\left(\frac{b}{d}\right)^p \left(\frac{\sigma}{G}\right)^n \tag{3-28}$$

式中，A 为无量纲常数；D 为晶界扩散系数[3,5~8]，也有采用晶格扩散系数和有效扩散系数[4]；G 为剪切模量，为温度的函数；b 为位错柏氏矢量的模；k 为玻耳兹曼常数；T 为温度；d 为晶粒尺寸；σ 为外加应力；p 为晶粒指数；n 为应力指数（$n=1/m$）；m 为应变速率敏感性指数。

超塑性本构方程在下列条件下提出：在1969年或1970年以前，首先，扩散蠕变与位错蠕变理论流行而晶界滑移超塑性并没有形成一个独立的理论。其次，位错攀移速度与位错塞积应力可以根据位错理论来确定。再次，根据2006年Langdon 对晶界滑移评述，Rachinger 滑移已经提出，Bell 和 Gifkins 等在粗晶蠕变中研究了晶界滑移，Langdon 在 Mg - 0.78Al 粗晶合金中提出晶界滑移作为低应力蠕变的变形机理的思想与模型。最后，在共晶与共析合金中实验获得了超塑性。这四点为提出晶界滑移机理与本构模型提供了先决条件。在此背景下，Ball - Hutchisón、Mukherjee、Gifkins 和 Langdon 提出了经典超塑性机理与本构方程，为超塑性晶界滑移理论的建立做出显著贡献。经典超塑性机理型本构模型在简单体系的稳定的细晶合金中获得应用。而变形诱发晶粒长大与变形加速晶界扩散建模没有引起足够的注意。

从文献上看，上述机理型本构方程提出的共同点是假设超塑性组织稳定，即不发生晶粒长大。而超塑性变形诱发晶粒长大是许多金属与合金中发现的普遍现象。因此有必要耦合变形诱发晶粒长大方程到式（3-28）中。另外，Valiev 等[13]和 Chuvil'deev 等[14,15]相继报道了变形加速晶界扩散问题，Valievl 等对 Mg - Mn - Ce 细晶超塑性提出变形使晶界扩散系数（D_b^{sp}）增加 1~1.5 个数量级，Chuvil'deev 等在纳米和微米晶粒铝合金低温高应变速率超塑性中计算了变形加速后的晶界扩散系数，发现高应变速率超塑性加速晶界扩散事实。但是 D_b^{sp} 在上述本构方程中没有被考虑，因此有必要耦合变形加速晶界扩散系数 D_b^{sp} 到式（3-28）中。

目前对机理型本构方程的定量较少见到。针对上述两个问题，本书作者首先建立耦合晶粒长大和晶界加速扩散模型的本构方程，以双相细晶近共晶镁锂合金超塑性问题为研究对象，揭示速控过程的机理。

3.8.1 模型

基于超塑性晶粒长大全微分为晶粒换位微观纯变形偏微分和晶粒微观静态长大偏微分之和的思想，本文作者[16]获得了以下变形诱发晶粒长大（DIGG）模型：

恒速度变形

$$d_{\text{DIGG}} = [d_0^q \exp(q\alpha\varepsilon) + (K/(q\alpha\dot{\varepsilon}_0))\exp\varepsilon(\exp(q\alpha\varepsilon)-1)]^{1/q}$$

恒应变速率变形

$$d_{\text{DIGG}} = [d_0^q \exp(q\alpha\varepsilon) + (K/(q\alpha\dot{\varepsilon}))(\exp(q\alpha\varepsilon)-1)]^{1/q} \quad (3-29)$$

式中，d_0 为保温后拉伸前晶粒尺寸；α 为系数；ε 为应变；$\dot{\varepsilon}_0$ 为初始应变速率；$\dot{\varepsilon}$ 为应变速率；q 为静态长大方程 $D^q - D_0^q = Kt$ 指数；K 为长大速率；t 为时间。

超塑性过程的晶界同时发生两个过程[17]：一个是晶界俘获晶格位错（TLD），另一个是发生与晶界位错分解有关联的位错松弛。俘获位错的密度 ρ 服从下式：

$$\rho = \alpha_1 \frac{\dot{\varepsilon}\tau}{b} \quad (3-30)$$

式中，α_1 为与晶格结构和滑移几何条件有关的常数（1）；τ 为 TLD 松弛时间；b 为晶格位错的柏氏矢量的模。

超塑性晶界处于不平衡的能量状态，由于位错在晶界处的攀移与滑移，导致界面由存在位错引起能量增加[13]，设此能量为 ΔE。

$$\Delta E = \frac{Gb^2}{(1-\nu)h}\left(\frac{1}{4\pi}\ln\frac{e\beta h}{\pi b} + 0.035\frac{\pi}{2}\right) \quad (3-31)$$

式中，ν 为泊松比；e 为自然对数的底；β 为确定位错芯能有关的参数；h 为位错缺陷之间的距离，$h = 1/\rho$。

变形加速晶界扩散系数表达式如下[13]：

$$\frac{D_{\text{gb}}^{\text{sp}}}{D_{\text{gb}}} = \exp(\lambda r^2 \Delta E/(kT)) \quad (3-32)$$

式中，λ 为常数；r 为原子半径。

超塑性机理型本构方程如下：

$$\dot{\varepsilon} = \frac{AD_{\text{gb}}^{\text{sp}}Gb}{kT}\left(\frac{b}{d_{\text{DIGG}}}\right)^2 \left(\frac{\sigma}{G}\right)^2 \quad (3-33)$$

式中，A 为与机理有关的无量纲参数。

上述式（3-29）、式（3-32）和式（3-33）构成耦合晶粒长大与晶界加速扩散的超塑性机理本构方程。

3.8.2 应用

本书作者[18,19]采用熔铸、大变形轧制和硝酸盐浴退火制备了 Mg-8.42Li 合金板材，在 573K，$5\times10^{-4}\mathrm{s}^{-1}$ 条件下获得 920% 的超塑性。采用模型（3-29）计算晶粒尺寸，计算结果为 920% 的晶粒尺寸为 36μm，实验值为 31.7μm，450% 的计算晶粒尺寸为 23.82μm。可见合金由超塑性变形前的 7.5μm 长大到 31.7μm，发生显著的变形诱发晶粒长大。

采用模型（3-32）计算得到变形加速晶界扩散系数的 $D_{\mathrm{gb}}^{\mathrm{sp}}/D_{\mathrm{gb}}$ 数值，如表 3-2 所示。可见，对 Mg-8.42Li 细晶合金在低应变速率（$10^{-4}\mathrm{s}^{-1}\sim10^{-3}\mathrm{s}^{-1}$）并未发生加速晶界扩散的作用，而在高应变速率下分别加速 0.42 倍和 2.35 倍。Mg-8.42Li 细晶合金的低应变速率（$5\times10^{-4}\mathrm{s}^{-1}\sim5\times10^{-3}\mathrm{s}^{-1}$）正好落入经典细晶超塑性的应变速率范围（$10^{-4}\mathrm{s}^{-1}\sim10^{-3}\mathrm{s}^{-1}$），说明 Mg-8.42Li 合金细晶超塑性不存在变形加速晶界扩散，这与 Valiev 在 Mg-1.5Mn-0.3Ce 合金在 580K，$8\times10^{-3}\mathrm{s}^{-1}$ 超塑性条件下，$D_{\mathrm{gb}}^{\mathrm{sp}}/D_{\mathrm{gb}}$ 增大 10 倍的论断[13]正相反。Chuvil'deev[14,15]对纳米铝合金发现变形加速晶界扩散是在高应变速率下发生的，本计算结果与 Chuvil'deev 的实验结果一致，说明纳米晶和细晶由于晶粒细化，晶界数量和长度增加，晶界扩散通道增多，因而发生变形加速晶界扩散的情况。

表 3-2 变形加速晶界扩散系数模型计算结果

$\dot{\varepsilon}_0/\mathrm{s}^{-1}$	5×10^{-4}	5×10^{-3}	5×10^{-2}	5×10^{-1}
$\dfrac{D_{\mathrm{gb}}^{\mathrm{sp}}}{D_{\mathrm{gb}}}$	1.0	1.06	1.42	3.35

根据模型（3-33）计算得到机理型本构方程归一化计算结果，如表 3-3 所示。其中 ε 为真应变，δ 为伸长率。从表 3-2 可以看出，实验归一化计算值 $\left(\dfrac{\dot{\varepsilon}d}{D_{\mathrm{gb}}^{\mathrm{sp}}}\right)_{\mathrm{Exp}}$ 与模型计算值 $\left(\dfrac{\dot{\varepsilon}d}{D_{\mathrm{gb}}^{\mathrm{sp}}}\right)_{\mathrm{MM}}$ 和 $\left(\dfrac{\dot{\varepsilon}d}{D_{\mathrm{gb}}^{\mathrm{sp}}}\right)_{\mathrm{G}}$ 接近，说明符合修正的 Mukerjee 非穿越晶粒的位错在晶界处攀移与滑移的晶界滑移机理和 Gifkins 三叉晶界附近攀移与滑移的晶界滑移机理。有的文献认为，机理型本构模型预报机理不够准确。本书结果表明为超塑性学术界公认的上述机理[3,5-9]考虑晶粒长大和晶界扩散之后可以准确预报超塑性流动机理。

因此，得到以下结论：

（1）获得耦合变形诱发晶粒长大与晶界加速扩散的超塑性机理型本构方程。计算表明 Mg-8.42Li 合金细晶低应变速率超塑性变形并未提高晶界扩散系数，纳米晶和细晶高应变速率超塑性存在加速晶界扩散。

表 3-3 机理型本构方程归一化计算结果

ε	$\delta/\%$	$\dfrac{\sigma}{G}$	$\left(\dfrac{\dot{\varepsilon}d}{D_{gb}^{sp}}\right)_{Exp}$	$\left(\dfrac{\dot{\varepsilon}d}{D_{gb}^{sp}}\right)_{B-H}$	$\left(\dfrac{\dot{\varepsilon}d}{D_{gb}^{sp}}\right)_{M}$	$\left(\dfrac{\dot{\varepsilon}d}{D_{gb}^{sp}}\right)_{MM}$	$\left(\dfrac{\dot{\varepsilon}d}{D_{gb}^{sp}}\right)_{G}$	$\left(\dfrac{\dot{\varepsilon}d}{D_{gb}^{sp}}\right)_{L}$
0.22	25	1.66×10^{-4}	4.4×10^{-4}	2.0×10^{-5}	0.32×10^{-5}	$(1.2\sim2.4)\times10^{-4}$	1.0×10^{-4}	1.6×10^{-5}
1.70	450	2.96×10^{-4}	8.14×10^{-4}	6.53×10^{-5}	1.04×10^{-5}	$(3.9\sim7.8)\times10^{-4}$	3.34×10^{-4}	5.22×10^{-5}
2.32	920	3.59×10^{-4}	$7.8/1.0\times10^{-4}$	9.6×10^{-5}	1.54×10^{-5}	$(5.8\sim11.5)\times10^{-4}$	4.9×10^{-4}	7.68×10^{-5}

（2）建立的模型在 Mg-8.42Li 合金应用，该合金在 573K，$5\times10^{-4}\mathrm{s}^{-1}$ 条件下的流动机理为 Mukerjee 非穿越晶粒的位错在晶界处攀移与滑移的晶界滑移机理和 Gifkins 三叉晶界附近攀移与滑移的晶界滑移机理。

3.9 Suery-Baudelet 模型

Suery 与 Baudelet[2;20,21] 提出流体动力学模型。他们强调需要考虑双相合金单相的不同作用。研究对象为 α+β 黄铜，两相延展性的差别使他们把超塑性变形处理成含硬（α）相颗粒的黏性非牛顿流体（软 β 相）。模型认为产生界面滑移是由于界面附近 β 相薄层的剪切变形的结果，而不是滑移过程本身是固有的机理。

由于 α 相相对来说不佳的变形能力，β 相中的滑移位错被相界阻挡要比被晶界的滑移位错阻碍更加有效。因此，位错在沿最有利的滑移面穿过 β 相晶粒之后，在 α 相晶粒前面塞积。塞积中的领先位错然后攀移进入界面并沿界面攀移，随后又滑移，直到它们被另一个晶粒阻碍停止。因此，变形速率受连续去除相界附近领先位错的速率所控制。但是，这种相界壁垒存在的概率是 α 相体积分数的函数，随着该体积分数的增加而增加。

基于上述思想，建立了本构方程：

$$\dot{\varepsilon} = \left(\dfrac{1-V_\alpha}{V_\alpha}\right)^2 \dfrac{\sigma^2}{L_\beta^2 kT}\exp(-Q/RT) \qquad (3-34)$$

式中，V_α 为 α 相体积分数；L_β 为 β 相晶粒尺寸。

该模型强调在双相合金中，在相同应力作用下，每个相的行为不同。进一步强调超塑性行为受软相控制而"惰性"的硬相的体积分数是一个重要的因子。尽管该模型基于 α+β 黄铜提出，后来对 Ti-6Al-4V 双相合金的研究表明模型也适用于该钛合金。Gifkins 指出没有在模型中清楚地指明主要变形的软相变回到等轴形状的机理。

3.10 Spingarn – Nix 滑移带模型

Spingarn – Nix[22]提出了滑移带模型或基于晶界位错攀移的蠕变模型。该模型认为变形通过沿滑移带的晶内滑移发生，剪切带被晶界所阻碍。边界应变由扩散流动来调节，从而导致稳态蠕变过程。滑移带间距随应变速率变化而变化，即随应变速率增加而降低。在很低应力的极限情况下，滑移带间距等于晶粒尺寸，速率方程为

$$\dot{\varepsilon} = 100 \frac{D_b G b}{kT} \left(\frac{b}{d}\right)^3 \left(\frac{\sigma}{G}\right)$$

该方程与 Coble 纯扩散蠕变基本相同，只是系数存在差别。

在很大应力下，滑移带间距等于亚晶尺寸，速率方程为

$$\dot{\varepsilon} = \text{const} \frac{D_b G b}{kT} \left(\frac{d}{b}\right) \left(\frac{\sigma}{G}\right)^5$$

图 3 – 6 为滑移带模型的示意图。外加剪应力和拉与压晶界牵引力如图 3 – 6a 所示，而原子流动如图 3 – 6b 所示。滑移界面的平均分开距离为 λ。处理为 x 与 y 坐标系位于同一轴线上。

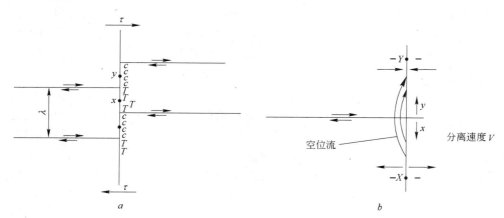

图 3 – 6 滑移带模型的示意图

由 Fick 定律，空位流 ($q_v(x)$) 为

$$q_v(x) = -D_v \delta \frac{dC}{dx} \tag{3-35}$$

类似的表达式可以对 y 方向写出。对空位的均匀发射与存放，可以得出

$$\frac{dq_v}{dx} = \frac{v}{\Omega} \frac{d^2 C}{dx^2} = -\frac{v}{D_v \delta \Omega} = -K \tag{3-36a}$$

3.10 Spingarn–Nix 滑移带模型

和

$$\frac{dq_v}{dy} = -\frac{v}{\Omega}\frac{d^2C}{dy^2} = +\frac{v}{D_v\delta\Omega} = K \tag{3-36b}$$

数量 v 代表晶界对面两侧的任何两点的位移速率。

方程（3-36）的解析解为

$$C(x) = -\frac{K}{2}x^2 + A_1 x + A_2 \tag{3-37a}$$

和

$$C(y) = +\frac{K}{2}y^2 + B_1 y + B_2 \tag{3-37b}$$

常数 A_1 和 B_1 可以在 X 和 Y 点设零流量获得。因此，$A_1 = K\frac{\lambda}{4}$ 和 $B_1 = -K\frac{\lambda}{4}$。

数量 A_2 和 B_2 通过使法向边界牵引力，$T(x)$ 与 $T(y)$ 相等计算出来。外加剪应力为 τ。

$$\tau l = \int_0^{\frac{\lambda}{4}} T(x)dx = -\int_0^{\frac{\lambda}{4}} T(y)y \tag{3-38}$$

式中，l 为平均滑移带长度。

这些牵引力与局部空位浓度有关，因为 $C(x) = C_0 \exp(T(x)\Omega/kT)$。该关系近似表达为：

$$T(x) = \frac{kT}{C_0\Omega}[C(x) - C_0] \tag{3-39}$$

对 $T(y)$ 获得相同的表达式。利用此关系，可以求解方程（3-38），获得剩下的常数。

$$A_2 = C_0 + \frac{4}{\lambda}\frac{C_0\Omega\tau l}{kT} - \frac{K}{3}\left(\frac{\lambda}{4}\right)^2 \tag{3-40a}$$

和

$$B_2 = C_0 - \frac{4}{\lambda}\frac{C_0\Omega\tau l}{kT} + \frac{K}{3}\left(\frac{\lambda}{4}\right)^2 \tag{3-40b}$$

现在，沿晶界的空位浓度就完全确定了。

$$C(x) = -\frac{K}{2}x^2 + \frac{K\lambda}{4}x + \frac{4}{\lambda}\frac{C_0\Omega\tau l}{kT} - \frac{K}{3}\left(\frac{\lambda}{4}\right)^2 + C_0 \tag{3-41a}$$

和

$$C(y) = +\frac{K}{2}y^2 - \frac{K\lambda}{4}y - \frac{4}{\lambda}\frac{C_0\Omega\tau l}{kT} + \frac{K}{3}\left(\frac{\lambda}{4}\right)^2 + C_0 \tag{3-41b}$$

连续性要求 $C(x=0) = C(y=0)$，只有满足以下关系时，才成立。

$$\frac{4}{\lambda}\frac{C_0\Omega\tau l}{kT} = \frac{K}{3}\left(\frac{\lambda}{4}\right)^2 \tag{3-42}$$

插入以下关系，$K = v/D_v\delta\Omega$，$D_{gb} = D_v\Omega C_0$，$\dot{\gamma} = v/\lambda$，$\dot{\gamma} = 2\dot{\varepsilon}$，$\tau = \sigma/2$，进入方程（3-42）中，得到由于位错吸收进入晶界产生的应变速率的表达式：

$$\dot{\varepsilon}_{SB} = \frac{50l}{\lambda^4} \frac{\sigma\Omega}{kT} D_{gb}\delta \tag{3-43}$$

滑移带长度 l 明显与晶粒尺寸 L 有关。尽管较小的线截距晶粒尺寸可较好地估算 l，但本文中令 $l = L$。

滑移带间距 λ 必须说明所有滑移界面，既包括位错滑移带又包括晶界。滑移带远离晶界，滑移带间距为位错滑移带间距并应当大致对应于平衡亚晶尺寸 l_s。单位长度滑移界面的数量（$1/\lambda$）可以用单位长度晶界数量（$1/L$）加上单位长度位错滑移带（亚晶界）数量（$1/l_s$）来估算。

$$\frac{1}{\lambda} = \frac{1}{L} + \frac{1}{l_s} \tag{3-44}$$

在很低应力的极限情况下，晶粒尺寸比亚晶尺寸小得多，因而滑移带间距 λ 近似等于晶粒尺寸 L。此时方程（3-43）变成：

$$\dot{\varepsilon}_{SB} = \frac{50}{L^3} \frac{\sigma\Omega}{kT} D_{gb}\delta \tag{3-45}$$

可见，应变速率与应力呈线性关系并且随晶粒尺寸的增加而迅速减小。此方程类似 Coble 方程。

在很大应力极限情况下，亚晶尺寸比晶粒尺寸小得多，λ 近似等于 l_s。大量证据表明亚晶尺寸与应力存在反比关系。

$$\lambda = l_s = a_0 \left(\frac{\sigma}{G}\right)^{-1} \tag{3-46}$$

将上式代入方程（3-43），速率方程变为：

$$\dot{\varepsilon}_{SB} = a'L \frac{Gb^3}{kT} D_{gb}\delta \left(\frac{\sigma}{G}\right)^5 \tag{3-47}$$

滑移带模型预测了晶界自扩散控制的蠕变过程。应力指数变化为 1~5。对 1~5μm 的晶粒尺寸，从 $n = 1$ 到 $n = 5$ 的过渡区应力跨越范围为大于 1 个数量级。应力很长的过渡区与许多材料的超塑性范围吻合。

Spingarn-Nix 指出尽管超塑性区总应变不同于上面两个方程的简单加和，但是对超塑性区没有给出具体的速率方程，因为滑移带间距随应变速率的变化而变化。

根据此模型，不仅 n 的变化为 1~5，而且应变速率与晶粒尺寸系数的依赖关系变化为 -3~+1。变形激活能为晶界扩散的激活能。

3.11 Kaibyshev-Valiev-Emaletdinov 晶界硬化与恢复平衡模型

Kaibyshev-Valiev-Emaletdinov[23] 提出"激活的"晶界滑移的概念。认为超

3.11 Kaibyshev–Valiev–Emaletdinov 晶界硬化与恢复平衡模型

塑性的本质在于晶界发生的硬化与恢复的平衡过程。

设硬化速率为 $\partial\sigma/\partial\varepsilon$,软化速率为 $\partial\sigma/\partial t$。超塑性应变速率表达为 Orowan 关系

$$\dot{\varepsilon} = \frac{\partial\sigma/\partial t}{\partial\sigma/\partial\varepsilon} = b\rho v \quad (3-48)$$

式中,ρ 为移动的晶界位错（GBD）的密度;v 为其速度;b 为柏氏矢量的模。

通过位错产生与销毁的平衡来确定 GBD 密度,其动力学微分方程为:

$$\frac{d\rho}{dt} = \rho^+ - \frac{\rho}{\tau} \quad (3-49)$$

式中,τ 为 GBD 在三叉点消失之前的平均 GBD 寿命,数量级等于 d/v;d 为晶粒尺寸;ρ^+ 为边界直接产生的 GBD 的密度增加速率。

$$\rho^+ = Md\frac{\delta n}{\delta t} \quad (3-50)$$

式中,M 为 GBD 源的体密度,就超塑性来说,$M \approx 1/d^3$;$\delta n/\delta t$ 为源产生 GBD 的速率。采用位错源一般形式的力模型,可以推导出,在应力 σ 作用下,GBD 产生的速率为:

$$\frac{\delta n}{\delta t} = \frac{(\sigma - \sigma_i)v}{2Gb} \quad (3-51)$$

式中,σ_i 为 GBD 源的作用力,在此情况下,等于点阵位错产生的应力。

利用式 (3-50) 和式 (3-51),得到超塑性变形稳态阶段,GBD 密度接近稳态值:

$$\rho_T = \frac{\sigma - \sigma_i}{0.5Gbd} \quad (3-52)$$

GBD 运动速率受攀移的限制,一般说来,因为外禀 GBD 的柏氏矢量并不位于边界面上,因此,对于尺寸为 d 的位错在 σbd 力影响下运动的情况,根据 Valiev 工作,GBD 速度为:

$$v = \frac{D\Omega(\sigma - \sigma_i)}{2.5dkT} \quad (3-53)$$

式中,D 为晶界扩散系数;Ω 为空位体积。

将式 (3-52)、式 (3-53) 代入式 (3-48),得到稳态阶段超塑性变形速率的表达式:

$$\dot{\varepsilon} = \frac{(\sigma - \sigma_i)^2 \Omega D}{1.25Gd^2 kT} \quad (3-54)$$

或写成通常形式:

$$\dot{\varepsilon} = \frac{A}{kT} \frac{(\sigma - \sigma_i)^2}{G} \left(\frac{b}{d}\right)^2 D_0 e^{-Q/kT} \quad (3-55)$$

式中，$A = \Omega G/1.25b^2$；Q 为晶界扩散的激活能。

3.12 Paidar – Takeuchi 晶粒转动承载的晶界滑移机理

Paidar – Takeuchi[24] 基于晶粒滚动（转动）思想提出了晶粒换位模型，将晶界划分为受压晶界面、受拉晶界面和滑移界面。晶界位错在滑移界面运动，在受压和受拉晶界面位错攀移。强调超塑性变形完全受晶界过程承载。

如图 3 – 7 所示，在外力作用下，晶粒顺时针转动。六角排列的晶粒被划分为受压面（双实线）、受拉面（虚线）和滑移面（实线）。图 3 – 8 所示为晶粒换位模型。从 60° 的初始状态转变到 30° 终了状态。作者认为没有 Ashby – Verrall 的中间状态。累积总的剪切应变为 1.15。

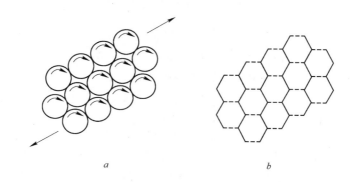

图 3 – 7 晶粒滚动模型
a—所有晶粒上层相对于下层发生顺时针转动；b—六角排列的晶粒被划分为
受压面（双实线）、受拉面（虚线）和滑移面（实线）

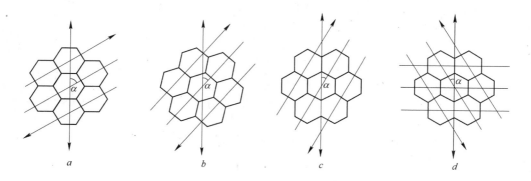

图 3 – 8 由变形引起剪切方向与变形轴线之间的角度变化
a—60°；b—45°；c—30°；d—与垂直变形轴线呈30°角

3.12 Paidar-Takeuchi 晶粒转动承载的晶界滑移机理

转角增加 $\Delta\phi$ 与外力作用下剪切塑性变形增量 $\Delta\gamma$ 存在下列关系：
$$\Delta\phi = 3\Delta\gamma/4 \tag{3-56}$$

拉伸应变 ε 与剪切变形 γ 的关系为：
$$\varepsilon = \gamma\sin\alpha\cos\alpha \tag{3-57}$$

式中，α 为角度。

3.12.1 晶界位错过程

对滑移界面上的位错滑移，作用在晶界滑动位错（柏氏矢量 b_s）上的力 f_s 为：
$$f_s = b_s\sigma\sin\alpha\cos\alpha \tag{3-58}$$

对晶粒尺寸 d，滑移界面的长度为 $d/2$。根据 Hirth-Lothe 线弹性理论，塞积中一个分支的位错数量为：
$$N_s = (1-\nu)(d/2b_s)(f_s/Gb_s) \tag{3-59}$$

滑移界面上每对位错代表一个柏氏矢量为 b_s 的位错环。总位移 $N_s b_s$ 形成宏观位错 B，宏观位错导致晶粒转动的角度 ϕ。
$$\phi d = N_s b_s = B \tag{3-60}$$

因此转动角 ϕ 为：
$$\phi = (1-\nu)(\sigma/2G)\sin\alpha\cos\alpha \tag{3-61}$$

可以看出，转角是外力的函数，与晶粒尺寸和柏氏矢量无关。

晶粒转动的主要部分与拉压界面上位错的扩散控制的攀移发生联系。由于位错在三叉点塞积，其滑移面塞积前端的 b_s 滑动位错分解为两个不滑动位错 b_c 进行攀移。此时，$b_s = b_c/\sqrt{3}$。

3.12.2 物质扩散传输

设攀移晶界位错为主要的源和阱。在稳态条件下，位错发生率为 n_c。根据方程（3-60），转角可以根据三叉点攀移位错的发生率来确定：
$$\phi = n_c b_c \sqrt{3}/d \tag{3-62}$$

根据式（3-56）和式（3-57），可得：
$$\dot{\varepsilon} = 4\phi\sin\alpha\cos\alpha/3 \tag{3-63}$$

3.12.3 作用力与取向的关系

作用在攀移位错上的力有两种类型：外力的直接力与其他位错的相互作用力。

作用在拉与压界面的位错攀移的直接作用力为：

拉力 $\quad f_\text{t} = \sigma b_\text{s}[\sin\alpha\cos\alpha + (\sin^2\alpha - 1/6)/\sqrt{3}]/2$

压力 $\quad f_\text{d} = \sigma b_\text{s}[\sin\alpha\cos\alpha - (\sin^2\alpha - 1/6)/\sqrt{3}]/2 \quad (3-64)$

宏观位错的排斥力 $\quad f_\text{b} = f_\text{s}(1-2\nu)/3\sqrt{6} \quad (3-65)$

攀移位错的平均分离距离 L 为

$$L = Gb_\text{s}/\sigma\sqrt{6}(1-\nu)\sin\alpha\cos\alpha \quad (3-66)$$

3.12.4 速控位错攀移

攀移速度与位错发射速率存在下列关系：

$$V_\text{c} = n_\text{c}L \quad (3-67)$$

根据 Hirth - Lothe 理论，体扩散的位错攀移速度为

$$V_\text{c} = 2\pi D_\text{L}\Omega f_\text{c}/b_\text{c}^2 kT\ln(R/b_\text{c}) \quad (3-68)$$

晶界扩散的位错攀移速度为

$$V_\text{c} = 2\pi D_\text{b}\Omega f_\text{c}/b_\text{c}^2 kT(R-b_\text{c}) \quad (3-69)$$

式中，f_c 为作用在攀移位错上的力，包括方程（3-64）的直接力与方程（3-65）的相互作用力。

利用式（3-67）和式（3-69），通过式（3-62）和式（3-63），可以得

$$\dot{\varepsilon} = 4[1+(2-4\nu)/3\sqrt{6}]\delta D_\text{b}\Omega f_\text{s} \times \sin\alpha\cos\alpha/b_\text{s}kTRLd \quad (3-70)$$

由于 $R \gg b_\text{c}$，$R = d/4$，引入 f_s 和 L 表达式，得到特定晶粒排列的局部应变速率方程

$$\dot{\varepsilon} = 2(1-\nu)(2+3\sqrt{6}-4\nu) \times \sin^3 2\alpha\delta D_\text{b}\Omega\sigma^2/3Gb_\text{s}kTd^2 \quad (3-71)$$

Paidar - Takeuchi 方程的缺憾是没有实验验证，但是方程预报 $n=2$，$p=2$ 与超塑性实验结果符合。尽管作者认为与 Ashby - Verral 晶粒换位模型存在差别，没有中间状态。事实上作者给出的 60°、-45°、-30°的转动图表明，45°的晶粒排列就是中间状态，这与 Ashby - Verral 晶粒换位模型存在类似之处，不同之处是 Ashby - Verral 用能量处理本构方程，而 Paidar - Takeuchi 是用位错与扩散理论处理本构方程。

清华大学白秉哲对非等轴组织钛合金提出了模型，清华大学万菊林对非等轴组织钛合金提出了修正的 Paidar - Takeuchi 模型。

3.13 Han 复合材料高应变速率超塑性机理与模型

前面 3.1~3.12 节介绍的模型主要针对金属与合金的超塑性机理提出并建立的。这里介绍一个 Han 等[25]复合材料高应变速率超塑性机理与模型。

Han 等认为金属基复合材料超塑性成型的主要变形机理是晶界滑移（GBS）和界面滑移（IS）。因此超塑性总应变等于晶界滑移产生的应变（ε_gbs）与界面

滑移产生的应变 (ε_{IS}) 之和。图 3-9 为颗粒增强金属基复合材料 (MMCs) 基体与增强颗粒的分布图。由于 MMCs 最佳超塑性温度在略高于固相线温度,所以图 3-9 中晶粒和颗粒边界存在一些液相。事实上,晶界滑移通常通过沿晶界的位错运动来调节。晶界在剪切应力作用下滑移,沿晶界产生更多的位错。然而,晶界位错运动经常被障碍(例如三叉点、增强体或晶界坎)阻碍,这可以在临近晶粒内产生滑移。塞积前端位错攀移速率控制滑移速率。考虑到三叉点充满液体,晶粒之间的位错会迅速消失,如图 3-9 中晶粒 1 或晶粒 2 与晶粒 2 或晶粒 3 之间。这种情况下,晶界位错贡献的应变速率非常高,在计算总应变速率时可以忽略不计。

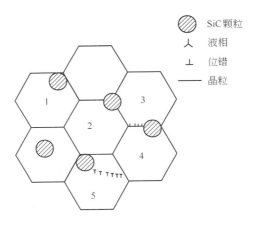

图 3-9 颗粒增强金属基复合材料基体与增强颗粒的分布图

另外,假设增强体与基体界面之间发生部分熔化,如图 3-9 的晶粒 3 与晶粒 4 之间发生的情况。如果晶界位错遭遇固态晶界和颗粒界面会产生塞积应力 (σ_{pl}):

$$\sigma_{pl} = 2l_1\tau^2/Gb \tag{3-72}$$

式中,τ 为作用在滑移面上的剪应力;G 为剪切模量;b 为柏氏矢量的模;l_1 为增强体前面的塞积长度,假定等于 $(d_m - d_r)/2$,式中,d_m 和 d_r 分别为晶粒与增强体尺寸。

攀移速度 (V_{c1}) 为:

$$V_{c1} = \frac{D_1}{h_1}\left[\exp\left(\frac{\sigma_{pl}b^3}{kT}\right) - 1\right] \tag{3-73}$$

式中,h_1 为攀移距离;D_1 为基体-界面扩散系数;T 为绝对温度;k 为玻耳兹曼常数。

由于材料高应变速率成型，因此

$$V_{c1} = \frac{2l_1 D_l \tau^2 b^3}{h_1 GbkT} = \frac{(d_m - d_r) D_l \tau^2 b^3}{h_1 GbkT} \quad (3-74)$$

位错攀移距离 (h_1)，需要的时间 (t)，等于 h_1/V_{c1}，因此，局部滑移速率 $\dot{V}_1 (b/t)$ 为

$$\dot{V}_1 = \frac{(d_m - d_r) D_l \tau^2 b^3}{h_1^2 GbkT} \quad (3-75)$$

令 $\tau = \sigma/\sqrt{3}$，晶界滑移速率为 $\dot{\varepsilon} = \dot{V}_1/(d_m \sqrt{3})$，得

$$\dot{\varepsilon}_{gbs} = \frac{(d_m - d_r) D_l \sigma^2 b^3}{3\sqrt{3} h_1^2 d_m GkT} \quad (3-76)$$

考虑增强体颗粒位于存在液相的三叉点处的情况，晶界滑移导致界面滑移。界面滑移产生的位错穿过晶粒在晶界处塞积，如图 3-9 所示的晶粒 5。塞积前端的应力 (σ_{p2}) 为

$$\sigma_{p2} = 2l_2 \tau^2 / Gb \quad (3-77)$$

式中，l_2 为晶界前面的塞积长度，假定等于 ($d_m - 0.5 d_r$)。

类似于 V_{c1}，攀移速度 (V_{c2}) 为

$$V_{c2} = \frac{(2d_m - d_r) D_{gb} \tau^2 b^3}{h_2 GbkT} \quad (3-78)$$

式中，h_2 为攀移距离。

界面处的局部滑移速率为

$$\dot{V}_2 = \frac{(2d_m - d_r) D_{gb} \tau^2 b^3}{h_2^2 GbkT} \quad (3-79)$$

令 $\tau = \sigma/\sqrt{3}$，界面滑移速率为 $\dot{\varepsilon} = \dot{V}_2/(L\sqrt{3})$（$L$ 为两个增强体的中心间距），于是得到下列关系：

$$\dot{\varepsilon}_{IS} = \frac{(2d_m - d_r) D_{gb} \sigma^2 b^3}{3\sqrt{3} h_2^2 LGkT} \quad (3-80)$$

对增强体随机分布，$L = fd$，体积因子，$f = [\pi/(3\sqrt{2} v_f)]^{1/3}$，$v_f$ 为增强相的体积分数。

总应变速率为晶界滑移速率与界面滑移速率之和

$$\dot{\varepsilon}_t = \dot{\varepsilon}_{gbs} + \dot{\varepsilon}_{IS} \quad (3-81)$$

根据 Nabarro 理论，当 $T = T_m$ 时，两根位错线之间的最短距离，r，为 $2.5b$。假定 $h_1 = h_2 = 2r$，于是总应变速率变成

$$\dot{\varepsilon}_t = \frac{1}{75\sqrt{3}} \left[\left(1 - \frac{1}{p}\right) bD_l + \frac{1}{f}(2p-1) bD_{gb} \right] \frac{\sigma^2}{kTG} \quad (3-82)$$

式中，p 为基体晶粒尺寸与增强体颗粒尺寸之比。

至此，介绍了一些代表性的超塑性机理模型。还有一些研究者提出不同的超塑性机理模型，如 Hayden 模型、Raj – Ashby 模型、Baudelet 复合模型、Padmanabhan 纯晶界滑移模型、铝合金复合材料高应变速率超塑性液相辅助晶界滑移模型、修正 Spingarn – Nix 模型和修正 Ashby – Verrall 模型等等。这些模型适用于不同的超塑性材料，个别模型（如 Padmanabhan 模型等）需要最优化方法迭代求解或借助数理统计方法获得材料参数，进而获得超塑性本构模型。

参 考 文 献

[1] Langdon T G. The mechanical properties of superplastic materials [J]. Metall. Trans. A, 1982, 13: 689~701.

[2] Suery M, Mukherjee A K. Superplasticity – correlation between structure and properties [C]. In B Wilshire, R W Evans, Creep Behavior of Crystalline Solids, UK, Swansea, Pineridge Press Limited, 1985: 154.

[3] Ashby M A, Verrall R A. Diffusion – accommodated flow and superplasticity [J]. Acta Metall., 1973, 21 (2): 149~163.

[4] Edington J W. Microstructural aspects of superplasticity [J]. Metall. Trans. A, 1982, 13: 703~715.

[5] Ball A, Hutchison M M. Superplasticity in the Aluminum – Zinc eutectoid [J]. J. Metal Sci., 1969, 3 (1): 1~7.

[6] Mukherjee A K. The rate controlling mechanism in superplasticity [J]. Materials Science Engineering, 1971, 8 (2): 83~89.

[7] Mukherjee A K. in J L Walter ed., Grain boundaries in engineering materials, USA, LA, Claitor Publishing, 1975: 93~105.

[8] Gifkins R C. Grain – boundary sliding and its accommodation during creep and superplasticity [J]. Metall. Trans. A, 1976, 7 (8): 1225~1231.

[9] Langdon T G. Unified approach to grain boundary sliding in creep and superplasticity [J]. Acta Metall. Mater., 1994, 42 (7): 2437~2443.

[10] Rachinger W A. Relative grain translations in the plastic flow of aluminum [J]. J. Inst. Metals., 1952~1953, 81: 33~41.

[11] Gittus J H. Theory of superplastic flow in two – phase materials: roles of interphase – boundary dislocations, ledges, and diffusion. Trans. ASME: J. Eng. Mater. Technol., 1977 (7): 244~251.

[12] Arieli A, Mukherjee A K. A model for the rate – controlling mechanism in superplasticity [J]. Mater. Sci. Eng., 1980, 45: 61~70.

[13] Valiev R Z, Kaibyshev O A, Khannanov S S. Grain boundaries during superplastic deformation [J]. Phys. Sta. Sol. a, 1979, 52 (2): 447~452.

[14] Chuvil'deev V N, Shchavleva A V, Nokhrin A V, Pirozhnikova O é, Gryaznov M Yu, Lopatin Yu G, Sysoev A N, Melekhin N V, Sakharov N V, Kopylov V I, Myshlyaev M M. Influence of the grain size and structural state of grain boundaries on the parameter of low_temperature and high_rate superplasticity of nanocrystalline and microcrystalline alloys [J]. Phys. Solid State, 2010, 52 (5): 1098~1106.

[15] Chuvil'deev V N, Myshlyaev M M, Pirozhnikova O é, Gryaznov M Yu, Nokhrin A V. Effect of grain boundary diffusion acceleration during structural superplasticity of nano_and microcrystalline materials [J]. Dokl. Phys., 2011, 56 (10): 520~522.

[16] 曹富荣, 雷方, 崔建忠, 温景林. 超塑变形晶粒长大模型的修正与实验验证 [J]. 金属学报, 1999, 35 (7): 770~772.

[17] Kaibyshev O A. Superplasticity of alloys, intermetallides and ceramics [M]. Springer-Verlag, Berlin, 1992: 82.

[18] Cao F R, Cui J Z, Wen J L, Lei F. Mechanical behavior and microstructure evolution of superplastic Mg-8.4wt pct Li alloy and effect of grain size and phase ratio on its elongation [J]. J. Mater. Sci. Technol., 2000, 16 (1): 55~58.

[19] Cao F R, Ding H, Li Y L, Zhou G, Cui J Z. Superplasticity, dynamic grain growth and deformation mechanism in ultralight two-phase magnesium-lithium alloys [J]. Mater. Sci. Eng. A, 2010, 527 (9): 2335~2341.

[20] Suery M, Baudelet B. Deformation mechanism of two-phase superplastic alloys [J]. Res Mechanica, 1981, 2 (3): 163~173.

[21] Suery M, Baudelet B. Hydrodynamical behaviour of a two-phase superplastic alloys: alpha/beta brass [J]. Phil. Mag. A, 1980, 41 (1): 41~64.

[22] Spingarn J R, Nix W D. A model for creep based on the climb of dislocations at grain boundaries, Acta Metall., 1979, 27: 171~177.

[23] Kaibyshev O A, Valiev R Z, Emaletdinov A K. Deformation mechanisms and the theory of structural superplasticity of metals [J]. Phys. Stat. Sol. (a), 1985, 90: 197~206.

[24] Paidar V, Takeuchi S. Superplastic deformation carried by grain boundaries [J]. Acta Metall. Mater., 1992, 7: 1773~1782.

[25] Han B Q, Chan K C, Yue T M, Lau W S. A theoretical model for high-strain-rate superplastic behavior of particulate reinforced metal matrix composites [J]. Scr. Metall. Mater., 1995, 23 (6): 925~930.

4 扩散蠕变与位错蠕变机理

蠕变是材料在高温下（通常 $T \geqslant 0.5T_m$，T_m 为绝对熔点温度）恒定应力下应变随时间缓慢变化的行为。在超塑性从蠕变理论中独立出来之前，蠕变包括扩散蠕变、位错蠕变和超塑性蠕变。超塑性蠕变在第 3 章已经介绍。本章介绍扩散蠕变和位错蠕变。图 4-1 给出 Langdon[1] 晶体材料应变速率与应力之间的关系。可以看出位错蠕变在中等应变速率范围内发生，幂律终止（PLB）在高应力下发生，而低应力下可能发生不同的蠕变机理，如扩散蠕变、Harper-Dorn 蠕变和晶界滑移蠕变。问号说明要清楚地识别低应力下的蠕变存在一定的困难。

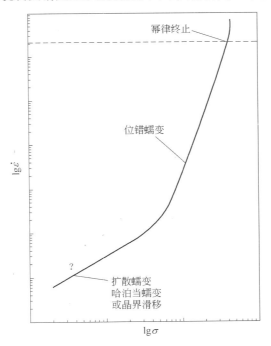

图 4-1 多晶体材料应变速率与应力之间的关系

4.1 扩散蠕变机理

扩散蠕变指发生的应力导向的空位流动，发生的条件是在几乎垂直拉伸轴线的那些晶界存在过量空位，而在几乎平行拉伸轴线方向的那些晶界上存在相应的空位消耗。空位流动发生以恢复平衡条件，这些空位要么通过晶格流动（称为 Nabarro – Herring 扩散蠕变），要么通过晶界流动（称为 Coble 扩散蠕变）[1]。图 4 – 2 所示为单相 Mg – 0.5%Zr 合金在 400℃和 2.1MPa 条件下，垂直拉伸方向形成的无析出区[2]。晶界无析出区的存在被认为是扩散蠕变存在的证据。

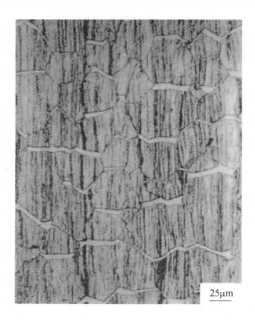

图 4 – 2　单相 Mg – 0.5%Zr 合金在 400℃和 2.1MPa 条件下，
垂直拉伸方向形成的无析出区

4.1.1　Nabarro – Herring 蠕变机理

Nabarro – Herring[3~5]对高温低应力蠕变提出体扩散控制的扩散蠕变思想。该机理的基本思想是：晶界相对于外加拉应力的取向不同，晶界的平衡空位浓度也不同。空位浓度不同造成原子在晶粒中的扩散流。其结果产生了拉应力方向的应变，进而影响应变速率。

如图 4 – 3 所示，为简便起见，设二维晶粒是方形的，晶粒尺寸为 L。与 y 方向垂直的晶界没有外加拉应力 σ 的作用，与 z 垂直的晶界（$GB - z$）受到外加拉应力的作用。这个晶界上的空位浓度近似为

$$C_z \approx C_0 \exp\left(\frac{T_z \Omega}{kT}\right) \approx C_0 \left(1 + \frac{T_z \Omega}{kT}\right) \qquad (4-1)$$

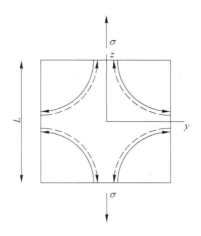

图 4 – 3 扩散蠕变模型示意图
（虚线箭头为原子流动方向，实线箭头为空位流动方向）

式中，C_0 为正常情况下的浓度；Ω 为原子体积；T_z 为晶界上的局部应力，不同于外加应力 σ，经过调整后，T_z 变成坐标 y 的函数。

将式 (4 – 1) 反过来看，T_z 取决于晶界上局部的空位浓度 C_z。但是，显然 T_z 要满足力平衡条件：

$$\int_0^{\frac{L}{2}} T_z \mathrm{d}y = \sigma\left(\frac{L}{2}\right) \tag{4 – 2}$$

与 y 方向垂直的晶界（$GB - y$）不受外加应力作用，但不等于说晶界上局部应力 T_y 为零。T_y 同样取决于局部的空位浓度 C_y。仿照式 (4 – 1)，得

$$C_y \approx C_0 \exp\left(\frac{T_y \Omega}{kT}\right) \approx C_0\left(1 + \frac{T_y \Omega}{kT}\right) \tag{4 – 3}$$

为了满足此晶界的力学平衡条件，T_y 必须满足

$$\int_0^{\frac{L}{2}} T_y \mathrm{d}z = 0 \tag{4 – 4}$$

换言之，在 $GB - y$ 上，$z = 0 \rightarrow \frac{L}{2}$ 范围内，T_y 必然改变其正负号。

晶粒内任意点 (y, z) 的空位浓度为 $C = C(y, z)$，在扩散达到稳态时必须满足

$$\nabla^2 C = \frac{\partial^2 C}{\partial y^2} + \frac{\partial^2 C}{\partial z^2} \tag{4 – 5}$$

要解出这样的微分方程，需先确定其边界条件。首先考虑对称性，则

$$\left(\frac{\partial C}{\partial y}\right)_{y=0} = \left(\frac{\partial C}{\partial z}\right)_{z=0} = 0 \qquad (4-6)$$

式（4-6）表明不会有扩散流穿过 $y=0$ 和 $z=0$ 的平面。此外，原子扩散使物质由 $GB-y$ 移向 $GB-z$。物质守恒定律要求

$$\dot{u}_z L^2 + \dot{u}_y L^2 = 0 \qquad (4-7)$$

$\dot{u}_z$ 和 $\dot{u}_y$ 分别为 $GB-y$ 和 $GB-z$ 上的物质移动速度。由 Fick 第一定律，

$$\left(\frac{\partial C}{\partial y}\right)_{y=\frac{L}{2}} = \frac{\dot{u}_y}{D_v \Omega}, \left(\frac{\partial C}{\partial z}\right)_{z=\frac{L}{2}} = \frac{\dot{u}_z}{D_v \Omega} \qquad (4-8)$$

式中，D_v 为空位的扩散系数。

满足这些边界条件的解可以写为

$$C(y,z) = \alpha(y^2 - z^2) + \beta \qquad (4-9)$$

立即可以验证式（4-9）符合式（4-6）和式（4-7）。α 和 β 两个待定系数需要通过式（4-2）和式（4-4）来确定。为此，考虑式（4-1）和式（4-3），有

$$T_y = \frac{kT}{C_0 \Omega}\left[C_y\left(y=\frac{L}{2}\right) - C_0\right] = \frac{kT}{C_0 \Omega}\left[\alpha\left(\frac{L^2}{4} - z^2\right) + \beta - C_0\right]$$

$$T_z = \frac{kT}{C_0 \Omega}\left[C_z\left(z=\frac{L}{2}\right) - C_0\right] = \frac{kT}{C_0 \Omega}\left[\alpha\left(y^2 - \frac{L^2}{4}\right) + \beta - C_0\right]$$

将上式代入式（4-2）和式（4-4），得

$$\alpha\left(\frac{L^2}{6}\right) + \beta = C_0$$

$$-\alpha\left(\frac{L^2}{6}\right) + \beta - C_0 = \frac{C_0 \sigma \Omega}{kT}$$

解得：

$$\alpha = \frac{3 C_0}{L^2}\left(\frac{\sigma \Omega}{kT}\right), \beta = C_0\left(1 + \frac{\sigma \Omega}{2kT}\right)$$

于是得到任意点的空位浓度

$$C(y,z) = -\frac{3 C_0}{L^2}\left(\frac{\sigma \Omega}{kT}\right)(y^2 - z^2) + C_0\left(1 + \frac{\sigma \Omega}{2kT}\right)$$

上式对 z 求导，同时考虑到式（4-8），得

$$\left(\frac{\partial C}{\partial z}\right)_{z=\frac{L}{2}} = \frac{3 C_0}{L}\left(\frac{\sigma \Omega}{kT}\right) = \frac{\dot{u}_z}{D_v \Omega}$$

所以

$$\dot{u}_z = \frac{3 C_0 D_v}{L}\left(\frac{\sigma \Omega^2}{kT}\right) \qquad (4-10)$$

由于有两个 $GB-z$，故 z 方向的应变速率 $\dot{\varepsilon}_z$ 应等于

$$\dot{\varepsilon}_z = \frac{2\dot{u}_z}{L} = \frac{6C_0 D_v}{L^2}\left(\frac{\sigma\Omega^2}{kT}\right)$$

式中，C_0 为单位体积的空位数，$D_v C_0 \Omega = D_L$，即自扩散系数。因此，在拉力方向的蠕变速率为

$$\dot{\varepsilon}_z = \frac{6D_L \sigma\Omega}{L^2 kT} \tag{4-11}$$

可见，晶粒细（L 小），蠕变速率高。蠕变速率与应力呈一次方或线性关系。另外，激活能和自扩散激活能相当（对纯金属如此）。该蠕变的特征值 $n=1$，$p=2$，$Q=Q_l$。

4.1.2 Coble 蠕变机理

Coble[6]认为扩散蠕变是一种边界（晶界）行为，建立了蠕变模型。

4.1.2.1 驱动力

根据 Nabarro – Herring 思想，扩散蠕变的驱动力来自于应力作用下平衡空位浓度的变化。其结果可以简化为一个简单的空位浓度变化的表达式

$$\Delta C = C_0 \sigma\Omega/kT \tag{4-12}$$

式中，C_0 为无应力晶体中温度 T 时的平衡空位浓度；σ 为垂直晶界的局部应力分量；Ω 为原子体积；kT 具有通常含义。

假设晶粒形状为球形。对球形晶粒，应力方向确定了极轴方向。在赤道的空位浓度为 C_0。在两极处的空位浓度变化按照等式（4 – 12）计算。为简化推导，仅考虑半球。在赤道和极处的扩散通量（流量）为零。

4.1.2.2 空位源

为了定义球形界面的空位源，做一些近似处理。晶粒有不同数量的面，而每个面是平面的，与应力轴线呈恒定角度。假定空位产生与销毁速率是均匀的和相等的。由于球形晶粒保持恒定的体积，所以空位源的面积等于空位阱的面积。由于半球上等面积之间旋转对称的边界位于极（类似赤道的极）下面 60°处，问题变成评价 60°边界的浓度梯度。在这一点上，相对于平均梯度（由 $\Delta C/(R\pi/2)$ 确定，其中 R 为球半径），流量最大。

对稳态蠕变来说，Fick 第一定律适用，60°边界的流量为

$$J = D_v N [\Delta C/(R\pi/2)]\delta 2\pi R\sin 60 \tag{4-13}$$

式中，D_v 为边界空位扩散系数；N 为与平均浓度梯度 $\Delta C/(R\pi/2)$ 有关的比例常数，最大梯度为 $1/R(dC/d\theta)_{\theta=60}$；$\delta$ 为有效边界宽度，$2\pi R\sin 60$ 为扩散流量最大的区域的长度。因此扩散的横断面面积为 $2\pi R\delta\sin 60$。

4.1.2.3 均匀源和阱

在上述假设的球形晶粒情况下,离开极的扩散流量随面积(A)线性增加:
$$dJ = BdA = B2\pi R^2 \sin\theta d\theta$$
和
$$J_\theta = B2\pi R^2(1-\cos\theta) \tag{4-14}$$

式中,B 为每秒单位面积产生的空位数量;θ 为边界旋转角度。

式(4-14)在 $60 \geq \theta \geq 0$ 条件下适用。于是有 $J_{max} = J_{\theta=60} = B\pi R^2$。同样,对 $60 \leq \theta \leq 90$,

$$J = B2\pi R^2 \cos\theta \tag{4-15}$$

利用 Fick 第一定律,表面处的梯度 $dC/Rd\theta$ 与流量成正比,与横截面面积($2\pi R\delta\sin\theta$)成反比。于是对 $60 \geq \theta \geq 0$,给出下式
$$dC/Rd\theta = B2\pi R^2(1-\cos\theta)/D_v\delta 2\pi R\sin\theta \tag{4-16}$$

对 $60 \leq \theta \leq 90$,给出下式
$$dC/Rd\theta = B2\pi R^2 \cos\theta/D_v\delta 2\pi R\sin\theta \tag{4-17}$$

平均梯度为
$$\frac{\Delta C}{R\pi/2} = \frac{BR}{D\delta\pi/2}\left[\int_0^{60}\frac{(1-\cos\theta)d\theta}{\sin\theta} + \int_{60}^{90}\frac{\cos\theta d\theta}{\sin\theta}\right] \tag{4-18}$$

根据式(4-16)或式(4-17),最大梯度为
$$(dC/Rd\theta)_{\theta=60} = 0.577BR/D_v\delta \tag{4-19}$$

方程(4-13)中的 N 值可以用等式(4-19)除以等式(4-17)获得
$$N = \frac{(dC/Rd\theta)_{\theta=60}}{\frac{\Delta C}{R\pi/2}} = \frac{0.577BR/D_v\delta}{\frac{BR}{D_v\delta\pi/2}\left[\int_0^{60}\frac{(1-\cos\theta)d\theta}{\sin\theta} + \int_{60}^{90}\frac{\cos\theta d\theta}{\sin\theta}\right]} \tag{4-20}$$

于是得
$$N = \frac{0.577\pi}{2\{[-\ln(1+\cos\theta)]_0^{60} + [\ln\sin\theta]_{60}^{90}\}} = 2.15$$

同理,可以计算不均匀源和阱的 N 值为 1.52。显然 N 是大约为 1 的数值。最大 N 值发生在 2.15 处。对边界扩散模型,将 $N=2.15$ 代入等式(4-13)可得扩散通量
$$J = 7.4D_v\delta\Delta C \tag{4-21}$$

4.1.2.4 蠕变模型

采用上面来自均匀源的空位扩散流量,面积为 πR^2,体积变化为 $\pi R^2 dR/dt$。
$$Ja_0^3 = \pi R^2(dR/dt) = 7.4D_v\delta\Delta Ca_0^3$$

式中，a_0 为点阵常数。

应变速率为

$$\dot{\varepsilon} = 1/R(\mathrm{d}R/\mathrm{d}t) = 7.4D_v\delta\Delta Ca_0^3/\pi R^3 \qquad (4-22)$$

将式（4-12）$\Delta C = C_0\sigma a_0^3/kT$ 和 $D_b = D_v C_0 a_0^3$ 代入式（4-22），式中，D_b 为边界原子扩散系数，得

$$\dot{\varepsilon} = 7.4\sigma D_b\delta a_0^3/\pi R^3 kT \qquad (4-23)$$

除了因扩散造成的形状变化以外，晶界的剪切应力松弛可以增加蠕变速率。Herring 已经指出，$\dot{\varepsilon}_{\text{relaxed}} = (5/2)\dot{\varepsilon}_{\text{unrelaxed}}$。根据其修正的性质，相同的因子应用到边界扩散中。设 $R = d/2$，得到以下速率方程

$$\dot{\varepsilon} = 148\sigma D_b\delta a_0^3/(\pi d^3 kT) \qquad (4-24)$$

本书作者对式（4-23）和式（4-24）做如下处理：

对式（4-23）未考虑晶界剪切应力松弛情况，由于 $R = d/2$，所以

$$\dot{\varepsilon} = 18.5\sigma D_b\delta a_0^3/d^3 kT \qquad (4-25)$$

考虑到 $\Omega = a_0^3$ 和 a_0 与 b 的关系，所以式（4-25）变成

$$\dot{\varepsilon} = 13\sigma D_b\delta b^3/d^3 kT = 13\frac{D_b\delta b^3\sigma}{d^3 kT} \qquad (4-26)$$

对式（4-24）考虑晶界剪切应力松弛情况，由于 $R = d/2$，考虑到 $\Omega = a_0^3$ 和 a_0 与 b 的关系，所以得到标准形式

$$\dot{\varepsilon} = 32\frac{D_b\delta b^3\sigma}{d^3 kT} \qquad (4-27)$$

可见，$n = 1$，应变速率与应力呈线性关系，这与 Nabarro–Herring 蠕变与应力关系一致。$p = 3$，应变速率与晶粒尺寸三次方成反比，同时速控过程受边界扩散控制，这与 Nabarro–Herring 蠕变 $p = 2$，体扩散过程控制的机理明显不同。

4.1.3 Harper–Dorn 蠕变机理

Harper–Dorn[7] 在高纯度铝中接近熔点的温度和很低的应力下提出了一个新的蠕变过程。该机理后来被称为 Harper–Dorn 蠕变。通过对很大晶粒尺寸（达到毫米量级）的高纯铝做蠕变实验，发现稳态蠕变速率与外力呈线性关系，过程激活能为自扩散激活能。其报告的蠕变速率比 Nabarro–Herring 蠕变的速率高 1400 倍。后来的研究者相继提出不同形式的 Harper–Dorn 的本构方程。

在早期金属低应力实验中，发现以下 Harper–Dorn 蠕变现象：

(1) 激活能大约等于晶格自扩散激活能。$Q = Q_L$。
(2) 速率与晶粒尺寸无关，但是带有晶界剪切。$p = 0$。
(3) 稳态应力指数约为 1，$n = 1$。
(4) 位错密度与应力无关。

(5) 存在初始蠕变阶段。

即存在下列关系:

$$\dot{\varepsilon} = A_{HD}\left(\frac{D_L Gb}{kT}\right)\left(\frac{\sigma}{G}\right)^1 \quad (4-28)$$

式中,A_{HD} 为常数。

图 4-4 给出了 920K,$d = 3$mm 的纯铝 Harper – Dorn 蠕变应变速率与应力的关系。$n = 1$ 为 Harper – Dorn 蠕变数据获得的应力指数。$n = 4.5$ 范围为位错蠕变,最下面的虚线指示的范围为 Nabarro – Herring 蠕变。

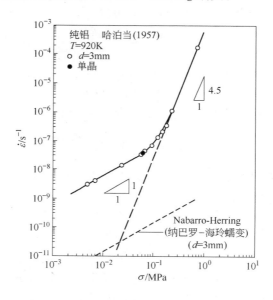

图 4-4 920K,$d = 3$mm 的纯铝 Harper – Dorn 蠕变应变速率与应力的关系

Kassner[8,9] 对 Harper – Dorn 蠕变的理论做了简要的评述。

4.1.3.1 Harper and Dorn 模型

正如 Langdon 讨论的那样,Harper – Dorn 起初用割阶螺型位错的运动来描述蠕变过程,类似 Mott 的描述和后来 Barrett 与 Nix 的描述。这导致一个稳态蠕变速率

$$\dot{\gamma} = 12\pi \Lambda l_{js} b \left(\frac{D_L Gb}{kT}\right)\left(\frac{\tau}{G}\right)^{1.0} \quad (4-29)$$

式中,$\dot{\gamma}$ 为剪切速率;Λ 为位错间距;l_{js} 为螺型位错的割阶间距;其余符号具有通常含义。Langdon 批评此模型建立在不切实际的小割阶间距基础上。

4.1.3.2 Friedel 模型

Langdon 指出 Friedel 提出的所谓的 "Harper – Dorn" 蠕变实际上是扩散蠕变，空位在相当小的亚晶界之间扩散。

$$\dot{\gamma} = A_{\text{NH}} \left(\frac{D_{\text{L}} G b}{kT} \right) \left(\frac{b}{\lambda} \right)^2 \left(\frac{\tau}{G} \right)^{1.0} \quad (4-30)$$

式中，A_{NH} 为无量纲常数；λ 为亚晶尺寸；其余符号具有通常含义。

4.1.3.3 Barrett，Muehleisen 和 Nix 模型

Barrett 等提出如同其他扩散控制的蠕变过程，位错产生与（在固定数量的源处）位错攀移共同发生。位错产生速率 $\dot{\rho}_+$ 为

$$\dot{\rho}_+ = \rho_0 \frac{v_c}{x}$$

式中，ρ_0 为单位体积的固定位错长度；v_c 为攀移速度；x 为产生滑移位错必须发生的攀移距离。

在攀移应力 σ 作用下的攀移速度为

$$v_c = \frac{D b^2 \sigma}{kT}$$

式中，D 为扩散系数，其余符号具有通常含义。

Barrett 等假定 $x = Gb/\sigma$（看来这是假定 Taylor 硬化），导致以下位错产生速率 $\dot{\rho}_+$

$$\dot{\rho}_+ = \frac{\rho_0 D b \sigma^2}{kTG}$$

假定在亚晶界发生位错销毁。销毁速率 $\dot{\rho}_-$ 为

$$\dot{\rho}_- = \frac{\rho v_g}{\lambda}$$

式中，v_g 为滑移速率；λ 为亚晶尺寸（$\lambda = \lambda_0/\sigma$）。

假设

$$v_g = v_0 \sigma$$

于是

$$\dot{\rho}_- = \frac{\rho v_0 \sigma^2}{\lambda_0}$$

在稳态速率下

$$\dot{\rho} = \dot{\rho}_+ - \dot{\rho}_- = 0$$

于是

$$\frac{\rho_0 Db\sigma^2}{kTG} = \frac{\rho V_0 \sigma^2}{\lambda_0}$$

$$\rho = \frac{\rho_0 Db\lambda_0}{kTGv_0}$$

可见 ρ 与应力无关。结合 Orowan 方程

$$\dot{\varepsilon} = \frac{\rho_0 Db^2 \sigma \lambda_0}{kTG} \tag{4-31}$$

4.1.3.4 Langdon 模型

Langdon 等提出 Harper – Dorn 的速控过程建立在空位饱和条件下的割阶刃型位错攀移。

$$\dot{\gamma} = \frac{6\pi\rho b^2}{\ln(1/\rho^{1/2}b)} \left(\frac{D_\text{L} Gb}{kT}\right)\left(\frac{\tau}{G}\right)^{1.2} \tag{4-32}$$

式中,ρ 为与亚晶界无关联的位错密度,其余符号具有通常含义。

4.1.3.5 Wu 和 Sherby 模型

Wu 和 Sherby 提出了统一的 Harper – Dorn 蠕变与 5 次幂蠕变关系。模型包括一个内应力,内应力的产生源于亚晶内部存在的随机稳态位错。他们假设外力作用下的运动的位错有一半得到内应力场的帮助,而另一半位错受到内应力的抑制。内应力由位错硬化方程根据位错密度来计算($\tau = \alpha Gb\sqrt{\rho}$)。统一的速控方程为

$$\dot{\varepsilon} = \frac{1}{2} A_\text{WS} \frac{D_\text{eff}}{b^2} \left\{ \left(\frac{\sigma + \sigma_i}{E}\right)^n + \frac{|\sigma - \sigma_i|}{\sigma - \sigma_i} \left|\frac{\sigma - \sigma_i}{E}\right|^n \right\} \tag{4-33}$$

式中,A_WS 为常数;D_eff 为有效扩散系数;σ_i 为内应力;E 为模量。

在高应力下,$\sigma \gg \sigma_i$,与 σ 相比,σ_i 可以忽略不计,此时方程变成 5 次幂蠕变方程。

$$\dot{\varepsilon} = A \frac{D_\text{eff}}{b^2} \left(\frac{\sigma}{E}\right)^n \quad (n = 4 \sim 7) \tag{4-34}$$

在低应力下,$\sigma \ll \sigma_i$(Harper – Dorn 区),方程(4-33)变成方程(4-28)Harper – Dorn 蠕变速率方程。Nabarro 认为把 5 次幂蠕变与 1 次幂 Harper – Dorn 蠕变结合在一起是不可能的事情,因为两个过程本身的机理还没有弄清楚。Nabarro 还认为 Harper – Dorn 蠕变的位错密度是固定值,而 Wu 和 Sherby 模型的位错密度在幂律蠕变区随应力的平方的增加而增加。

4.1.3.6 Wang 模型

Wang(王健农)对 Sherby 和 Wu 内应力模型,提出幂律蠕变与 Harper –

Dorn 蠕变之间的过渡在等于"Peierls 应力"下发生的提法有异议。Wang 提出稳态位错密度与 Peierls 应力有关，在平衡状态下，因运动位错相互作用引起的应力不仅与外力达成平衡，而且与随 Peierls 应力振幅波动的晶格摩擦相平衡。其结果，位错蠕变中的稳态位错密度可以写成

$$b\rho^{1/2} = 1.3\left[\left(\frac{\tau}{G}\right)^2 + \left(\frac{\tau_p}{G}\right)^2\right]^{1/2} \quad (4-35)$$

式中，ρ 为与亚晶界无关联的位错密度；τ 为外加剪切应力；τ_p 为 Peierls 应力。

当 $\tau \gg \tau_p$ 时，位错密度与外力的平方成正比，可以观察到 5 次幂或 3 次幂蠕变。这与最近 Kassner 的工作一致。反过来，当 $\tau \ll \tau_p$ 时，位错密度与外力无关但与 Peierls 应力有关，发生 Harper-Dorn 蠕变。

4.1.3.7 Ardell 模型

Ardell 及其合作者基于位错网络理论提出了一个模型。位错链长度分布不包括足够长自由滑移的线段。也就是说，最长的位错链要小于激活（Frank-Read）位错源所需的临界链长度。因此，Harper-Dorn 蠕变是晶体中全部塑性应变引起位错网络粗化的结果。Harper-Dorn 蠕变过程中位错密度的恢复好比是没有外力情况下的静态恢复。由于位错链的线张力使节点攀移变得容易，节点的攀移速度受节点位错线张力的分力的影响最大。在链之间的随机的碰撞可以细化网络并激发进一步的粗化。得到的速率方程为

$$\dot{\varepsilon} = \frac{\pi C b^3 D}{2kT}\rho\sigma \quad (4-36)$$

式中，C 为一个数值，其余符号具有通常意义。

近来网络基模型引起人们的注意，具有一定的吸引力。

4.2 位错蠕变机理

Sherby-Burke[10] 和 Yavari-Mohamed-Langdon[11,12] 把位错蠕变划分为 Class Ⅰ 或 Class A（合金型）蠕变和 Class Ⅱ 或 Class M（金属型）蠕变。前者多在固溶体合金中发生，后者多在纯金属中发生。共同的特征是单相金属与合金。Class A（合金型）蠕变的特点是溶质拖曳的位错蠕变。Class M（金属型）蠕变是以位错攀移为特征的位错蠕变。本节首先介绍位错攀移蠕变，然后介绍溶质拖曳蠕变，最后介绍在一定条件下固溶体合金位错蠕变机理的转变。

4.2.1 位错攀移蠕变机理

由于纯金属或 Class M 金属类合金位错滑移迅速在晶界源处消失，发生位错攀移，所以单相金属位错蠕变特点是位错攀移控制的蠕变。纯金属和 Class M 金

属类合金具有确定的 $n=5$ 的应力指数，$n=5$ 蠕变的实验证据如图 4-4[1] 和图 4-5[13] 所示。Weertman[14] 提出以下形式的本构方程

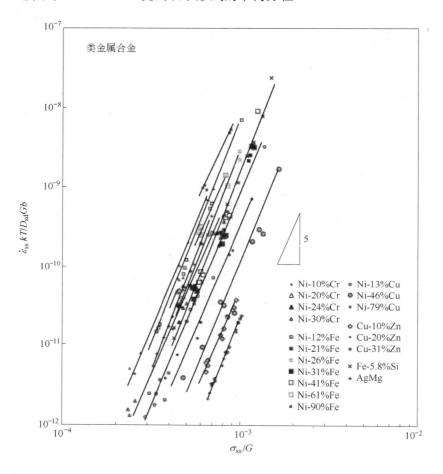

图 4-5　类金属（Class M）合金补偿的稳态应变速率与模量补偿的稳态应力之间的关系

$$\dot{\varepsilon} = A_1 D_{sd} \left(\frac{\sigma}{G} \right)^{4.5} \tag{4-37}$$

式中，D_{sd} 为自扩散系数。

Mukherjee 等[15] 提出以下本构方程

$$\dot{\varepsilon} = A_2 \left(\frac{D_{sd} G b}{kT} \right) \left(\frac{\sigma}{G} \right)^5 \tag{4-38}$$

Mohamed 和 Langdon[12] 提出以下本构方程

$$\dot{\varepsilon} = A_3 \left(\frac{\chi}{Gb}\right)\left(\frac{D_{sd}Gb}{kT}\right)\left(\frac{\sigma}{G}\right)^5 \qquad (4-39)$$

式中，χ 为堆垛层错能。

尽管式（4-37）~式（4-39）为实验证明的 5 次幂本构关系，Kassner 等[8,9]认为 5 次幂位错蠕变还没有确定的理论，而对 3 次幂位错攀移蠕变却有不少报道，可能是因为金属中存在杂质使应力指数由 5 降低到 3 的结果。普遍接受的塑性流动机理是扩散控制的。除了蠕变激活能等于晶格自扩散的激活能以外，蠕变的激活体积还等于自扩散的激活体积。人们做出许多尝试，建立基于位错攀移的数学模型。Kassner 等[8,9]介绍了这些 3 次幂蠕变模型。

4.2.1.1 Weertman 模型

这是最早用位错攀移描述蠕变的尝试。这里，蠕变过程由穿过相当大的距离（$\bar{x}_g$）的位错滑移与之后发生以速控速度（V_c）越过距离（$\bar{x}_c$）的位错攀移组成。位错以平衡空位浓度之间确定的浓度梯度与接近攀移位错的浓度，以可以预测的速率，实现攀移和销毁。

$$C_v = C_0 \exp\left(\frac{-Q_v}{kT}\right) \qquad (4-40)$$

式中，C_v 为空位浓度；C_0 为平衡空位浓度；Q_v 为空位形成能；kT 具有通常含义。

由于攀移做功，在外力（σ）作用下，在固体中位错附近，空位形成能（Q_v）发生改变，空位浓度变成

$$C_v^d = C_0 \exp\left(\frac{-Q_v}{kT}\right)\exp\left(\frac{\pm \sigma \Omega}{kT}\right) \qquad (4-41)$$

式中，Ω 为原子体积。

稳态空位流量决定攀移速度

$$V_c \cong 2\pi (D/b)(\sigma\Omega/kT)\ln(R_0/b) \qquad (4-42)$$

式中，R_0 为扩散距离，与位错间距有关。Weertman 建议 $\ln(R_0/b) \approx 3\ln 10$。

Weertman 近似采用平均位错速度（$\bar{V}$）。

$$\bar{V} \approx V_c \bar{x}_g / \bar{x}_c \qquad (4-43)$$

$$\dot{\varepsilon} = \rho_m b \bar{V} \qquad (4-44)$$

Weertman 假定

$$\rho_m \approx \left(\frac{\sigma}{Gb}\right)^2 \qquad (4-45)$$

这里假定位错密度 $\rho \cong \rho_m$。于是得到经典"自然"律本构方程

$$\dot{\varepsilon} = A_1 \frac{D_{sd}}{b^2}\left(\frac{G\Omega}{kT}\right)\left(\frac{\bar{x}_g}{\bar{x}_c}\right)\left(\frac{\sigma}{G}\right)^3 \qquad (4-46)$$

式中，A_1 为无量纲常数；D_{sd} 为自扩散系数。

4.2.1.2 Barrett 与 Nix 模型

一些研究者把位错蠕变看成是螺型位错割阶非守恒（攀移）过程。其模型类似于 Weertman 早期的描述，即攀移运动控制平均位错速度，速度由空位流量控制。流量由扩散系数和攀移割阶确定的浓度梯度决定。

Barrett 与 Nix 模型是这些模型的代表。类似式（4-45），

$$\dot{\gamma} = \rho_{ms} b \bar{V} \tag{4-47}$$

式中，$\dot{\gamma}$ 为来自拖曳割阶的稳态（剪切）蠕变速率；ρ_{ms} 为可动螺型位错的密度。

对长度（j）的螺型段中空位产生的割阶来说，作用在割阶上的化学拖曳力为

$$f_p = \frac{kT}{b} \ln \frac{C_p}{C_v} \tag{4-48}$$

式中，C_p 为割阶附近空位的浓度；C_v 为空位的浓度。

割阶被看成是空位的运动点源。可以把 C_p 表示为 D_v 和割阶速度 V_p 的函数，

$$C_p^* - C_v = \frac{V_p}{4\pi D_v b^2} \tag{4-49}$$

式中，C_p^* 为割阶附近的稳态空位浓度。

将式（4-49）代入式（4-48），得

$$f_p = \frac{kT}{b} \ln \left[1 + \frac{V_p}{4\pi D_v b^2 C_v} \right] \tag{4-50}$$

同时 $\tau b j = f_p$

$$V_p = 4\pi D_v b^2 C_v \left[\exp\left(\frac{\tau b^2 j}{kT}\right) - 1 \right] \tag{4-51}$$

当然，空位产生与空位吸收割阶都存在，但是为方便起见，只考虑前者。把式（4-51）代入式（4-47），得

$$\dot{\gamma} = 4\pi D \beta_2 \left(\frac{b}{a_0}\right) \rho_{ms} \left[\exp\left(\frac{\tau b^2 j}{kT}\right) - 1 \right] \tag{4-52}$$

式中，a_0 为点阵参数；β_2 为参数。

Barrett 与 Nix 提出 $\rho_{ms} = A_2 \sigma^3$（而不是 $\rho_{ms} \propto \sigma^2$）和 $\dot{\gamma} \approx A_3 \tau^4$。存在的问题是式（4-52）假定所有（至少是螺型）位错是可动的，这与实际位错特征存在差距。随应力降低，应变速率降低。

4.2.1.3 Ivanov 和 Yanushkevich 模型

这些研究者第一次把亚晶界引入攀移控制的理论。该模型被广泛参考。俄文

翻译成英文后描述的模型不是很清楚,有人评价在澄清理论的具体细节上没有提供实质的帮助。

研究者认为在亚晶内部存在位错源,发射的位错受亚晶壁阻碍。发射的位错要受到来自边界和其他发射位错的应力场作用。随后的位错滑移或位错的发射要求在亚晶壁处发射的位错销毁,该位错销毁是攀移控制的。销毁位错分开的距离为一个平均高度,

$$\bar{h}_m = A_3 \frac{Gb}{\tau} \quad (4-53)$$

式中,通过让计算的"背应力"与外力 τ 相等可以确定此高度。

蠕变速率

$$\dot{\varepsilon} = \frac{\lambda^2 b \bar{v} \rho'_m}{\bar{h}_m} \quad (4-54)$$

式中,ρ'_m 为单位体积位错环数量,$\rho'_m = 1/\bar{h}_m \lambda^2$;$\lambda$ 为亚晶尺寸。

平均位错速度

$$\bar{v} = A_4 D_v b^2 \exp(\tau b^3/kT - 1) \quad (4-55)$$

类似 Weertman 以前的分析,得到下式

$$\dot{\varepsilon} = \frac{A_5 D_{sd} bG}{kT} \left(\frac{\tau}{G}\right)^3 \quad (4-56)$$

式中,A_5 为无量纲常数;D_{sd} 为自扩散系数。

由于攀移距离与外力成反比,得到此3次幂关系。

4.2.1.4 Evans 和 Knowles 网络模型

Evans 和 Knowles 基于位错网络,研发了一个蠕变方程。它是 MacLean 等、Lagneborg 等、Evans 和 Knowles、Wilshire 等、Ardell 等工作的基础。这些模型的共同特点是亚晶位错内部存在 Frank 网络。这些模型之间存在很大的相似之处。Evans 和 Knowles 网络模型是这些模型中的代表。

类似讨论的 Weertman 模型,Evans 和 Knowles 提出靠近攀移节点或位错的空位浓度为

$$C_v^d = C_v \exp\left(\frac{F\Omega}{bkT}\right) \quad (4-57)$$

他们认为节点攀移速率快于位错链速率,因此位错链是速控的。空位流量导致以下攀移速度

$$\bar{V}_1 = \frac{2\pi DFb}{kT \ln\left(\frac{l}{2b}\right)} \quad (4-58)$$

式中,l 为滑移长度;F 为单位长度位错受的合力。

有三个力影响合力 F：由外力引起的攀移力（$\cong \sigma b/2$）；与其他链的弹性交互作用力（$Gb^2/2\pi(1-\nu)l$）和线张力（$\cong Gb^2/l$）。由于位错攀移导致网络粗化，总弹性能降低。利用滑移长度关系式（$l = \alpha Gb/\sigma$）并且假定位错管扩散不重要，得到以下蠕变速率方程

$$\dot{\varepsilon} = \frac{4.2\sqrt{3}\sigma^2 b}{\alpha_2^2 G^2 kT}\left[\frac{D_{sd}}{\ln(\alpha_2 G/2\sigma)}\right]\left[1 + \frac{2}{\alpha_2}\left(1 + \frac{1}{2\pi(1-\nu)}\right)\right] \qquad (4-59)$$

式中，α_2 为常数。其余符号具有通常含义。

4.2.2 溶质拖曳蠕变机理

在中等应力下，Class I 或 Class A（合金型）固溶体合金蠕变表现为三区[16,17]：I（$n=5$）、II（$n=3$）和III（$n=5$），如图 4-6 所示。随应力增加，应力指数（n）从 5 到 3 再重新到 5。本节集中讨论II区，3 次幂蠕变。

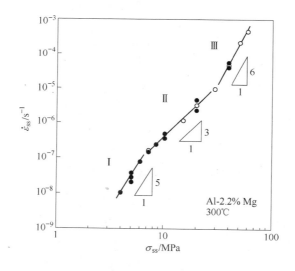

图 4-6 Al-2.2%Mg 合金 300℃稳态蠕变速率与外应力的关系
（Class I 或 Class A 固溶体合金蠕变三区 I、II、III区特征明显）

II区变形机理为黏性滑移[11,12]。这是因为位错与溶质原子以几种可能的方式交互作用，其运动受到阻碍。在此应力范围内，存在两个竞争性的机理：位错攀移与滑移。滑移速度比较慢，因此滑移是速控的。Weertman 得到以下关系：

$$\dot{\varepsilon} = (1/2)\bar{v}b\rho_m \qquad (4-60)$$

式中，$\bar{v}$ 为平均位错速度；ρ_m 为可动位错密度。

已经理论确定 $\bar{v}$ 与溶质拖曳黏性滑移的应力 σ 成正比，已经（对 Al-Mg 合金）经验确定 ρ_m 与 σ^2 成正比。因此，存在以下关系：$\dot{\varepsilon} \propto \sigma^3$。Weertman 提出了

精确的黏性滑移蠕变方程

$$\dot{\varepsilon} \approx \frac{0.35}{A} G \left(\frac{\sigma}{G}\right)^3 \qquad (4-61)$$

式中，A 为交互作用参数，表征控制位错滑移的特定的黏性拖曳过程。

Ⅱ区存在几个可能的溶质黏性拖曳过程。Cottrell 和 Jaswon 提出拖曳过程是溶质气团对运动位错的偏析。位错速度受制于溶质原子迁移的速率。Fisher 提出在短程有序固溶体合金中，位错运动破坏了产生有序的界面。Suzuki 提出溶质对层错偏析的拖曳机理。Snoek 和 Schoeck 提出位错运动的障碍是应力诱发的溶质原子局部有序。围绕位错的区域的有序降低了晶体的总能量，钉扎位错。Weertman 提出位错运动局限于长程有序的合金中，因为暗含的反向畴界（APB）的增大导致能量的增加。因此，方程（4-61）中的常数 A 为上述溶质-位错交互作用之和。

$$A = A_{C-J} + A_F + A_S + A_{SS} + A_{APB} \qquad (4-62)$$

几位研究者提出黏性滑移的 3 次幂模型，其中阻碍位错滑移的主要力是 Cottrell-Jaswon 交互作用。在提出的第一个理论中，Weertman 认为位错环从源发射，扫过滑移面，直到因不同滑移面上的环的应力场交互作用迫使位错环停止运动，从而形成塞积。但是，领先位错可以在其他滑移面上攀移与销毁。Mills 等人把位错亚结构作为一个椭圆形阵列建模，假定在环的纯螺型部分不存在拖曳力。其模型目的是解释过渡 3 次幂蠕变行为。Takeuchi 和 Argon 提出一个位错滑移模型，模型建立的假设条件是一旦从源发出位错，它们通过攀移和交滑移容易散开，导致均匀位错分布。他们提出滑移和攀移受溶质拖曳控制，最终得到的关系式与 Weertman 关系式类似。Mohamed 和 Langdon[12] 在仅考虑 Cottrell-Jaswon 拖曳机理情况下，推导了经常被 3 次幂黏性蠕变所参考的以下关系式：

$$\dot{\varepsilon} \approx \frac{\pi(1-\nu)kT\widetilde{D}}{6e^2 Cb^5 G} \left(\frac{\sigma}{G}\right)^3 \qquad (4-63)$$

式中，e 为溶质-熔剂尺寸差；C 为溶质原子浓度；$\widetilde{D}$ 为溶质原子扩散系数，采用 Darken 公式计算。

后来，Mohamed[18] 和 Soliman 等[19] 提出为了准确预报几个合金（Al-Zn、Al-Ag 和 Ni-Fe）的 3 次幂蠕变行为，有必要考虑 Suzuki 和 Fischer 交互作用。他们还提出应采用 Fuentes-Samaniego 等[20] 定义的扩散系数，而不是采用 Darken 公式。

4.2.3　Class Ⅰ 或 Class A 固溶体合金蠕变机理的转变条件

对固溶体合金蠕变，国外做了比较彻底的研究。第一，金属类行为一般发生在大弹性模量的合金中,而合金类行为发生在大原子错配比的合金中[21]。第二,在某些实验条件下,当外力降低到临界值以下时,某些合金的蠕变行为会从合金类转向金属类行为。

现在人们对Ⅰ和Ⅱ区之间与对Ⅱ和Ⅲ区之间的过渡已经充分认识了。随外力增加,从Ⅰ区($n=5$,攀移控制的蠕变形为)到Ⅱ区($n=3$,黏性滑移)的过渡条件[18]可以表达为下式:

$$\frac{kT}{D_g bA} = B\left(\frac{\gamma}{Gb}\right)^3 \frac{D_c}{D_g}\left(\frac{\sigma}{G}\right)^2 \qquad (4-64)$$

式中,B为无量纲参数;γ为层错能;D_c和D_g分别为攀移与滑移扩散系数。

当仅考虑Cottrell – Jaswon交互作用[12]时,式(4-64)变成

$$\left(\frac{kT}{ec^{\frac{1}{2}}Gb^3}\right)^2 = B\left(\frac{\gamma}{Gb}\right)^3 \frac{D_c}{D_g}\left(\frac{\sigma}{G}\right)^2 \qquad (4-65)$$

从Ⅱ区($n=3$,黏性滑移)到Ⅲ区($n=5$,攀移控制的蠕变形为)的过渡条件一直是研究的主题。普遍认为,过渡的原因是位错从溶质原子中突围出来,能够以快得多的速度滑移。实验证明,包含气团和脱离气团的位错速度存在很大的差别。在临界脱离气团应力施加在材料上时,滑移速度比攀移速度要快,因而在Ⅲ区,后者是速控的。Friedel[22]预测的未饱和位错脱离气团应力为

$$\tau_F = A'\left(\frac{W_m^2}{kTb^3}\right)C \qquad (4-66)$$

式中,A'为常数;C为溶质浓度;W_m为溶质与刃型位错的最大交互作用能。

Endo等[17]根据实验提出脱离气团的临界速度V_{cr},与Cottrell关系吻合。

$$V_{cr} = \frac{DkT}{eGbR_s^3} \qquad (4-67)$$

式中,R_s为溶剂原子半径。

从上面介绍可以看出,应力指数为3和5机理的模型已经被确认,但对固溶体合金应力指数3和应力指数5机理的转变模型缺少详尽的介绍。本书作者尚未见到详细推导固溶体合金位错蠕变Ⅰ-Ⅱ-Ⅲ区5-3-5机理转变不等式,从理论上预报合金的变形机理。因此下面详细推导5-3-5机理转变模型。

4.2.3.1 固溶体合金应力指数为3、5机理的模型

A 未假定具体原子与位错作用类型的黏性位错滑移($n=3$)模型

在高温变形中,溶质原子并非是位错滑移的"严重的"障碍,但是由于原子与位错之间的相互作用,会以弹性的、化学的作用方式降低位错的运动速度,因此称为黏性位错滑移[23]。

设位错在滑移面上的排布方式如图 4-7 所示,位错从左向右黏性滑动,在时刻 t 时,位置为 x_i,每个位错在源 O 处产生并在离 O 距离 L 处消失。滑移面上位错消失方式为异号位错的相遇和攀移开 L 点到 h_c 的距离。假定位错攀移 h_c 的距离的时间比滑移 L 距离的时间短得多,则位错运动的方程为:

$$A\frac{\mathrm{d}x_i}{\mathrm{d}t} = \sigma b - B\sum_{\substack{j=1 \\ j<>1}} (x_j - x_i)^{-1} \qquad (4-68)$$

式中,A 为与温度有关的常数,根据原子与位错作用的微蠕变机理确定。

$$B = Gb^2/2\pi(1-\nu)$$

$\sum_j B/(x_j - x_i)$ 为作用在第 i 个位错上的其他位错的内应力总和。$x_j - x_i$ 为第 i 个位错与第 j 个位错的距离。运动位错排对蠕变速率的总贡献与 $\sum_j \mathrm{d}x_i/\mathrm{d}t$ 成正比。$\mathrm{d}x_i/\mathrm{d}t = \nu_i$ 为第 i 个位错的速度。结果得:

$$\sum_i \nu_i = \sigma bn/A \qquad (4-69)$$

为计算速率需要知道位错排中的位错数 n。由 $n \propto \sigma bL$,得

$$\sum_i \nu_i = \sigma^2 b^2 L/6AB \qquad (4-70)$$

如果 M 是单位体积的位错数,位错平均长度为 ω,则蠕变速率为:

$$\dot{\varepsilon} \approx \omega M b(\sigma^2 b^2 L/6AB) \qquad (4-71)$$

设 L 为位错环的最大半径,则 $\omega = \pi L \approx 3L$。$L = [2\sigma/GbM]^{0.5}$。结果式(4-71)蠕变速率为

$$\dot{\varepsilon} = \frac{\sigma^3 b^2}{GAB} \qquad (4-72)$$

式(4-72)便是未假定任何原子与位错作用类型的位错黏性滑动方程式。

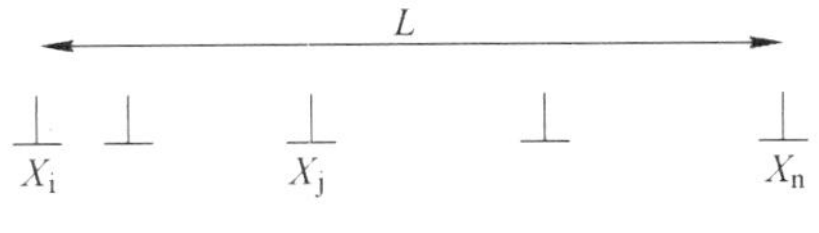

图 4-7 位错在滑移面上的分布方式(位错从左向右)

B 考虑具体原子与位错作用类型的黏性位错滑移($n=3$)蠕变模型

考虑到前述溶质原子与位错的交互作用方式,设有 i 种原子与位错存在各种作用方式,$I = 1, 2, 3, \cdots$。把原子速控方程(4-72)用于具体的过程有

$$\dot{\varepsilon}_i = \frac{\sigma^3 b^2}{GA_i B} \qquad (4-73)$$

假设原子与位错作用是同时进行的多个微机理过程，那么对每个作用过程，在外力作用下以速度 v 运动的单位位错上的黏性力应为：

$$F_i = A_i v \tag{4-74}$$

多个过程的总黏性力为：

$$F_t = A_t u \tag{4-75}$$

式中，$A_t = \sum A_1 + A_2 + A_3 + \cdots$，$u$ 是位错运动的平均速度。由于 $F_t = 0.5\sigma b$，$u = 1.5\dot{\varepsilon}_t/\rho b$，$\rho = \alpha(\sigma/Gb)^{2[24]}$。代入式（4-75），得

$$\dot{\varepsilon} = \frac{C_1}{\sum A_i} \frac{\sigma^3}{G^2} \tag{4-76}$$

式中，C_1 为常数。

从式（4-76）可知，大的 A_i 会产生低的速率。即提供位错黏性力较大的过程速率较低。基于此点，设各种原子与位错作用过程同时发生，结果总应变速率与分应变速率的关系为

$$\dot{\varepsilon}_t^{-1} = \dot{\varepsilon}_1^{-1} + \dot{\varepsilon}_2^{-1} + \dot{\varepsilon}_3^{-1} + \cdots \tag{4-77}$$

进而得到考虑原子与位错作用的与式（4-76）形式相同的总速率方程式

$$\dot{\varepsilon} = \frac{C_2}{A_{cj} + A_f + A_s + A_{sn} + A_{apb}} \frac{\sigma^3}{G^2} \tag{4-78}$$

式中，A_{cj} 为溶质原子与位错的偏析作用；A_f 为原子短程有序与位错的作用；A_s 为原子与扩展位错的作用；A_{sn} 为应力诱发的溶质原子的局部有序；A_{apb} 为有序合金的反相畴界作用[18]。$A_{cj} = \frac{e^2 c b^5 G^2}{KTD_g}$，$A_{fj} = \frac{1.5\Gamma b}{D_g}$，$\Gamma = \frac{k_1 X_A X_B \alpha \varepsilon}{b^2}$，$k_1 = \frac{8}{3^{0.5}}$，$fcc$，$k_2 = \frac{6}{2^{0.5}}$，$bcc \exp\left(\frac{2\varepsilon}{KT}\right) = \frac{(X_A + X_B \alpha)(X_B + X_A \alpha)}{X_A X_B (1-\alpha)^2}$，$A_s \approx 0.9V \frac{(\gamma_B - \gamma_A)}{D_g p}$，$p = \frac{\Delta S}{\Delta S_{id}} \frac{RT}{X_A X_B} + \frac{8G}{9V}\left(\frac{dV}{dC}\right)^2 - 8\Delta H_{\frac{1}{2}}$，$A_{sn} = \frac{G\Delta b^2}{350 D_g}$，$\Delta \approx k_2 \frac{c^2}{T}$，$A_{apb} = \frac{kT_c \mu^2}{3^{\frac{1}{2}} b D_g}$，$T_c = -1.5\varepsilon/k$。式中，$\Gamma$ 为破坏短程有序或原子偏聚所需的能量；α 为局部有序度；ε 为结合能；$\frac{\Delta S}{\Delta S_{id}}$ 为理想混合熵的偏差；V 为摩尔体积；γ_A，γ_B 分别为溶质和溶剂的堆垛层错能，$\Delta H_{\frac{1}{2}}$ 为 50% 合金的混合熵。

C 金属型（$n=5$）的位错攀移模型

类似纯金属的蠕变机理，应力指数为 5 的位错攀移过程。其速控方程式[12,14]如下：

$$\dot{\varepsilon}_c = A_c \left(\frac{\gamma}{Gb}\right)^3 \frac{D_c Gb}{kT} \left(\frac{\sigma}{G}\right)^5 \tag{4-79}$$

式中，A_c 为无量纲常数。

4.2.3.2 蠕变机理转变不等式

A 位错与溶质原子的作用能

位错在晶体中产生应力场。溶质原子由于其大小不同于基体原子，会在基体中产生畸变，从而产生位错与溶质原子的作用能。下面推导前述的位错与原子的作用能公式。由于应力指数 3 机理合金速控过程主要是位错滑移过程。由位错理论知道，螺型位错没有半薄片材料，其周围弹性场没有正应力和正应变，只有切应力和切应变。因而主要研究刃型位错和溶质原子的作用[18]。

设溶剂的原子半径为 r_1，溶质原子半径为 r_2，令 $r_2 - r_1 = \ni r_1$，$\ni$ 反映溶剂和溶质原子半径的相对差异。图 4-8 为位错与原子之间的作用能示意图。假设把溶质原子当作硬球，则应力场的作用能为

$$E_m = -\int_0^{2\pi}\int_0^{\pi}(r_2 - r_1)(\sigma_{rr} r^2 \sin\theta d\theta d\phi) \tag{4-80}$$

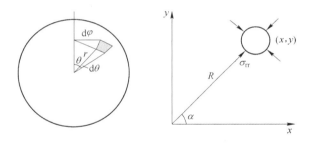

图 4-8 位错与原子之间的作用能示意图

式中，σ_{rr} 为作用于球体上的力。如果把原子看作一点，则 σ_{rr} 可以从原子中心处的应力张量 σ_{ij} 求得。由弹性力学，过球面面元的分应力为 $T_i = \sigma_{ij} n_j$，$n_j = n_1$，n_2，n_3 为面元法线的方向余弦，故

$$\sigma_{rr} = T_i n_i = \sigma_{xx} n_1^2 + \sigma_{yy} n_2^2 + \sigma_{zz} n_3^2 + 2\sigma_{xy} n_1 n_2 + 2\sigma_{yz} n_2 n_3 + 2\sigma_{xz} n_3 n_1 \tag{4-81}$$

$$(n_1, n_2, n_3) = (\sin\theta\sin\phi, \cos\theta, \sin\theta\cos\phi)$$

则

$$E_m = -\ni r^3 \left(\int_0^{2\pi}\int_0^{\pi}\sin^3\theta d\theta \sin^2\phi d\phi \sigma_{xx} + \int_0^{2\pi}\int_0^{\pi}\sin\theta\cos^2\theta d\theta d\phi \sigma_{yy} + \int_0^{2\pi}\int_0^{\pi}\sin^3\theta d\theta\cos^2\phi d\phi \sigma_{zz} \right) \tag{4-82}$$

所以，

$$E_m = -\frac{4}{3}\pi \ni r^3 (\sigma_{xx} + \sigma_{yy} + \sigma_{zz}) \tag{4-83}$$

对于刃型位错，$\sigma_{zz} = \nu(\sigma_{xx} + \sigma_{yy})$，代入应力场的各分量，得

$$E_m = \frac{1}{2\pi}\left(\frac{1+\nu}{1-\nu}\right)Gb|\Delta V| \tag{4-84}$$

式中，$|\Delta V| = 4\pi \ni r^3$。

B 应力指数 5-3-5 机理转变不等式

同一个固溶体合金在不同的应力水平下高温变形，既可能表现为位错黏性滑移机理，也可以表现为位错攀移机理。因此需要弄清楚转变的条件。位错黏性滑移和攀移是两个接续（串联）的过程，较慢的速率决定速控机理。由式（4-78）和式（4-79），可得 5 机理转变为 3 机理的不等式

$$\frac{A_c}{C_2}(A_{cj} + A_f + A_s + A_{sn} + A_{apb})\left(\frac{\gamma}{Gb}\right)^3\left(\frac{b}{kT}\right)D_c\left(\frac{\sigma}{G}\right)^2 > 1 \tag{4-85}$$

上式为 5 机理向 3 机理转变的一般表达式。在 $A_{cj} \gg A_f + A_s + A_{sn} + A_{apb}$ 的情况下，式（4-85）转化为 Mohamed – Langdon 判定式[12]

$$\frac{B}{1-\nu}\left(\frac{\sigma}{\mu}\right)^2\left(\frac{Gb^3}{kT}\right)^2\left(\frac{\gamma}{Gb}\right)^3\left(\frac{D_c}{D_g}\right)e^2 C_0 > 1 \tag{4-86}$$

进入 3 机理后，进一步增大应力，可能出现另一个转变。位错从原子包围的壁垒中脱离出来，重新进入位错芯扩散控制的新的攀移状态，Fridel[22] 确定的临界应力为

$$\sigma_c = \frac{E_m^2 C_0}{5b^2 kT} \tag{4-87}$$

由式（4-85）和式（4-87）得到位错黏性滑移的判定不等式

$$\frac{E_m^2 C_0}{5Gb^2 kT} > \frac{\sigma}{G} > \frac{C_2}{A_c(A_{cj} + A_f + A_s + A_{sn} + A_{apb})}\left(\frac{Gb}{\gamma}\right)^{\frac{3}{2}}\left(\frac{kT}{b}\right)^{\frac{1}{2}}\left(\frac{1}{D_c}\right)^{\frac{1}{2}} \tag{4-88}$$

记 $F_1 = \dfrac{E_m^2 C_0}{5Gb^2 kT}, F_u = \dfrac{C_2}{A_c(A_{cj} + A_f + A_s + A_{sn} + A_{apb})}\left(\dfrac{Gb}{\gamma}\right)^{\frac{3}{2}}\left(\dfrac{kT}{b}\right)^{\frac{1}{2}}\left(\dfrac{1}{D_c}\right)^{\frac{1}{2}}$

应当指出，式（4-88）比较适合于层错能较高的情况下，对层错能较低的合金宜用 Takeuchi – Argon[26] 模型。

$$\dot{\varepsilon} = \frac{1}{8C_0 \varepsilon_a^2}\left(\frac{kT}{\mu b^3}\right)\left(\frac{D_s}{b^2}\right)\left(\frac{\sigma}{\mu}\right)^3 \tag{4-89}$$

Takeuchi – Argon 位错黏性滑动机理判定关系式

$$0.6978\left(\frac{\mu b^3}{kT}\right)\left(\frac{D_1}{D_s}\right)\varepsilon_a^2 C_0 \gg 1 \tag{4-90}$$

式中，μ 为弹性模量；D_1 为基体的晶格扩散系数；D_s 为溶质原子在基体中的扩散系数；ε_a 为溶质与溶剂尺寸差；C_0 为离位错芯一定距离的溶质浓度；γ 为基

体的层错能；B 为参数。

4.2.4 溶质拖曳蠕变在准超塑性中的应用

在溶质拖曳蠕变的合金中，合金表现出400%以下的伸长率，长期以来一直被划分为超塑性范围，2000年以后出现了新的定义，称为准超塑性或类超塑性[27~29]。Class I 固溶体合金是一组稀浓度的合金，合金中滑移/攀移位错蠕变的滑移分量是速控的，因为溶质原子阻碍位错运动[30]。这类合金引起人们的兴趣是因为超塑性研究的是粗晶状态的合金。由于滑移控制的蠕变机理，在某些温度和速率下，它们具有固有的高应变速率敏感性（m 值约0.33），因而表现出高的伸长率[31]。固有的高应变速率敏感性之所以重要是因为相比细晶超塑性合金复杂的热机械化加工来说，对 Class I 固溶体合金热机械加工变得简单。

由于 $m=0.33$ 与 $m=0.5\sim1.0$ 相比，Class I 固溶体合金的应变速率敏感性不如经典超塑性的应变速率敏感性高，所以拉断伸长率相对来说是中等的，即200%~400%。该伸长率正是最近 Langdon 教授2006年对准超塑性定义的伸长率[32]。很有可能粗晶合金（例如，Al-Mg 和 W-Re）超塑性的早些时候的报告实际上是 Class I 固溶体行为的结果。

表4-1[33]给出了一些基于 W、Nb、Al 和金属间化合物的粗晶 Class I 固溶体合金的结果。可以看出，该类合金行为通常在难熔金属中被观察到。这是因为难熔金属与其他难熔金属通常形成完全固溶体，表现出扩大的相互固溶度。这些合金表现为 $m\approx0.33$，晶粒尺寸为 20~400μm。

表4-1 表现 Class I 固溶体行为的合金

合 金	m 值	$d/\mu m$	最大伸长率/%
W-33%Re	0.2~0.3	50~400	260
Nb-10Hf-1Ti	0.33	75	>125
Nb-5V-1.25Zr	0.26	ASTM-8	170
Nb-29Ta-8W-0.65Zr-0.32C	0.28	NA*	>80
Al-5456（Al-5Mg-基）	0.33	20	153
Al-4Mg-0.5Sc	0.33	0.5	>1020
Al-2 to 4%Ge	0.3~0.6	100~200	200~260
Al-2.2Li-0.5Sc	0.32	3	500
Al-Ca-Zn	0.25	2	NA*
Mg-5.5Zn-0.5Zr	0.33	NA*	~100
β-U（Ag, Al, Zn 杂质）	0.33	100	680
Fe_3Al-Ti	0.33	100	333

注：*内容不详。

其他展现 $m=0.33$ 的材料[34]包括：In – Pb、Pb – In、Au – Ni、NaCl – KCl、Fe – Al – C、In – Hg、Pb – Sn、Ni – Sn、Mg – Al、Al – Cu – Mg、In – Sn、Pb – Cd、β黄铜、Ti – Al – V、In – Cd、Cu – Sn、Ni – Au、Al – Cu 和 Al – Mg – 0.1Zr。

粗晶 Al – Mg 基合金表现出 $n=3$ ($m=0.33$) 的溶质拖曳蠕变行为。例如，商业 AA5083 合金的成分为 Al – 4.5% Mg – 0.5% Mn，在晶粒尺寸为 $25\mu m$ 表现出 Class I 固溶体合金行为。二元 Al – 4Mg 合金在 400℃ 应变速率 $10^{-3} \sim 10^{-2} s^{-1}$ 条件下的伸长率为 200%。可以说，Al – Mg 合金是研究溶质拖曳蠕变行为最为经典的合金，过去国外做了大量工作。近来，日本在 Mg 合金中也发现溶质拖曳蠕变行为[29,35]。美国 Taleff 对 Al – Mg 基合金进行了大量研究[36~39]。Taleff 认为单相 Al – Mg 合金的伸长率为 100% ~400%，这样的伸长率对许多制造过程已经足以满足成型（例如汽车板的温冲压）要求。在相同的合金中，这些伸长率的获得在合理应变速率下，在比经典超塑性温度更低的温度下就可以实现。例如，粗晶 Al – Mg 合金在 390℃、$10^{-2}s^{-1}$ 条件下获得增强的延展性（可观的伸长率），而相同的合金在晶粒尺寸 $5-10\mu m$ 和 500℃ 条件下表现出经典超塑性。对粗晶 Al – Mg 合金来说，为晶粒细化所进行的复杂的热机械化处理变得不再重要。二元 Al – Mg 合金溶质浓度变化并不显著影响力学性能，诸如伸长率、应变速率敏感性和流动应力。例如，Taleff 发现镁浓度为 2.8% ~5.5%，m 值为 0.29 ~0.32。McNelley 等[40]把此观察结果归因于 Mg 原子在移动位错芯中的饱和作用。但是，添加 Mn、Fe 和 Zr 三元元素看来显著影响 Al – Mg 合金的力学行为，特别是在 Mn 浓度高于 0.46% 的情况下。高于固溶度限的三元添加有利于形成第二相，空洞围绕第二相形核。因此，发生断裂方式从颈缩控制向空洞控制的变化，伴随而来的是伸长率的降低。

除了金属合金以外，在某些超塑性金属间化合物中经常观察到 $m=0.33$ ($n=3$) 的情况，例如 Ni_3Al、Ni_3Si、Ti_3Al、Fe_3Al 和 FeAl，其应变速率高于 $10^{-3}s^{-1}$ 条件下，对应于Ⅲ区。特别要指出的是，这些金属间化合物的晶粒尺寸有时是相当大的（ $-100\mu m$）。伸长率根据材料的不同，通常在 150% 以上。Yang 等[41]认为，当通过位错滑移把无序引入到有序固体中时，稳态速率受到化学扩散恢复（滑移位错）有序的速率的限制。这种情况下，变形受黏性滑移控制。还有另外一个可能的解释，由于金属间化合物经常是非化学计量的，所以溶质拖曳过程或许是这些合金非化学计量的结果。此外，金属间合金通常包含一定量的间隙杂质，例如，氧、氮和碳。这些杂质的存在也对溶质拖曳过程做出贡献[42]。Yaney 和 Nix[43]提出，加入溶质原子并不是使位错以黏性方式运动的唯一方式。晶格摩擦影响也可以降低滑移可动性，特别是在共价键晶体中和有序金属间化合物中。对有序金属间化合物，在相同性质的原子之间存在很强的排斥力。

因此，有序金属间化合物的行为与 Class Ⅰ 固溶体的变形行为十分类似。

4.3 速控机理研究新进展

近三年来，扩散蠕变在超塑性的作用被重新认识。Sotoudeh 等[44]研究了超塑性铝合金中的坐标网格变形（应变 0.3）特点后，如图 4-9 所示，合金不发生 Rachinger 滑移，而是发生 Lifshitz 滑移，晶粒之间发现扩展区，没有发现 Ashby - Verrall 近邻晶粒换位等。由于根据图 4-9 断定发生 Lifshitz 滑移，晶粒之间发现扩展区，实验证据具备了扩散蠕变发生的实验基础，在此基础上提出扩散蠕变是超塑性变形机理的新思想是十分合理的。Lee 等[45]研究了差速辊轧制

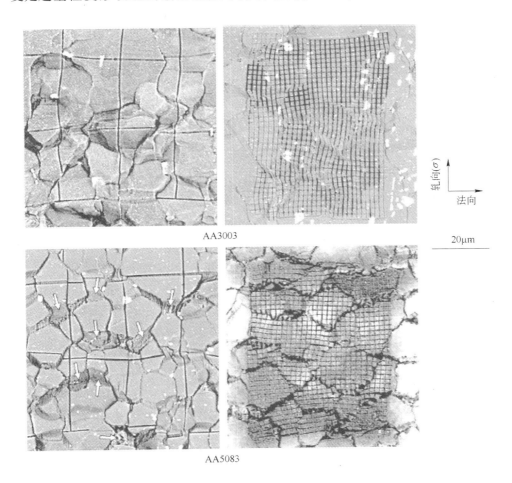

图 4-9 Al-（Mg）-Mn 合金抛光板表面网格的扫描电镜二次电子像照片
（板在 530℃和 $5 \times 10^{-4} s^{-1}$ 条件下，拉伸应变为 0.3。在粗网格上箭头指明扩展区）

(HRDSR)的细晶 AZ31 镁合金的超塑性,其换速实验归一化曲线如图 4-10 所示。从图 4-10 可以发现该合金在低速下存在 Coble 蠕变($m=1$)。作者还发现,细晶 AZ31 合金随晶粒尺寸减小和温度增加,Coble 蠕变作为超塑性主导机理的概率增加。迅速的晶粒长大使速控机理由 Coble 蠕变转为晶界滑移。当试样加热时间长时,观察不到 Coble 蠕变。这些结果表明为了观察 Coble 蠕变,有必要阻止加热或变形期间的晶粒长大的发生。上述工作丰富了经典扩散蠕变和超塑性理论的研究内容。

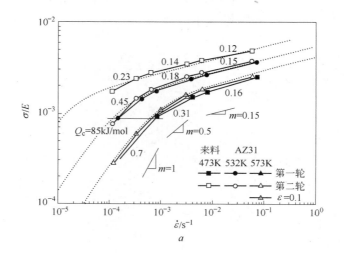

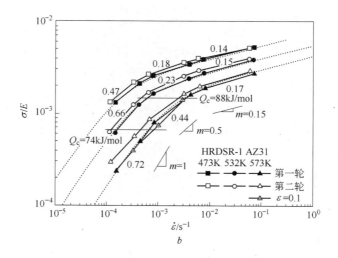

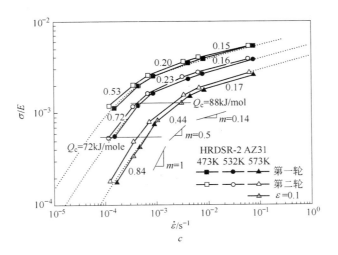

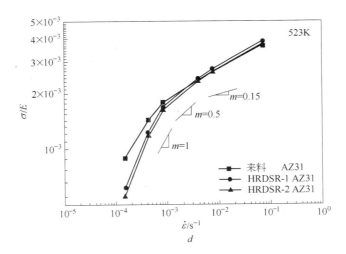

图 4-10 差速辊轧制（HRDSR）的细晶 AZ31 镁合金超塑性换速实验归一化曲线

a—来料；b—HRDSR 一道次；c—HRDSR 二道次；d—523K 三种材料的换速实验结果的比较；点线为模型预报结果

参 考 文 献

[1] Langdon T G. An analysis of flow mechanism in high temperature creep and superplasticity [J]. Mater. Trans. A, 2005, 46 (9): 1951~1956.

[2] Harris J E. Inhibition of diffusion creep by precipitates [J]. Metal Sci., 1973, 7 (1): 1~6.

[3] Nabarro F R N. Report of a conference on strength of solids [C], The physical Society, London, UK, 1948: 75~90.

[4] Herring C. Diffusional viscosity of a polycrystalline solid [J]. J. Appl. Phys. 1950, 21: 437~445.

[5] Lai Z H. Metallic crystal defects and mechanical property [M]. Beijing: Metallurgical Industrial Press, 1988.

[6] Coble R L. A model for boundary diffusion controlled creep in polycrystalline materials [J]. J. Appl. Phys., 1963, 34, 1679~1682.

[7] Harper J, Dorn J E. Viscous creep of aluminum near its melting temperature [J]. Acta Metall. 1957, 5: 654~665.

[8] Kassner M E. Fundamental of creep in metals and alloys [M]. Elsevier, Oxford, UK. 2009: 105~115.

[9] Kassner M E, Perez-Prado M T. Five-power-law creep in single phase metals and alloys [J]. Prog. Mater. Sci., 2000, 45: 1~102.

[10] Sherby O D, Burke P M. Mechanical behavior of solids at high temperatures [J]. Prog. Mater. Sci. 1967, 13: 325~390.

[11] Yavari P, Langdon T G. An examination of the breakdown in creep by viscous glide in solid solution alloys at high stress levels [J]. Acta Metall. 1982, 30: 2181~2196.

[12] Mohamed F A, Langdon T G. Transition from dislocation climb to viscous glide in creep of solid solution alloys [J]. Acta Metall., 1974, 22 (6): 779~788.

[13] Mukherjee A K. In R J Arsenault, ed., Treatise on Materials Science and Technology [C]. New York: Academic Press, 1975, Vol. 6: 163.

[14] Weertman J. Steady-state creep through dislocation climb [J]. J. Appl. Phys., 1957, 28: 362~364.

[15] Mukherjee A K, Bird J E, Dorn J E. Experimental correlations for high-temperature creep [J]. ASM Trans. Quart., 1969, 62 (1): 155~179.

[16] Oikawa H, Sugawara K, Karashima S. Creep behaviour of Al-2.2at% Mg alloy at 573 deg K [J]. Mater. Trans. JIM, 1978, 19 (11): 611~616.

[17] Endo T, Shimada T, Langdon T G. Deviation from creep by viscous glide in solid solution alloys at high stresses. I. Characteristics of the dragging stress [J]. Acta Metall., 1984, 32 (11): 1991.

[18] Mohamed F A. Incorporation of the Suzuki and the Fisher interaction in the analysis of creep behavior of solid solution alloys [J]. Mater. Sci. Eng., 1983, 61: 149~165.

[19] Soliman M S, Mohamed F A. Creep transitions in an Al-Zn alloy [J]. Metall. Trans. A, 1984, 15: 1893~1904.

[20] Fuentes-Samaniego R, Nix W D. Appropriate diffusion coefficients for describing creep processes in solid solution alloys [J]. Scripta Metall., 1981, 15: 15~20.

[21] Cannon W R, Sherby O D. High-temperature creep behavior of class 1 and class 2 solid-so-

lution alloys [J]. Metall. Trans., 1970, 1 (4): 1030~1032.
[22] Friedel J. Dislocations [M]. Pergamon Press, Oxford.
[23] Weertman J. Steady state creep of crystals [J]. J. Appl. Phys. 1957, 28: 1185~1189.
[24] Ashby M F, Frost H J. in A. S. Argon ed, Constitutive Equation in Plasticity [M]. MIT Press, Cambridge, Mass, 1975: 117.
[25] Weertman J. Creep of indium, lead and some of their alloys with various metals [J]. Trans. Met. Soc. AIME, 1960, 218: 207~218.
[26] Takeuchi S, Argon A S. Steady – state creep of alloys due to viscous motion of dislocations [J]. Acta Metall., 1976, 24 (10): 883~889.
[27] Chow K K, Chan K C. Superplastic – like deformation of a coarse – grained Al 5052 alloy [J]. Key Eng Mater, 2000, 177~180: 601.
[28] Wu X, Liu Y. Superplasticity of coarse – grained magnesium alloy [J]. Scripta Mater., 2002, 46: 269.
[29] Watanabe H, Tsutsui H, Mukai T, Kohzu M, Tanabe S, Higashi. Deformation mechanism in a coarse – grained Mg – Al – Zn alloy at elevated temperatures [J]. Inter J Plasticity, 2001, 17: 387~397.
[30] Sherby O D, Burke P M. Mechanical behavior of solids at high temperatures [J]. Prog. Mater. Sci., 1967, 13: 325~390.
[31] Woodfood D A. Strain rate sensitivity as a measure of ductility [J]. Trans. ASM, 1969, 62: 291~299.
[32] Langdon T G. Seventy – five years of superplasticity: historic developments and new opportunities [J]. J. Mater. Sci., 2009, 44: 5998~6010.
[33] Nieh T G, Wadsworth J, Sherby O D. Superplasticity of metals and ceramics [M]. UK, Cambridge University Press, 1997: 219~223.
[34] Sherby O D, Wadsworth J. Superplasticity – recent advances and future directions [J]. Prog. Mater. Sci., 1989, 33: 169~221.
[35] Somekawa H, Hirai K, Watanabe H, Takigawa Y, Higashi K. Dislocation creep in Mg – Al – Zn alloys [J], Mater Sci Eng. A, 2005, 405: 53~61.
[36] Taleff E M, Henshall G A, Nieh T G, Lesuer D R, Wadsworth J. Warm – temperature tensile ductility in Al – Mg alloys [J]. Metall. Mater. Trans. A, 1998, 29 (3): 1081~1091.
[37] Taleff E M, Lesuer D R, Wadsworth J. Enhanced ductility in coarse – grained Al – Mg alloys [J]. Metall. Mater. Trans. A, 1996, 27 (2): 343~352.
[38] Taleff E M, Nevland P J. The high – temperature deformation and tensile ductility of Al alloys [J]. JOM, 1999, 51 (1): 34~36.
[39] Taleff E M, Nevland P J, Krajewski P E. Tensile ductility of several commercial aluminum alloys at elevated temperatures [J]. Metall. Mater. Trans. A, 2001, 32 (5): 1119~1130.
[40] McNelley T R, Michel D J, Salama A. The Mg – concentration dependence of the strength of Al – Mg alloys during glide – controlled deformation [J]. Scr. Metall., 1989, 23 (10):

1657~1662.

[41] Yang H S, Lee W B, Mukherjee A K. Superplastic characteristics of two titanius aluminides: γ – TiAl and α_2 – Ti_3Al. In Structural Intermetallics [C]. Eds. R Darolia, J J Lewandowski, C T Liu, P L Martin, D B Miravle, M V Nathal. The Minerals, Metals & Materials Science, Warrendale, PA, 1993: 69~76.

[42] Nieh T G, Chou T C, Wadsworth J, Owen D, Chokshi A H. Creep of a niobium beryllide [J]. Nb_2Be_{17}. J Mater. Res., 1993, 8 (4): 757~763.

[43] Yaney D L, Nix W D. Mechanisms of elevated – temperature deformation in the B2 aluminides NiAl and CoAl [J]. J Mater. Sci. 1988, 23: 3088~3098.

[44] Sotoudeh K, Bate P S. Diffusion creep and superplasticity in aluminum alloys [J]. Acta Mater., 2010, 58: 1909~1920.

[45] Lee T J, Park Y B, Kim W J. Importance of diffusion creep in fine grained Mg – 3Al – 1Zn alloys [J]. Mater. Sci. Eng. A, 2013, 580: 133~141.

5 本构模型与变形机理图

5.1 本构模型

5.1.1 机理型本构方程

在第 3 章对超塑性机理与模型做了详细介绍。现将超塑性晶界滑移本构方程做一总结,如表 5-1 所示。对扩散蠕变与位错蠕变机理与模型在第 4 章做了详细介绍。将扩散蠕变与位错蠕变本构方程做一总结,如表 5-2 所示。

表 5-1 超塑性晶界滑移本构方程

作 者	方 程	年份	说 明
滑移调节(速控的)			
Ball - Hutchison	$\dot{\varepsilon} = K_1 \left(\frac{b}{d}\right)^2 D_{gb} \left(\frac{\sigma}{E}\right)^2$	1969	晶粒组滑移
Langdon	$\dot{\varepsilon} = K_2 \left(\frac{b}{d}\right) D_L \left(\frac{\sigma}{E}\right)^2$	1970	位错接近晶界运动
Mukherjee	$\dot{\varepsilon} = K_3 \left(\frac{b}{d}\right)^2 D_{gb} \left(\frac{\sigma}{E}\right)^2$	1971	晶粒单独滑移
Hayden et al.[1]	$\dot{\varepsilon} = K_4 \left(\frac{b}{d}\right)^3 D_p \left(\frac{\sigma}{E}\right)^2$	1972	$T < T_c$,滑移控制晶界滑动
	$\dot{\varepsilon} = K_5 \left(\frac{b}{d}\right)^3 D_L \left(\frac{\sigma}{E}\right)^2$		$T > T_c$,晶粒蠕变
Gifkins	$\dot{\varepsilon} = K_6 \left(\frac{b}{d}\right)^2 D_{gb} \left(\frac{\sigma}{E}\right)^2$	1976	三叉点塞积(芯-表)
Gittus	$\dot{\varepsilon} = K_7 \left(\frac{b}{d}\right)^2 D_{IPB} \left(\frac{\sigma}{E}\right)^2$	1977	相界塞积
Arieli - Mukherjee	$\dot{\varepsilon} = K_8 \left(\frac{b}{d}\right)^2 D_{gb} \left(\frac{\sigma}{E}\right)^2$	1980	单个位错在晶界附近的攀移
Sherby - Wadsworth[2]	$\dot{\varepsilon} = 6 \times 10^8 \left(\frac{b}{d}\right)^3 \frac{D_{gb}}{b^2} \left(\frac{\sigma}{E}\right)^2$	1984	$T = 0.4 \sim 0.6 T_m$,唯象的

续表 5-1

作 者	方 程	年份	说 明
	$\dot{\varepsilon}=2\times10^{9}\left(\dfrac{b}{d}\right)^{2}\dfrac{D_{L}}{b^{2}}\left(\dfrac{\sigma}{E}\right)^{2}$		$T>0.6T_{m}$，唯象的
Kaibyshev et al.	$\dot{\varepsilon}=\dfrac{A}{kT}\left(\dfrac{b}{d}\right)^{2}\left(\dfrac{\sigma-\sigma_{0}}{E}\right)^{2}$	1985	晶界位错的硬化与回复
Fukuyo et al.[3]	$\dot{\varepsilon}=K_{9}\left(\dfrac{b}{d}\right)^{2}\left(\dfrac{D_{chem}}{b^{2}}\right)\left(\dfrac{\sigma}{E}\right)^{2}$	1990	晶界滑动通过位错攀移调节
扩散调节（速控的）			
Ashby – Verrall	$\dot{\varepsilon}=K_{10}\left(\dfrac{b}{d}\right)^{2}D_{eff}\left(\dfrac{\sigma-\sigma_{0}}{E}\right)$	1973	$D_{eff}=f\left(D_{gb},D_{L},\delta,d\right)$
扩散调节（非速控的）			
Padmanabhan[4]	$\dot{\varepsilon}=K_{11}\left(\dfrac{b}{d}\right)^{2}D\left(\dfrac{\sigma-\sigma_{0}}{E}\right)$	1980	D_{eff} 可以是 D_{L} 和 D_{gb}

注：T_{c} 为临界温度；$K_{1}\sim K_{11}$ 为材料常数；σ_{0} 为门槛应力；D_{chem} 和 D_{p} 分别为化学扩散系数和位错管扩散系数[5]。

表 5-2 扩散蠕变与位错蠕变本构方程

作 者	方 程	年 份	说 明
扩散蠕变			
Nabarro – Herring	$\dot{\varepsilon}=K_{12}\dfrac{D_{L}Gb}{kT}\left(\dfrac{b}{d}\right)^{2}\left(\dfrac{\sigma}{G}\right)$	1950	晶格扩散控制
Coble	$\dot{\varepsilon}=K_{13}\dfrac{D_{gb}Gb}{kT}\left(\dfrac{\delta}{b}\right)\left(\dfrac{b}{d}\right)^{3}\left(\dfrac{\sigma}{G}\right)$	1963	晶界扩散控制
Harper – Dorn	$\dot{\varepsilon}=K_{14}\left(\dfrac{D_{L}Gb}{kT}\right)\left(\dfrac{\sigma}{G}\right)$	1957	粗晶，T 接近 T_{m} 熔点
位错蠕变			
Weertman	$\dot{\varepsilon}=K_{15}\dfrac{ADGb}{kT}\left(\dfrac{\sigma}{G}\right)^{5}$	1955~1963	纯金属
Weertman	$\dot{\varepsilon}=K_{16}\dfrac{ADGb}{kT}\left(\dfrac{\sigma}{G}\right)^{3}$	1955~1963	固溶体合金

注：T_{m} 为熔点；$K_{12}\sim K_{16}$ 为材料常数。

5.1.2 唯象学本构方程

Watanabe 等[6]对细晶镁合金及其复合材提出以下超塑性本构方程：

$$\dot\varepsilon = 1.8 \times 10^6 \left(\frac{Gb}{KT}\right)\left(\frac{b}{d}\right)^2\left(\frac{\sigma}{G}\right)^2 D_{\text{eff}}$$

$$D_{\text{eff}} = D_L + (1.7 \times 10^{-2})(\pi\delta d)D_{\text{gb}}$$

Somekawa 等[7]对 Mg – 3, 6, 9Al – 1Zn 合金位错蠕变提出了新的位错攀移模型

$$\dot\varepsilon = 3.6 \times 10^{11}\left(\frac{\gamma}{Gb}\right)^3 \frac{Gb}{KT}\left(\frac{\sigma}{G}\right)^5\left(D_l + 7.4\left(\frac{\sigma}{G}\right)^2 D_p\right)$$

式中,D_p 为位错管扩散系数。

Mishra 等[8]对铝合金超塑性获得以下本构方程:

$$\dot\varepsilon = 40\frac{D_0 Eb}{KT}\exp\left(-\frac{84000}{RT}\right)\left(\frac{b}{d}\right)^2\left(\frac{\sigma-\sigma_0}{E}\right)^2$$

式中,σ_0 为门槛应力。

Ma 等[9]在搅拌摩擦加工的超细晶 Al – 4Mg – 1Zr 合金中获得以下超塑性本构方程:

$$\dot\varepsilon = 5 \times 10^7 \frac{D_0 Eb}{KT}\exp\left(-\frac{142000}{RT}\right)\left(\frac{b}{d}\right)^2\left(\frac{\sigma-\sigma_0}{E}\right)^2$$

Al – 4Mg – 1Zr 合金超塑性应力指数 $n=2$,变形激活能为铝的晶格自扩散激活能,$Q=142\text{kJ/mol}$。变形机理为晶格扩散控制的晶界滑移。

Somekawa 等[10]在超细晶 Al – Fe 合金中获得以下本构方程:

$$\dot\varepsilon = 1 \times 10^6 \frac{D_{\text{eff}} Eb}{KT}\left(\frac{b}{d}\right)^2\left(\frac{\sigma-\sigma_0}{E}\right)^2$$

式中,$D_{\text{eff}} = D_L + (1.7 \times 10^{-2})(\pi\delta d)D_{\text{gb}}$。

5.2 变形机理图

变形机理图是定量描述变形机理的一个有用的工具。在早期 Weertman 蠕变图的基础上,Ashby 第一次提出了反映 $\sigma/E - T_m/T$ 关系的变形机理图。图中的边界线为曲线,式中 E 为杨氏模量,T_m 为金属的绝对熔点[11]。Langdon and Mohamed 提出构造 Ashby 型机理图的一种简化方法,分离各机理区的边界为直线,恒定应变速率轮廓近似为直线[12],同时提出反映归一化晶粒尺寸与归一化温度关系的新型机理图[13,14]。Mohamed and Langdon 提出了反映 $d/b - \sigma/G$ 或 τ/G 关系的新型机理图,边界线为直线[15,16]。进一步说,Ruano、Wadsworth、Sherby(R – W – S)提出包括多个蠕变机理的超塑性与蠕变机理图[25]。变形机理图在纯铝、奥氏体不锈钢 25Cr – 20Ni、2.25Cr – 1Mo 钢、AZ61 与 AZ31 合金,Zn – 22Al 与 Pb – 62Sn、GTD – 111 镍基超合金、CP – Ti 工纯钛等合金中获得了应用[12~26]。文献 [27~32] 为在前述工作基础上构造的一些机理图。

5.2.1 Ashby – Frost 机理图

晶体塑性经过积累已经达到原子尺度,使得构造变形机理图成为可能。Ashby[11]介绍了五个变形机理:第一,超过理论剪切强度的应力引起无缺陷晶体的流动,该机理的特点是无缺陷流动。第二,位错滑移运动带来广泛的塑性流动。第三,在高温下,位错攀移以及滑移的能力导致位错蠕变机理。第四与第五,点缺陷穿过晶粒和绕晶界的扩散流动分别导致 Nabarro – Herring 蠕变和 Coble 蠕变。

采用标准的应力与应变速率关系构造变形机理图。假定所有机理是稳态流动。

Ashby 汇集的本构方程如表 5 – 3 所示。

表 5 – 3 Ashby 图采用的本构方程

机 理	方 程 式
无缺陷流动	$\dot{\varepsilon}_1 = \infty$,$\sigma \geq \sigma_{th}$;$\dot{\varepsilon}_1 = 0$,$\sigma < \sigma_{th}$;$\sigma_{th} \approx G/20$
位错滑移	$\dot{\varepsilon}_2 = \dot{\varepsilon}_0 \exp -\dfrac{\dfrac{Gb}{l} - \sigma}{kT} ba$,$\sigma \geq \sigma_0$;$\dot{\varepsilon}_2 = 0$,$\sigma < \sigma_0$
扩散蠕变	$\dot{\varepsilon}_{3,4} = 14 \dfrac{\sigma \Omega}{kT} \dfrac{1}{d^2} D_L \left(1 + \dfrac{\pi\delta}{d}\dfrac{D_{gb}}{D_L}\right)$
位错蠕变	$\dot{\varepsilon}_5 = A \dfrac{D_L G b}{kT} \left(\dfrac{\sigma}{G}\right)^n$

注:σ_{th} 为理论强度;a 为激活面积;l 为障碍间距离;σ_0 为切过障碍应力;$\dot{\varepsilon}_0$ 为 $\sigma = Gb/l$ 时的应变速率。

图 5 – 1 为金属 Ag 的 $\sigma/G - T/T_m$ 关系的 Ashby 变形机理图。这是一幅晶粒尺寸 32μm、应变速率为 $10^{-8} s^{-1}$ 条件下的机理图,从上到下依次包括剪切强度区、位错滑移区、位错蠕变区、扩散蠕变区和弹性变形区。纯银晶粒尺寸 32μm、应变速率为 $10^{-8} s^{-1}$ 条件下所对应的归一化应力落入位错滑移区,因此变形机理为位错滑移。除 Ag 外,Ashby 机理图在金属 W、Ni、Ge、Fe 和氧化镁和二氧化铀中获得应用。

后来,在此基础上,Frost 与 Ashby[33]进一步考虑 Harper – Dorn 蠕变、低温蠕变与高温蠕变本构方程,获得了包括无缺陷流动、位错滑移、低温蠕变与高温蠕变、Harper – Dorn 蠕变、Nabarro – Herring 蠕变和 Coble 蠕变的多个机理区的 $\sigma/G - T/T_m$ 关系的 Frost – Ashby 机理图。该变形机理图在 40 多个元素和化合物中获得应用(见图 5 – 2)。

Frost 与 Ashby 汇集的本构方程[33]如表 5 – 4 所示。

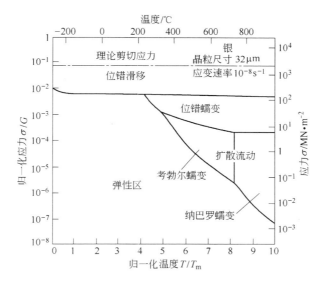

图 5-1 金属 Ag 的 Ashby 变形机理图

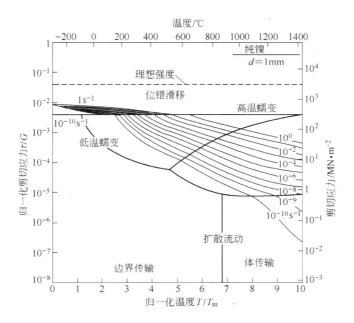

图 5-2 金属 Ni 的 $\sigma/G - T/T_m$ 关系的 Frost-Ashby 变形机理图

表 5-4 Frost-Ashby 图采用的本构方程

机 理	方 程 式	备 注
无缺陷流动	$\dot{\gamma}_1 = \infty\,(\sigma \geqslant \alpha G)$; $\dot{\gamma}_1 = 0\,(\sigma < \alpha G)$	
低温塑性 障碍控制塑性	$\dot{\gamma}_2 = \dot{\gamma}_0 \exp -\dfrac{\Delta F}{kT}\left(1 - \dfrac{\sigma}{\hat{\tau}}\right)$ 式中,$\dot{\gamma}_0$ 为常速率,$\Delta F \sim Gb^3$,$\hat{\tau} \sim Gb/l$。	
晶格阻力控制塑性	$\dot{\gamma}_3 = \dot{\gamma}_p \left(\dfrac{\sigma}{G}\right)^2 \exp -\left\{\dfrac{\Delta F_p}{kT}\left[1 - \left(\dfrac{\sigma}{\hat{\tau}_p}\right)^{\frac{3}{4}}\right]^{\frac{4}{3}}\right\}$ 式中,$\dot{\gamma}_p$ 为常速率,$\Delta F_p \sim 0.1 Gb^3$,$\hat{\tau}_p \sim 10^{-2} G$。	
高温塑性 滑移幂律蠕变 (高温蠕变与低温蠕变)	$\dot{\gamma}_4 = \dfrac{A_2 D_{\text{eff}} Gb}{kT}\left(\dfrac{\sigma}{G}\right)^n$ 式中,$D_{\text{eff}} = D_L + \dfrac{10 a_c}{b^2}\left(\dfrac{\sigma}{G}\right)^2 D_c$,$D_c \sim D_{gb}$,$a_c \sim 2\delta^2$,$A_2$ 为常数。	
Harper-Dorn 蠕变	$\dot{\gamma}_5 = \dfrac{A_{\text{HD}} D_L Gb}{kT}\left(\dfrac{\sigma}{G}\right)$	
幂律终止	$\dot{\gamma}_6 = \dfrac{A'_2 D_{\text{eff}} Gb}{kT}\left[\sinh\left(\alpha' \dfrac{\sigma}{G}\right)\right]^{n'}$	
扩散流动	$\dot{\gamma}_7 = \dfrac{42\sigma\Omega}{kTd^2} D_L \left[1 + \dfrac{\pi\delta}{d}\dfrac{D_{gb}}{D_L}\right]$	

Ashby 机理图回避了组织变化,可以避免因晶粒尺寸不易获得带来的不利因素。其缺点是在恒定的晶粒尺寸下一系列温度进行构图。事实上,工程应用场合,工作温度是确定的,而晶粒尺寸和应力成为变量。另外,采用曲线划分机理区。Mohamed-Langdon 介绍,根据 Frost 的博士论文,Frost-Ashby 机理图的计算对温度采用 60 个增量步,对应力采用 100 个增量步,需要借助于 Fortran 程序计算机计算,需要获得大量的数据点。Langdon-Mohamed 对 Ashby 图做了改进,提出直线划分机理区的简化方法。Mohamed-Langdon 提出归一化晶粒尺寸和应力关系的新型机理图,构造简便,大大减少了计算量。

5.2.2 Langdon-Mohamed 机理图

Langdon-Mohamed[12]指出,由于 Ashby 图需要在应力-温度空间里,利用计算机对大量数据(4000~6000 数据点)求解多个本构方程,一是存在构造图时困难的问题,二是对特定的晶粒尺寸构造图,对多个晶粒尺寸需要构造多个图,因此实际使用时有一定困难。作者绕过 Ashby 图曲线边界的问题,提出在恒定晶粒尺寸下构造直线边界的 $\sigma/G - T_m/T$ 关系的机理图。

蠕变机理可以用下式表示。

$$\dot{\varepsilon} = AD_0 \exp(-Q/RT) \frac{Gb}{kT} \left(\frac{b}{d}\right)^p \left(\frac{\sigma}{G}\right)^n \qquad (5-1)$$

式中,A 为常数;D_0 为频率因子;Q 为激活能;R 为气体常数;k 为玻耳兹曼常数;p,n 为常数。

根据式(5-1),Langdon - Mohamed 图采用的本构方程如表 5-5 所示。

表 5-5 Langdon - Mohamed 图采用的本构方程

机 理	方 程 式
Nabarro - Herring	$\dot{\varepsilon}_{NH} = A_{NH} D_{0(l)} \exp(-Q_l/RT) \frac{Gb}{kT} \left(\frac{b}{d}\right)^2 \left(\frac{\sigma}{G}\right)$
Coble	$\dot{\varepsilon}_{Co} = A_{Co} D_{0(gb)} \exp(-Q_{gb}/RT) \frac{Gb}{kT} \left(\frac{b}{d}\right)^3 \left(\frac{\sigma}{G}\right)$
Harper - Dorn	$\dot{\varepsilon}_{HD} = A_{HD} D_{0(l)} \exp(-Q_l/RT) \frac{Gb}{kT} \left(\frac{\sigma}{G}\right)$
攀移	$\dot{\varepsilon}_C = A_C D_{0(l)} \exp(-Q_l/RT) \frac{Gb}{kT} \left(\frac{\sigma}{G}\right)^{n_C}$

注:A_{NH}、A_{Co}、A_{HD}、A_C 为无量纲常数;$D_{0(l)} = D_{0(gb)}$ 为预指数频率因子;Q_l 和 Q_{gb} 分别为晶格扩散与晶界扩散激活能;b 为柏氏矢量;n_C 为常数。

图 5-3 为 Langdon - Mohamed 纯铝归一化应力与温度的变形机理图。图中的两个恒定应变速率轮廓 $10^{-9} s^{-1}$、$10^{-10} s^{-1}$ 分别对应于下限实验应变速率和结构设计目的的上限速率。

Langdon - Mohamed[13] 提出构造直线边界的 $d/b - T_m/T$ 关系的机理图。与文献[12]本构方程不同的是将攀移划分为低温攀移和高温攀移,其余机理型本构模型同上。在不考虑位错攀移的非牛顿黏性过程的情况下,得到纯铝 $d/b - T_m/T$ 关系的机理图,如图 5-4 所示。该图包括 Harper - Dorn、Nabarro - Herring 和 Coble 机理区。在考虑位错攀移的非牛顿黏性过程的情况下,得到 $\sigma/G = 10^{-4}$ 条件下,纯铝 $d/b - T_m/T$ 关系的变形机理图,如图 5-5 所示。该图与图 5-4 相比,Harper - Dorn 机理区消失,包括 Nabarro - Herring 和 Coble 机理区和低温攀移和高温攀移机理区共四个机理区。图中的两个恒定应变速率轮廓 $10^{-9} s^{-1}$、$10^{-10} s^{-1}$ 分别对应于下限实验应变速率和结构设计目的的上限速率。从图 5-3～图 5-5 可以看出,攀移机理位于机理图的上部,扩散蠕变机理位于下部,尽管边界为直线与 Ashby 图曲线边界存在差别,但从机理区的分布来看,两者是一致

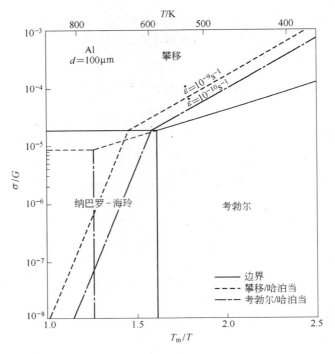

图 5-3　纯铝归一化应力与温度的变形机理图
（晶粒尺寸 $100\mu m$，$\sigma/G \leqslant 10^{-3}$，$T \geqslant 0.4T_m$）

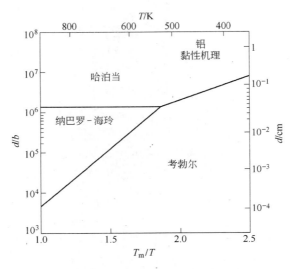

图 5-4　纯铝 $d/b - T_m/T$ 关系的变形机理图
（$T = 0.4T_m - T_m$）

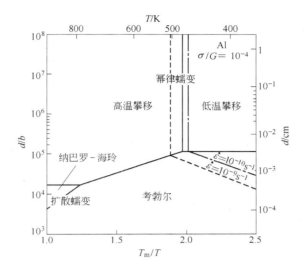

图 5-5 纯铝 $\sigma/G = 10^{-4}$ 条件下，$d/b - T_m/T$ 关系的变形机理图

的，也与细晶扩散蠕变、粗晶位错蠕变的实验事实一致。

5.2.3 Mohamed-Langdon 机理图

Mohamed-Langdon[15] 提出反映 $d/b - \sigma/G$ 关系的新型机理图，在纯铝中获得应用。之所以选择纯铝是因为已经获得了大量的蠕变实验数据，已经透彻地了解了纯铝的蠕变机理。作者汇集的本构方程如表 5-6 所示。

表 5-6 Mohamed-Langdon 图采用的本构方程

机 理	方 程 式
攀移	$\dot{\varepsilon}_1 = K_1 \dfrac{D_L G b}{kT} \left(\dfrac{\sigma}{G} \right)^{4.4}$
Harper-Dorn	$\dot{\varepsilon}_2 = K_2 \dfrac{D_L G b}{kT} \left(\dfrac{\sigma}{G} \right)$
Nabarro-Herring	$\dot{\varepsilon}_3 = K_3 \dfrac{D_L G b}{kT} \left(\dfrac{b}{d} \right)^2 \left(\dfrac{\sigma}{G} \right)$
Coble	$\dot{\varepsilon}_4 = K_4 \dfrac{D_{gb} G b}{kT} \left(\dfrac{b}{d} \right)^3 \left(\dfrac{\sigma}{G} \right)$

注：$K_1 \sim K_4$ 为常数。

作者获得的机理图如图 5-6 所示。

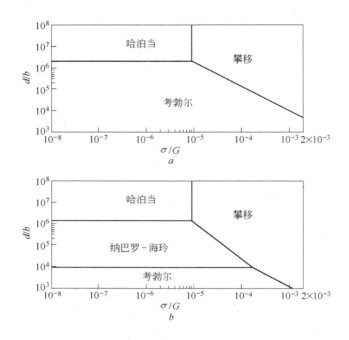

图 5-6　纯铝在一定条件下的变形机理图
a—$T=0.5T_m$；b—$T=0.9T_m$

从图 5-6 可看出，在 $0.5T_m$ 条件下，机理图由 Harper-Dorn 蠕变、Coble 蠕变和攀移蠕变机理三个机理区组成。在 $0.9T_m$ 条件下，机理图增加了 Nabarro-Herring 蠕变机理。

作者进一步获得了不同机理的相对贡献百分数，如图 5-7 所示（$0.9T_m$ 条件下）。晶粒尺寸的变化范围 d 为 3μm～3mm，可见，随 d/b 增加，金属铝中 Coble 蠕变和 Nabarro-Herring 蠕变所占分数逐渐降低，Harper-Dorn 蠕变所占分数逐渐增加。同时，位错攀移机理所占的面积逐渐增大。

后来，Mohamed-Langdon[16]将图 5-6 Coble 蠕变和攀移蠕变机理边界线做了扩展，提出包括超塑性三区（Ⅰ区扩散蠕变、Ⅱ区超塑性和Ⅲ区位错蠕变）的变形机理图，在双相 Zn-22Al 和 Pb-62Sn 合金中应用。如果说前述的机理图是蠕变机理图，那么该机理图第一次将超塑性晶界滑移机理引入机理图中。作者给出以下形式的本构方程：

$$\dot{\gamma} = \frac{ADGb}{kT}\left(\frac{b}{d}\right)^p\left(\frac{\tau}{G}\right)^n \tag{5-2}$$

式中，$\dot{\gamma}$ 为剪切应变速率；τ 为剪切应力。

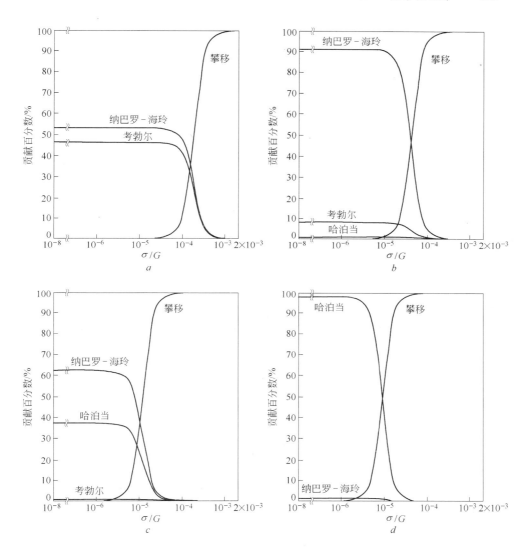

图 5-7 $0.9T_m$ 条件下不同 d/b、不同机理的相对贡献百分数与模量补偿的应力 σ/G 的关系

a—$d/b=10^4$，$T/T_m=0.9$；b—$d/b=10^5$，$T/T_m=0.9$；
c—$d/b=10^6$，$T/T_m=0.9$；d—$d/b=10^7$，$T/T_m=0.9$

Ⅰ区和Ⅱ区的特征参数如表 5-7 所示，其他机理的本构方程与特征参数在前面已介绍。

图 5-8 和图 5-9 分别为两个合金的超塑性变形机理图。图中的点划线分别为Ⅲ区与Ⅱ区的分界线，满足 $d/b=10(\tau/G)^{-1}$ 关系。可以看出，超塑性Ⅱ区的

晶粒尺寸十分细小，应力也较低，具备细晶超塑性的特征。

表 5-7 Ⅰ区和Ⅱ区的特征参数

合 金	Ⅰ 区				Ⅱ 区			
	A	n	p	$Q/kJ \cdot mol^{-1}$	A	n	p	$Q/kJ \cdot mol^{-1}$
Zn-22%Al	2.5×10^{17}	3.77	2.4	119	1.1×10^{6}	2.17	2.4	78.8
Pb-62%Sn	1.5×10^{14}	2.84	2.3	84.2	3.8×10^{5}	1.85	2.3	57.8

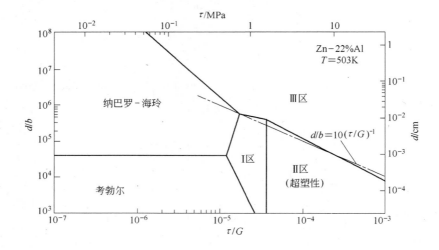

图 5-8 Zn-22%Al 合金 503K 超塑性变形机理图

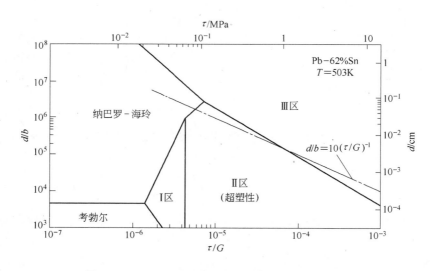

图 5-9 Pb-62%Sn 合金 503K 超塑性变形机理图

5.2.4　Ruano – Wadsworth – Sherby 机理图

Ruano – Wadsworth – Sherby（R – W – S）构造了一个超塑性与蠕变机理图[17]。在不锈钢中实现理论预报。其本构方程如表 5 – 8 所示。获得的变形机理图如图 5 – 10 所示。图中的矩形框为 Yamane 等的 25Cr – 20Ni 合金实验数据。由图可见数据落入不同的机理区，具有不同的机理。

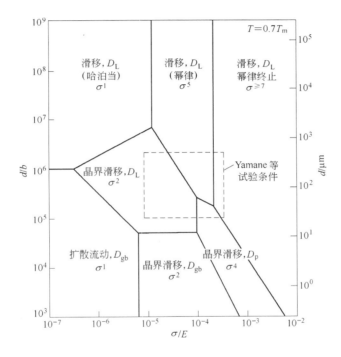

图 5 – 10　Ruano – Wadsworth – Sherby 变形机理图

表 5 – 8　Ruano – Wadsworth – Sherby 机理图本构方程

蠕变过程	方程式
扩散流动	
Nabarro – Herring	$\dot{\varepsilon} = K_1 (D_1/d^2)(Eb^3/kT)(\sigma/E)$
Coble	$\dot{\varepsilon} = K_2 (D_{gb}/d^3)(Eb^3/kT)(\sigma/E)$
晶界滑移	
Lattice diffusion controlled	$\dot{\varepsilon} = K_3 (D_1/d^2)(\sigma/E)^2$
Pipe diffusion controlled	$\dot{\varepsilon} = K_4 \alpha (D_p/d^2)(\sigma/E)^4$
Grain boundary diffusion controlled	$\dot{\varepsilon} = K_5 (D_{gb}b/d^3)(\sigma/E)^2$

续表 5-8

蠕变过程	方程式
滑移	
Harper – Dorn	$\dot{\varepsilon} = K_6 (D_1/b^2)(Eb^3/kT)(\sigma/E)$
Lattice diffusion controlled	$\dot{\varepsilon} = K_7 (D_1/b^2)(\sigma/E)^5$
Pipe diffusion controlled	$\dot{\varepsilon} = K_8 (D_p/b^2)(\sigma/E)^7$

注：$K_1 \sim K_8$ 为常数。

Chung – Higashi – Kim[29]在 R – W – S 机理图基础上，构造了 AZ61 镁合金 673K 下的变形机理图，如图 5 – 11 所示。从图中可以看出，AZ61 镁合金变形数据分别落入晶界滑移区和位错滑移区，说明该合金的变形机理为应力指数为 2 的晶界滑移和应力指数为 5 的位错滑移。

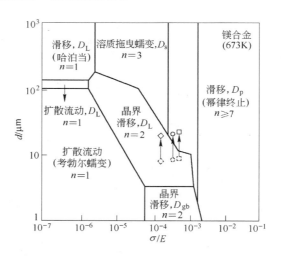

图 5 – 11 AZ61 镁合金在 673K 下的变形机理图

5.2.5　Cao 引入位错变量的 R – W – S 机理图

前面已介绍，位错活动在超塑性与蠕变研究中有大量报道[33~41]。但是，机理图中并没有体现位错变量。本书作者将晶内位错数量和位错密度引入到 R – W – S 变形机理图中，实现了 Mg – 8.42Li 合金和 Al – 12.7Mg – 0.7Si 合金的理论预测。

5.2.5.1　Cao 包含晶内位错数量的变形机理图

本书作者[42,43]在 R – W – S 机理图的基础上，把晶粒内部位错数量模型引入到高温变形本构模型中,对双相 (α+β) Mg-Li 合金构造了一种恒定温度下归一化的晶粒尺寸、应力和位错数量的变形机理图。实验获得了 Mg-8.4%Li 合金高温超塑性变形的力学和显微实验数据。结合文献中双相 (α+β) Mg-Li 的力学和显微数据,把实验数据与机理图对照,阐明应变速率控制的高温超塑性变形过程的本质。对每个机理区的节点给出了位错数量,以及 Mg-8.4%Li 合金超塑性变形位错的透射电镜研究结果,有助于加深理解速控变形过程的本质。

A 模型

我们打算构建以柏氏矢量补偿的晶粒尺寸为纵坐标、以模量补偿的流动应力为横坐标的不同温度下的应变速率控制的变形机理图。每种变形机理都可以用一个速控方程来表达。速控变形机理可用以下形式的本构方程来描述[17]。

$$\varepsilon_i = A_i \left(\frac{b}{d_i}\right)^p \frac{D}{b^2} \left(\frac{\sigma_i}{G}\right)^n \quad (5-3)$$

式中,ε_i 为稳态蠕变速率;A_i、n 和 p 为材料常数,其取值依机理不同而取不同的值;σ 为蠕变应力;G 为剪切模量;d_i 为晶粒尺寸;b 为柏氏矢量;D 为扩散系数,或等于晶格扩散系数 (D_L),或等于位错管扩散系数 (D_p),或等于晶界扩散系数 (D_{gb})。

晶粒内部位错根数计算公式[44]

$$n = [(1-\nu)\pi d\tau]/1.776Gb \quad (5-4)$$

式中,n 为晶粒内部位错根数;ν 为泊松比;τ 为切应力。

用于电算的物理参数、模量和扩散系数模型与数据:$G = 18.4 - 1.0824 \times 10^{-2}(T-273)$ (GPa) 是对文献 E (模量) 离散数据经概率统计电算处理 $E = 46 - 2.706 \times 10^{-2}(T-273)$ 并考虑到 $G = E/2(1+\nu)$ 关系而得出的。$b = 3 \times 10^{-10}$ m,$\alpha = 4$,$\gamma = 125$ MJ/m²,$k = 1.38 \times 10^{-23}$ J/K,$D_L = 0.25 \times 10^{-4} \exp(-103.077 \times 10^3/RT)$,$D_b = D_p = 1 \times 10^{-4}\exp(-49.953 \times 10^3/RT)$,190.74K < T < 364.14K,$1 \times 10^{-4}\exp(-67.394 \times 10^3/RT)$,364.14K < T < 867K。其中,ν 为泊松比;α 为系数;γ 为堆垛层错能;k 为玻耳兹曼常数。

B 实验过程与数据

采用铸锭冶金法熔化与浇注制备 Mg-8.4% 合金锭。熔化是在氟化锂和氯化锂熔剂覆盖氩气保护条件下在铁制坩埚中进行的。铸锭在内部水循环冷却的对开式铜模中制得。铸锭经铣面和 573K×24h 均匀化处理后在二辊轧机上轧制。轧后的试样采用盐浴炉退火 1h 以得到等轴细晶组织。

超塑性实验在日本产 Shimadazu AG-10 型电子拉伸机上进行。该仪器采用电炉三段控温方式进行加热和保温,控温精度在 2℃ 以内。在实验温度下保温

24min 后以恒定的速度拉伸。实验获得不同应变速率和温度下应变和应力的力学曲线。

光学显微镜用试样先经过机械磨光和机械抛光，然后在 10% 盐酸 + 90% 酒精的溶液中腐蚀，并用酒精清洗、吹干、放到干燥皿中，制好的试样在显微镜上拍照。晶粒尺寸测量在底片上进行，用 $d = 1.74L/(MN)$ 公式计算晶粒尺寸，式中，L 为线截距长度；M 为放大倍数；N 为交截点数。同时用 IAS-4 图像分析仪采集晶粒尺寸数据做对照。

透射电镜试样采用以下方法制备：用金刚砂纸磨到 70μm 左右。用压样机截取直径 3mm 的圆盘，用 10% $HClO_4$ 的乙醇溶液在 $-30 \sim -40$℃ 下电解双喷，然后在荷兰产 EM400T 型透射电子显微镜上观察与拍照。获得透射电镜明场像。

上述速控变形过程，本书作者的力学与显微数据[44]及国外作者的数据经处理后汇集在表 5-9 中[45~49]。

表 5-9 超轻镁合金超塑性的实验数据

合 金	温度 T/K	柏氏矢量补偿的归一晶粒尺寸 d/b（×10^4）	模量补偿的归一流动应力 σ/G（×10^{-4}）	应变速率 $\dot{\varepsilon}/s^{-1}$	位错根数① n
Mg8.4Li[45]	423	1.2	—	167×10^{-4}	—
Mg8Li[46]	623	4.3~7.8	2.0~3.3	8.3×10^{-4}	5~15
Mg8Li1Zr	623	6.5	2.22	8.3×10^{-4}	8
Mg8.5Li[47]	623	3.3	2.5~7.8	8.33×10^{-4}	5~15
Mg8Li[48]	573	3.3~6.6	1.6~4.4	$(0.83 \sim 17) \times 10^{-4}$	3~16
Mg9Li[49]	423	2.34	2.1~22.4	$(0.7 \sim 1800) \times 10^{-4}$	3~29
Mg9Li[49]	473	1.94	6.5~44	$(0.7 \sim 1800) \times 10^{-4}$	7~48
本实验	473	3.29	5.7~21	$(1.7 \sim 167) \times 10^{-4}$	11~39
本实验	573	4.93	1.6~8.0	$(1.7 \sim 167) \times 10^{-4}$	5~22
本实验	623	6.58	1.1~6.9	$(1.7 \sim 167) \times 10^{-4}$	4~25

①根据模型计算的位错根数。

C 变形机理图与实验数据的分析

由于 Mg、Li 的活性而易于燃烧风化，只有在低于熔点温度 0.8 倍变形才有可能，因此我们构造 $(0.4 \sim 0.8)T_m$ 的双相镁锂合金的变形机理图。

a 晶粒和应力实验数据与机理图的关系

图 5-12 为双相超轻镁合金在 423~623K 温度下构建的速控变形机理图。各机理区用名称、扩散系数、应力指数来区分。例如，位错滑移 D_p，σ^7 表明该区

主要的速控变形机理为位错滑移，扩散过程为位错管扩散，应力指数为 7 次幂。机理图节点括号中的数据为位错根数。实验数据落入哪个机理区则表明哪个机理为占优势的变形机理。

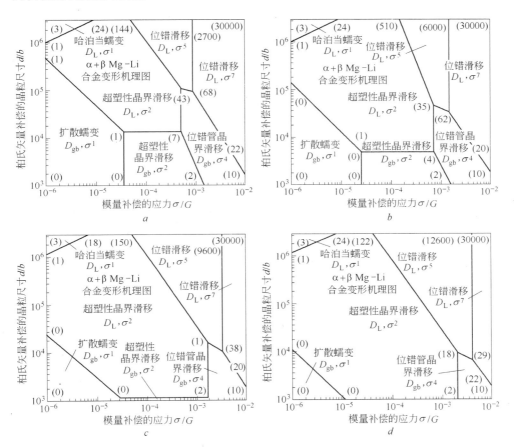

图 5-12 镁锂合金包含位错数量的变形机理图
a—$T = 423K$; b—$T = 473K$; c—$T = 573K$; d—$T = 623K$

根据图 5-12a，在 423K 下，Metenier 等[49]实验数据在 $7 \times 10^{-5} s^{-1}$ 下落入应力指数为 2、晶格扩散控制的晶界滑移机理区。应变速率提高 1429 倍，即达到高速变形 $10^{-1} s^{-1}$ 则转入应力指数为 4、位错管扩散控制的位错管晶界滑移机理区。

根据图 5-12b，在 473K 下，我们的实验数据在 $1.7 \times 10^{-4} s^{-1}$ 速率下落入到应力指数为 2、晶格扩散控制的晶界滑移机理区，应变速率提高 100 倍，达到 $1.7 \times 10^{-2} s^{-1}$ 则转入应力指数为 4、位错管扩散控制的位错管晶界滑移机理区。

Metenier 等[49]的实验数据在此温度下的变化与我们的数据相同。

根据图 5-12c，在 573K 下，我们的实验数据和 Fujitani 等[48]的数据落入应力指数为 2、晶格扩散控制的晶界滑移机理区。

根据图 5-12d，在 623K 下，我们的实验数据和 Fujitani[46]和 Higashi[47]的实验数据均落入应力指数为 2、晶格扩散控制的晶界滑移机理区。

由此可见，573K、623K 下的实验数据表明晶格扩散控制的晶界滑移是双相 MgLi 合金的速控机理。Fujitani[46]论文中确定的实验激活能接近晶格扩散的激活能，符合机理图预报的结论。

从图 5-12 可看出，较低温度下（如 423K 下），晶界扩散控制的晶界滑移机理区占一定成分。随着温度的升高，晶格扩散控制的晶界滑移机理区逐步增大，晶界扩散控制的晶界滑移机理区逐步减少直至消失。

b 位错与机理图的关系

从图 5-12 可看出，晶格与晶界扩散的晶界滑移机理区的节点处的位错只有几根；扩散流动机理区与上述二机理区的节点处的位错根数为零；位错滑移机理区节点处的位错根数很大。因此，不同机理区的位错特征十分明显。

从图 5-13a 可看出，大多数晶粒内部没有位错，对应于图 5-12c 中节点为零的机理边界线。从图 5-13b 可看出，极少数晶粒内部存在位错（26 根），落入应力指数为 2、晶格扩散的晶界滑移机理区。

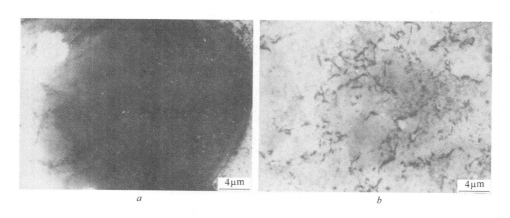

图 5-13 Mg-8.4%Li 合金在 573K、$1.67 \times 10^{-3} s^{-1}$ 条件下，
超塑性变形的透射电镜明场像照片
a—晶粒内部无位错；b—晶粒内部有位错

c 其他合金中变形机理转变规律在本机理图中的预测趋势分析

下面研究速控图中的一些机理转变，引用一些作者的工作作为佐证。

在柏氏矢量补偿的晶粒尺寸一定的情况下,随模量补偿的应力的增加,速控机理将发生以下四种可能的变化:1-5-7,1-2(D_1)-5-7,1-2(D_1)-4-7,1-2(D_1)4-7。崔建忠[50,51]等在7075合金中推导的1-2-5区间转变的模型,可以认为是此种速控机理图(1-2(D_1)-5-7情况)的特例。

在模量补偿的应力一定的情况下,随柏氏矢量补偿的晶粒尺寸增加,位错密度和根数均增加。速控机理将发生以下三种可能的变化:1-2-1,2-2-5,4-7。我们实验的镁锂合金中比较可能出现的变化为1-2,在超塑性后期可能进入1 Coble机理区,在超塑性初期和过程中进入2超塑性机理区。

沿对角线方向左下角向右上角经历1-2-5-7机理的转变,按573K计算,晶内位错数从零增加到高应力下的30万根。Falk等[52]实验研究超塑性三区的位错特点后发现从1-2-5机理变化时,晶内位错数量和密度按照"无位错—较少位错—较多位错而出现亚晶"的规律变化。图5-13中的位错特点说明Mg-8.4%Li合金具备2机理和1机理的特点,即无位错和较少位错。速控机理图的预测规律与实验结果较一致。沿对角线方向左上角向右下角经历1-2-4-7机理的转变,位错根数从Haper-Dorn(H-D)蠕变的3根增加到10根。

D 结论

(1) 构造了包含位错数的归一化晶粒尺寸和应力的速控变形机理图。

(2) 实验数据与机理图对照表明双相超轻镁合金在423~623K低应变速率下主要的变形机理为晶格扩散控制的晶界滑移。

(3) Mg-8.4%Li合金在573K,$5\times10^{-4}s^{-1}$条件下,超塑性变形大多数晶粒内部无位错,极少数晶粒内部有位错。

5.2.5.2 Cao的包含位错密度的变形机理图

受最近纳米Ni-Fe合金位错密度实验研究的影响[53,54],本书作者[55]把位错密度引入机理图中。图5-14为Al-12.7Si-0.7Mg合金在$0.85T_m$获得的包含位错密度的变形机理图。图中括号内的数据为理论预报的位错密度。图中符号代表不同应变速率下归一化晶粒尺寸与应力的实验值。归一化实验数据点落入GBS、D_L、σ^2区,表明理论n(或m)与Q值为2(或0.5)与143.4kJ/mol这些值接近实验值。TEM结果表明晶内滑移是晶界滑移的调节机理。EBSD结果表明合金存在边界滑移与晶粒转动。根据这些理论与实验结果,可以得出以下结论:Al-12.7Si-0.7Mg合金793K的超塑性变形机理为晶格扩散控制的位错滑移调节的晶界滑移或相界滑移。在图5-14中,GBS、D_L、σ^2区节点的位错密度为(0.79)(58)(8.76×10^{14})(8.76×10^{14})(1.2×10^{11})m^{-2}。ρ值等于(0.79)(58)m^{-2},该数值极低,因为在(1×1)m^2面积内只有1根和58根位错。ρ 值等于 (8.76×10^{14}) (8.76×10^{14}) (1.2×10^{11}) m^{-2} 表明位错密度随应力的增加而增加。(8.76×10^{14}) m^{-2} 意味着在 (1000×1000) nm^2 面积内有 9 根位错。

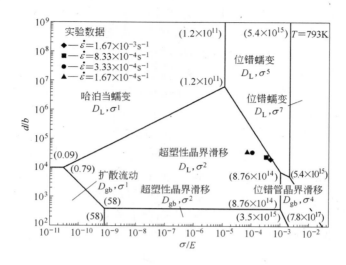

图 5-14　Al-12.7Si-0.7Mg 合金 793K 包含位错密度的变形机理图

5.2.6　Cao 对包含 Ashby 型机理图的 Mg-6Li-3Zn 合金位错蠕变的研究

本书作者[56]采用铸锭冶金和大变形轧制方法制备了 Mg-6Li-3Zn 合金板材,研究其在不同温度（423～623K）和应变速率（$1.67\times10^{-3}\sim5\times10^2$s^{-1}）下的力学性能和显微组织,研究合金高温变形的空洞和断裂形貌。利用位错黏性滑移和位错攀移及其相互转变模型构建新型的位错蠕变机制图,预报合金速控过程的本质。

5.2.6.1　实验过程

Mg、Li 和 Zn 按设计的成分（质量分数,%）制备 Mg-6Li-3Zn 合金铸锭。化学分析成分为 Mg-6.12Li-2.56Zn。熔炼在 LiF 和 LiCl 熔剂（质量比为 1:3）覆盖和氩气保护下在铸铁坩埚中进行。铸锭在内部水冷的对开式铜模中获得。铸锭经过铣面与 573K 和 86.4ks 均匀化后,进行加工率大于 92% 的大变形轧制,得到厚 1.2mm 的板材。

高温变形拉伸试样由轧制板材,加工获得,试样的拉伸方向平行于轧制方向。在配有加热和保温电炉的日本岛津 AG-10 电子拉伸机上进行恒夹头速度拉伸试验。设备温度控制精度为 ±2K。试样保温 1.44ks 后,在设计温度（423～

623K）和初始应变速率（$1.67 \times 10^{-3} \sim 5 \times 10^{2} \mathrm{s}^{-1}$）条件下以恒定夹头速度变形。变形后试样立即水淬保持变形组织，观察试样中的位错。

光学显微镜（OM）观察的试样被研磨、抛光并在10%盐酸+90%乙醇的溶液中腐蚀。腐蚀后的试样用酒精冲洗、吹干并被放入干燥的容器中。制备的试样用德国产 IAS4 图像分析仪器和光学显微镜、荷兰产 EM400T 型电子显微镜和荷兰产 SEM505 型扫描电子显微镜观察显微组织与断口。空洞尺寸按 $d = 1.74L$ 确定，L 为线截距尺寸。

电镜观察用的试样，用砂纸磨到约 $50\mu m$ 厚。压样机截取直径 3mm 的圆盘，用 10% $HClO_4$ 的乙醇溶液在 $-34 \sim -40℃$ 下电解双喷制备。

5.2.6.2 实验结果与讨论

A Mg-6Li-3Zn 合金变形前的显微组织

图 5-15 所示为变形前冷轧 Mg-6Li-3Zn 合金的 OM 显微组织。轧态组织为带状晶粒组织，沿轧制方向晶粒伸长，具有明显的方向性。白色条状的晶粒为 hcp 结构的富 Mg 的 α 固溶体。黑色条状的晶粒为 bcc 结构的富 Li 的 β 固溶体。据 Mg-Li-Zn 三元合金相图[57]，Mg-6Li-3Zn 合金平衡状态下的组织为单相 α 固溶体。但是图 5-15 中出现了 β 相，这是由合金急冷铸造的不平衡凝固造成的。通常二元 Mg-Li 合金的组织中 α 相和 β 相为灰白色[58]，在相同的腐蚀条件下，图 5-15 中 β 相为黑色，发生颜色改变，推测是 Zn 元素固溶到 β 相中使该相强化造成的，而 α 相仍然为灰白色，没有颜色改变，推测 Zn 没有固溶到其中。这种 α 相为主要组成相的 Mg-6Li-3Zn 合金的显微组织特征为用二元 Mg-Li 相图的 Mg-6Li 的相分数和原子分数研究 Mg-6Li-3Zn 合金的位错蠕变提供了实验证据。可以根据 Mg-Li 相图[59]及 Mg-6Li 合金成分粗略估算两相的体积

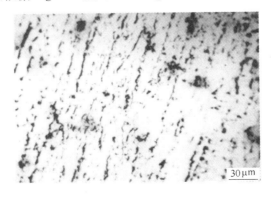

图 5-15 变形前冷轧 Mg-6Li-3Zn 合金的显微组织

分数，α 相与 β 相的体积分数之比为 92∶8，这与图 5 - 15 中大量的 α 相，少量的 β 相一致。因此断定 Mg - 6Li - 3Zn 合金是以 α 固溶体为主要组成相的合金。

B　Mg - 6Li - 3Zn 合金的高温力学行为

图 5 - 16 所示为 Mg - 6Li - 3Zn 合金不同温度和初始应变速率下变形的应力与应变关系曲线。从图 5 - 16a 可看出，在恒定初始应变速率下，随温度升高，应力降低。从图 5 - 16b 和图 5 - 16c 可看出，在相同的温度下，随初始应变速率增大，应力增大，反映出合金应力对应变速率的敏感性。图 5 - 16 所示为在 423 ~ 623K 初始应变速率 $1.67 \times 10^{-3} \sim 5 \times 10^{2} s^{-1}$ 条件下获得的曲线，属于位错蠕变应变速率的上限速率范围[60]。

图 5 - 17 为 Mg - 6Li - 3Zn 合金在 623K 和 $1.67 \times 10^{-3} s^{-1}$ 条件下获得的最大伸长率 300% 的试样照片。

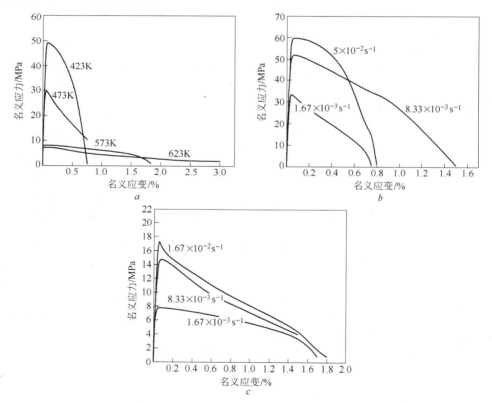

图 5 - 16　Mg - 6Li - 3Zn 合金不同温度和初始应变速率下的应力与应变关系曲线

a—不同温度，初始应变速率为 $1.67 \times 10^{-3} s^{-1}$；b—473K 不同初始应变速率；
c—573K 不同初始应变速率

5.2 变形机理图 · 137 ·

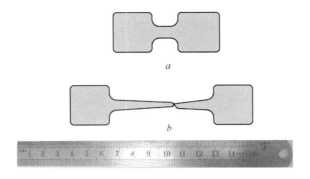

图 5-17 Mg-6Li-3Zn 合金获得的最大伸长率的试样照片
a—变形前试样；b—623K 与 $1.67 \times 10^{-3} \mathrm{s}^{-1}$ 变形，伸长率为 300%

应变速率敏感性指数 m 与伸长率 δ 存在以下关系[2]：

$$m = \frac{\ln(1+\delta)}{2+\ln(1+\delta)} \qquad (5-5)$$

根据式（5-5），计算图 5-16 中的 m 值和 n 值，根据 n 值粗略判定不同条件下变形的位错蠕变机制。根据图 5-16a，423~473K 的 δ 为 0.725，计算得到 m = 0.192 和 n = 5.2，表明位错攀移是其变形机制；573~623K 的 δ 为 1.72 和 3，计算得到 m = 0.33 和 m = 0.41，相应地，n = 3 和 n = 2.43，表明位错黏性滑移和晶界滑动是其变形机制。根据图 5-16b，473K 下 δ 分别为 0.76、0.81 和 1.5，计算获得的 m 值分别为 0.22、0.23 和 0.31，换算得到的 n 值分别为 4.55、4.35 和 3.22，表明前两者发生位错攀移，后者发生位错黏性滑移。根据图 5-16c，573K 下 δ 分别为 1.65、1.73 和 1.8，计算获得的 m 值均为 0.33，换算得到的 n 值分别为 3，表明发生位错黏性滑移。

C Mg-6Li-3Zn 合金 573K 变形组织

图 5-18 所示为 Mg-6Li-3Zn 合金在 573K、$1.67 \times 10^{-3} \mathrm{s}^{-1}$ 条件下变形的 OM 组织。由于高温变形，合金发生动态连续再结晶，少部分带状组织仍然保持轧态组织的特征，大部分带状小角度晶界的晶粒因应变诱发的晶粒滑动和转动而转变成大角度晶界的晶粒。由于晶粒细化，合金的强度和延展性得到改善。该合金"易于"发生动态再结晶晶粒细化与最近发现的镁合金堆垛层错能比铝小有很大关系[61]。图 5-18 中晶粒的实际轴比为 1.7，高于理想等轴组织轴比 1~1.2，预示着在 1.7 的轴比下晶粒拉长，发生晶内滑移为主的变形过程。而在理想轴比 1~1.2 条件下则发生晶界滑移为主的变形过程。图 5-15 中的带状晶粒

相当于粗晶,图 5-18 中由于应变诱发连续再结晶而晶粒细化,考虑到图 5-16 中的应变速率和 m 与 n 值预测结果,可以断定 Mg-6Li-3Zn 合金高温变形是粗晶 α 固溶体的位错蠕变过程。

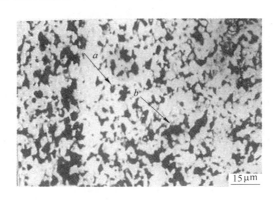

图 5-18　Mg-6Li-3Zn 合金在 573K、$1.67 \times 10^{-3} s^{-1}$ 条件下,高温变形的 OM 组织
a—空洞;b—空洞聚合

图 5-19 为 Mg-6Li-3Zn 合金在 573K、$1.67 \times 10^{-3} s^{-1}$ 条件下,高温变形产生的亚晶与位错形貌的透射电镜照片。从图 5-19a 可看出,亚晶轮廓并不清晰和完整。从图 5-19b 可看出,位错分布比较均匀。这种亚晶和位错特征表明 Mg-6Li-3Zn 合金发生了位错黏性滑移过程。

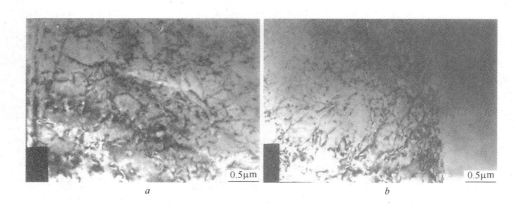

图 5-19　Mg-6Li-3Zn 合金在 573K、$1.67 \times 10^{-3} s^{-1}$ 条件下,高温变形的亚晶与位错形貌
a—亚晶;b—位错

D　Mg-6Li-3Zn 合金断口形貌

图 5-20 所示为 Mg-6Li-3Zn 合金 SEM 断口形貌。从照片中明显的韧窝可以看出合金的断裂方式为韧性断裂。图 5-20a 中只有少量的"轧制"方向性"痕迹",图 5-20b 中则几乎看不到"轧制"方向性"痕迹",说明晶粒发生了向等轴化的转变。图 5-20 中的形貌间接表明合金在 573~623K、$1.67 \times 10^{-3} \mathrm{s}^{-1}$ 条件下,合金发生了动态再结晶变形。

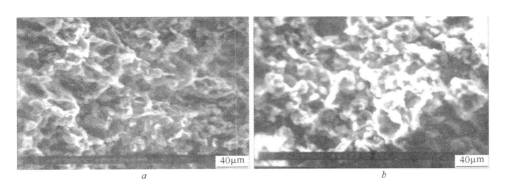

图 5-20　Mg-6Li-3Zn 合金断口形貌
a—573K, $1.67 \times 10^{-3} \mathrm{s}^{-1}$; b—623K, $1.67 \times 10^{-3} \mathrm{s}^{-1}$

E　Mg-6Li-3Zn 合金位错蠕变机制分析

Li 在 Mg 中的原子错配参数达到 0.0438[62],预示着 Mg 晶格中固溶的 Li 原子会发生溶质拖曳蠕变过程。Somekawa 等[7]和 Li 等[63]研究粗晶 Mg-3,6,9Al-1Zn 合金与 Al_2O_3 颗粒增强 7005 铝合金(Al-Zn-Mg-Cu)的位错蠕变时,分别按照 Mg 和 Al 的相互作用物理参数与 Al 和 Zn 的相互作用物理参数进行了模型处理。考虑到 Mg-6Li-3Zn 合金的相组成,α 固溶体为其主要组成相。基于上述原因,下面研究粗晶 Mg-6Li-3Zn 合金的位错蠕变模型及其变形机制时考虑 Mg 和 Li 的相互作用的物理参数按照 Mg-6Li 进行处理。

a　模型与物理参数确定

Yavari-Langdon[60] 提出了判定合金型蠕变位错黏性滑移的归一化应力不等式:

$$\varphi \left(\frac{kT}{eGb^3} \right) \left(\frac{1}{c} \right)^{\frac{1}{2}} \left(\frac{D_g}{D_c} \right)^{\frac{1}{2}} \left(\frac{Gb}{\Gamma} \right)^{\frac{3}{2}} < \frac{\sigma}{G} < \frac{W_m^2 c}{5Gb^3 kT} \tag{5-6}$$

式中,φ 为系数;k 为 Boltzmann 常数;T 为变形绝对温度;e 为原子错配参数;

G 为剪切模量；b 为 Burgers 矢量的模；c 为溶质浓度；D_g 为溶质原子的扩散系数；D_c 为位错攀移扩散系数；Γ 为合金堆垛层错能；σ 为外力；W_m 为溶质与位错的作用能。

令
$$F_U = \frac{W_m^2 c}{5Gb^3 kT} \quad F_L = \varphi\left(\frac{kT}{eGb^3}\right)\left(\frac{1}{c}\right)^{\frac{1}{2}}\left(\frac{D_g}{D_c}\right)^{\frac{1}{2}}\left(\frac{Gb}{\Gamma}\right)^{\frac{3}{2}}$$

则式（5-6）变为

$$F_L < \sigma/G < F_U \tag{5-7}$$

式（5-7）表明 σ/G 为 $F_L \sim F_U$ 时的位错蠕变机制是位错黏性滑移。当 $\sigma/G > F_U$ 时，位错蠕变机制为位错脱离 Cottrell 溶质气团的位错攀移，当 $\sigma/G < F_L$ 时，位错蠕变机制为包含 Cottrell 溶质气团的位错攀移。

b 位错蠕变机制图

查阅文献 [64~68] 可以获得计算的参数。求解式（5-7）获得归一化应力上、下限，根据图 5-16 所示的力学性能曲线获得应力数据并归一化处理，得到 Mg-6Li-3Zn 合金位错黏性滑移与位错攀移转变归一化机制图，如图 5-21 所示。

由于低应力下位错攀移的蠕变机制其归一化下限 F_L 范围 $4.3 \times 10^{-7} \sim 8.77 \times 10^{-10}$ 没有在图 5-21a 中显示，因此绘制 F_L 下限放大图，如图 5-21b 所示。图 5-21 由三个机制区组成，F_U 线以上区域为位错脱离 Cottrell 溶质气团的攀移机制区，F_U 线与 F_L 线之间区域为位错黏性滑移机制区，F_L 线以下区域为包含 Cottrell 溶质气团的位错攀移机制区。从图 5-21a 可以看出，423K 各种速率条件下归一化数据落入位错脱离 Cottrell 溶质气团的攀移机制区，应力指数为 5，变形激活能为 53.86kJ/mol。473K、$1.11 \times 10^{-3} \text{s}^{-1}$（对应 $1.67 \times 10^{-3} \text{s}^{-1}$ 初始应变速率）条件下归一化数据落入位错黏性滑移机制区，应力指数为 3，变形激活能为 134.8kJ/mol。473K、其他速率下 $5.56 \times 10^{-3} \sim 3.33 \times 10^{-2} \text{s}^{-1}$ 条件下归一化数据落入位错脱离 Cottrell 溶质气团的攀移机制区，应力指数为 5，变形激活能为 53.86kJ/mol。$573 \sim 623\text{K}$、$1.11 \times 10^{-3} \sim 5.56 \times 10^{-3} \text{s}^{-1}$（对应 $1.67 \times 10^{-3} \sim 8.33 \times 10^{-3} \text{s}^{-1}$ 初始应变速率）条件下归一化数据落入位错黏性滑移机制区，应力指数为 3，变形激活能为 134.8kJ/mol。$1.11 \times 10^{-2} \sim 3.33 \times 10^{-2} \text{s}^{-1}$（对应 $1.67 \times 10^{-2} \sim 5 \times 10^{-2} \text{s}^{-1}$ 初始应变速率）条件下归一化数据落入位错脱离 Cottrell 溶质气团的攀移机制区，应力指数为 5，变形激活能为 53.86kJ/mol。由此可见，573K、$1.67 \times 10^{-3} \text{s}^{-1}$ 条件下，应力指数为 3，与 2.2 节模型 2 预测的 $m = 0.33$ 和 $n = 3$ 一致。从图 5-21b 可看出，极低的应力下，随温度升高，F_L 下限增大，包含 Cottrell 溶质气团的位错攀移区扩大，从理论趋势上看，要到很高的温度才可能与实验结果相交。而 673K 实验条件下，该合金试样由于高温氧化燃烧，在空气中已经燃烧化为灰烬，因而 673K 及以上温度没有获得归一化实验数据。

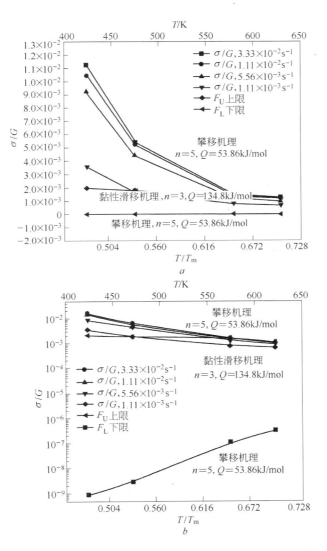

图 5-21 Mg-6Li-3Zn 合金位错黏性滑移与位错攀移转变归一化机制图
a—归一化机制图；b—F_L 下限放大图

Somekawa 等[7]提出一种判定位错蠕变原子扩散的方法。

$$\left(\frac{\sigma}{G}\right)_{cri} = \left(\frac{1}{\beta}\right)^{\frac{1}{2}} \times \left(\frac{D_L}{D_P}\right)^{\frac{1}{2}}$$

式中，$\left(\dfrac{\sigma}{G}\right)_{cri}$ 为临界归一化应力；$\beta = 7.4$；D_L 为晶格扩散系数；D_P 为位错管扩

散系数。当 $\frac{\sigma}{G} > \left(\frac{\sigma}{G}\right)_{cri}$ 时,原子扩散为晶格扩散;当 $\frac{\sigma}{G} < \left(\frac{\sigma}{G}\right)_{cri}$ 时,原子扩散为位错管扩散。由于 Mg-6Li 与 Mg-5.7Li 成分相近,Mg-5.7Li 为 α 单相组成,可以采用作者[58]对 α（5.7Li）单相获得的扩散系数,573K 变形温度下,D_L 为 $1.75 \times 10^{-16} m^2/s$,$D_b$ 为晶界扩散系数,为 $5.53 \times 10^{-11} m^2/s$。采用 $D_P = D_b$,数据代入上述模型,则 $\left(\frac{\sigma}{G}\right)_{cri} = 6.54 \times 10^{-4}$。根据图 5-21a,合金在 573K、$1.67 \times 10^{-3} s^{-1}$ 条件下的 $\frac{\sigma}{G} = 7.6 \times 10^{-4}$,因此断定该条件下合金的扩散过程为晶格扩散。晶格扩散系数服从以下关系：

$$D_L = D_0 \exp(-Q/RT)$$

式中,D_0 为预指数因子,取 $10^{-4} m^2/s$;Q 为激活能,于是获得 573K 下的 $Q = 129 kJ/mol$。该值与根据图 5-21 获得的变形激活能 134.8kJ/mol 接近,而 134.8kJ/mol 正是镁的晶格扩散激活能。

结合前面分析的力学行为和显微组织,断定 Mg-6Li-3Zn 合金带状晶粒组织在 573K、$1.67 \times 10^{-3} s^{-1}$ 条件下,高温变形发生应力指数为 3、变形激活能为 134.8kJ/mol、晶格扩散控制的位错黏性滑移或溶质拖曳蠕变过程。

5.2.6.3 结论

（1）采用熔铸和大变形轧制（加工率大于 92%）制备了 1.2mm 厚的 Mg-6Li-3Zn 合金板材。合金板具有带状晶粒组织。在 623K、$1.67 \times 10^{-3} s^{-1}$ 条件下,获得了 300% 的最大伸长率,表现出准超塑性。

（2）带状晶粒组织在 573K、$1.67 \times 10^{-3} s^{-1}$ 条件下,发生显著的动态再结晶导致晶粒细化,亚晶轮廓不清晰,位错分布较均匀。在 573~623K、$1.67 \times 10^{-3} s^{-1}$ 条件下,断裂形式为韧性断裂。

（3）获得了新型的位错黏性滑移与位错攀移转变蠕变机制图。机制图表明 Mg-6Li-3Zn 合金带状晶粒组织在 573K、$1.67 \times 10^{-3} s^{-1}$ 条件下,高温变形机制为晶格扩散控制的位错黏性滑移。其应力指数为 3（应变速率敏感性指数 0.33）,变形激活能为 134.8kJ/mol,与 Mg 的晶格扩散激活能相同。

5.2.7 Cao 对包含 Ashby 型机理图的 Mg-11Li-3Zn 合金准超塑性的研究

本书作者[69]采用铸造和大变形轧制方法制备了 β 相固溶体 Mg-11Li-3Zn 合金板材,研究其在不同温度和应变速率下的力学性能和显微组织。利用位错黏性滑移和位错攀移及其相互转变模型构建新型的变形机理图,预报合金变形过程。

5.2.7.1 实验方法

采用纯 Mg、Li 和 Zn 熔炼 Mg-11Li-3Zn（质量分数,%，下同）合金，化学分析结果表明合金的实际成分为 Mg-11.60Li-2.58Zn。熔炼在铸铁坩埚中进行，熔体表面用 33.3%（质量分数）LiF 和 66.7% LiCl 组成的熔盐覆盖，并通入 Ar 保护。熔炼结束后，用水冷铜模铸锭，将铸锭铣削后，在 573K 均匀化处理 24h，然后采用大变形轧制(94%)得到厚 1.2mm 的板材,单道次加工率为 10%。

拉伸试样从轧制板材上加工获得，试样的拉伸方向平行于轧制方向。在配有加热装置的 Shimidazu AG-10 电子拉伸机上进行不同温度和应变速率的拉伸实验，温度控制精度为 ±2K。拉伸前，先将试样在设定温度下保温 24min，拉伸结束后试样立即水淬以保持变形组织，便于观察试样中的位错。

用于金相观察的试样经研磨和抛光后，用 10%（体积分数）的盐酸酒精溶液腐蚀，然后用酒精冲洗并吹干。金相观察在配备用 IAS4 图像分析软件的光学显微镜（OM）上进行。用 EM400T 透射电镜（TEM）观察试样的微观结构。TEM 试样制备方法为：先将试样用水砂纸预磨至约 $50\mu m$ 厚，然后制取直径 3mm 的圆盘，再用双喷电解减薄方法制成 TEM 试样，电解液为 10% 高氯酸酒精溶液，减薄温度为 $-40℃$。晶粒尺寸测量使用截线法。根据试样尺寸和质量计算得到合金密度为 $1.43g/cm^3$。

5.2.7.2 实验结果

A 拉伸力学性能

图 5-22 所示为 Mg-11Li-3Zn 合金在不同温度和应变速率条件下的应力-应变曲线。由图 5-22a~c 所示的工程应力与工程应变曲线可以看出，合金分别在 473K、$5.01\times10^{-3}s^{-1}$ 和 523K、$1.67\times10^{-3}s^{-1}$ 及温度为 573K、应变速率为 $5.01\times10^{-2}s^{-1}$ 和 $1.67\times10^{-3}s^{-1}$ 条件下，分别获得超过 200% 的伸长率，表明在这样条件下合金具有准超塑性；在 573K、$1.67\times10^{-2}s^{-1}$ 条件下，获得 250% 的最大伸长率，明显高于 573K、$5\times10^{-4}s^{-1}$ 时的伸长率，这与前者更易发生动态再结晶有关。由图 5-22d~f 所示的真应力与真应变曲线可以看出，随变形温度降低，Mg-11Li-3Zn 的峰值应力增大；随应变速率降低，峰值应力减小；合金的真应力-真应变曲线均表现为软化曲线，表明合金在拉伸过程中发生了动态再结晶。

高温变形本构方程通常表示为[70]

$$\dot{\varepsilon}=\frac{AGb}{kT}\left(\frac{b}{d}\right)^p\left(\frac{\sigma}{G}\right)^n D_0\exp\left(-\frac{Q}{RT}\right) \tag{5-8}$$

式中，$\dot{\varepsilon}$ 为稳态变形速率；A 为与变形机理有关的无量纲参数；G 为剪切模量；b

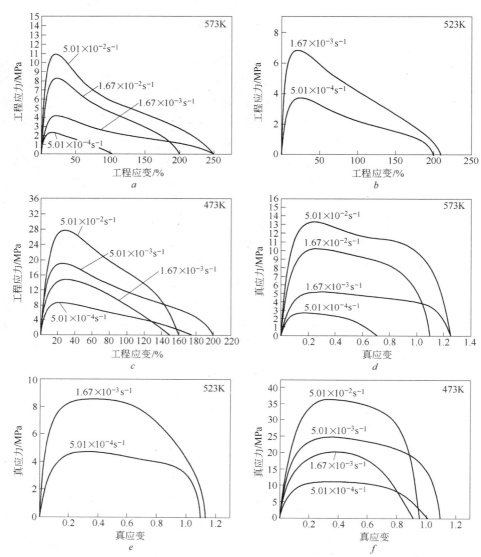

图 5-22　Mg-11Li-3Zn 合金在不同温度与应变速率下的应力-应变曲线

a~c—工程应力-工程应变曲线；d~f—真应力-真应变曲线

为 Burgers 矢量的模；σ 为外力；p 为晶粒指数；n 为应力指数；D_0 为预指数因子；Q 为变形激活能；R 为摩尔气体常数；k 为玻耳兹曼常数；d 为晶粒尺寸；T 为热力学温度。

根据式（5-8），可通过真应力和应变速率的关系获得固定温度下的 $n = \left.\dfrac{\partial \ln \dot{\varepsilon}}{\partial \ln \sigma}\right|_T$。图 5-23 所示为不同温度下，真应变为 0.3 时应变速率与真应力的双对

数曲线。由图 5-23 可知，相同温度下，随应变速率增加，n 值增加，说明合金的应变速率硬化能力增强；应变速率低于 $1.67 \times 10^{-3} \text{s}^{-1}$ 条件下，Mg-11Li-3Zn 合金在 473K、523K 和 573K 下的 n 值分别为 2.1、2.1 和 1.7，表明合金发生了晶界滑移过程（n=2）；应变速率高于 $1.67 \times 10^{-3} \text{s}^{-1}$ 条件下，合金在 473K 时的 n 为 3.4 和 4.4，表明合金发生位错黏性滑移（n=3）和位错攀移（n=5）；应变速率高于 $1.67 \times 10^{-3} \text{s}^{-1}$ 条件下，合金在 573K 时的 n 为 4.9 和 5.8，表明合金发生位错攀移过程。

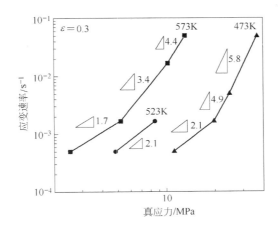

图 5-23 应变速率与真应力双对数曲线

通过式 (5-8) 可得

$$Q = nR\exp\frac{\partial \ln\sigma}{\partial(1/T)} \qquad (5-9)$$

根据式 (5-9) 计算可得到在 473~573K、$1.67 \times 10^{-2} \text{s}^{-1}$ 条件下，Mg-11Li-3Zn 合金的流动激活能为 112.6kJ/mol，与 Metenier 等[49] 获得的 β 相 Mg-9Li 合金流动激活能 103kJ/mol 接近。

B　Mg-11Li-3Zn 合金的显微组织

图 5-24 所示为 Mg-11Li-3Zn 合金变形前的显微组织。由图 5-24 结合 Mg-Li-Zn 相图可知，变形前，Mg-11Li-3Zn 合金的基体为 β 相，平均晶粒尺寸为 27μm。图中出现的黑点可能为合金在热处理过程中产生的氧化物，少量的白点为合金在热处理过程中脱 Li 产生的 α 相[71,72]。

图 5-25 所示为 Mg-11Li-3Zn 合金在 573K、不同应变速率条件下，合金变形后的显微组织。可以看出，拉伸变形可使 β 相晶粒细化，随应变速率增大，

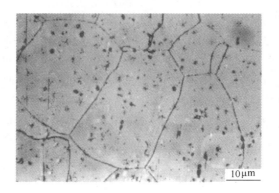

图 5-24　Mg-11Li-3Zn 合金变形前的显微组织

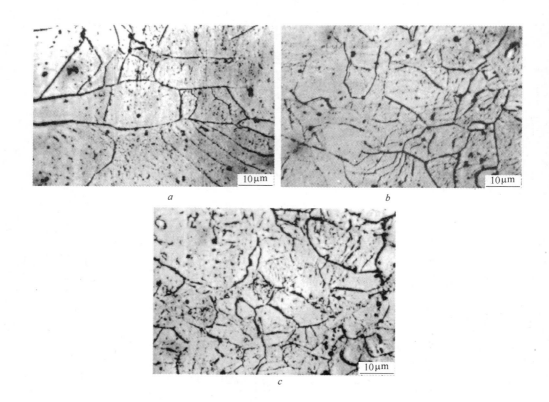

图 5-25　Mg-11Li-3Zn 在 573K、不同初始应变速率条件下，合金变形后的显微组织
a—$5\times10^{-4}\mathrm{s}^{-1}$；$b$—$1.67\times10^{-3}\mathrm{s}^{-1}$；$c$—$1.67\times10^{-2}\mathrm{s}^{-1}$

晶粒细化程度增加，应变速率为 $5 \times 10^{-4} s^{-1}$、$1.67 \times 10^{-3} s^{-1}$ 和 $1.67 \times 10^{-2} s^{-1}$ 时，变形后晶粒平均尺寸分别为 $17 \mu m$、$10.96 \mu m$ 和 $9 \mu m$；变形过程中，β 相晶粒沿拉伸方向被拉长；以 $5 \times 10^{-4} s^{-1}$ 速率变形后的试样中存在沿水平和垂直方向分布的晶界反映了晶粒发生（001）底面滑移，晶界向晶内延伸的斜滑移线反映了（110）密排面滑移特征，同时，部分晶界发生了弯曲，说明晶界发生滑移和迁移（图 5-25a）；以 $1.67 \times 10^{-3} s^{-1}$ 速率变形过程中，既有（001）底面滑移又有（110）密排面滑移，斜滑移线发生弯折，表明发生交滑移，且晶粒取向各向异性减弱（图 5-25b）；以 $1.67 \times 10^{-2} s^{-1}$ 速率拉伸后，晶粒破碎比较明显，晶界滑动对伸长率的贡献增加，晶粒取向各向异性进一步减弱（图 5-25c）。

对 573K 下以 $1.67 \times 10^{-3} s^{-1}$ 速率变形后 Mg-11Li-3Zn 合金进行 TEM 观察，结果如图 5-26 所示。可以看出，晶粒中存在大小不同的亚晶和位错，说明晶粒内部存在亚晶和位错活动。

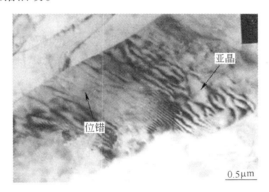

图 5-26 在 573K、$1.67 \times 10^{-3} s^{-1}$ 速率条件下，变形后 Mg-11Li-3Zn 合金的 TEM 像照片

C 变形机理

采用式（5-6）和式（5-7）模型计算，查阅文献 [64~68] 可以获得计算需要的各参数，计算获得 Mg-11.60Li-2.58Zn 合金在不同应变速率下的 F_L 和 F_U 与 T 之间的关系，并与 σ/G 进行比较，结果如图 5-27 所示。可以看出，标记上限和下限的两条曲线将图 5-27 分成三个区域，在两条曲线之间，变形机制为位错黏性滑移机理区，在 F_U 以上区域为位错脱离 Cottrell 溶质气团的位错攀移区，在 F_L 以下区域为包含 Cottrell 溶质气团的位错攀移区；473K 时，所有的实验数据和 523K 与 573K、应变速率范围为 $1.67 \times 10^{-2} \sim 5.01 \times 10^{-2} s^{-1}$ 条件下的实验数据位于位错脱离 Cottrell 溶质气团的攀移机理区。该区特征应力指数 $n \geq 5$，变形激活能 $Q \geq 53.86 kJ/mol$；523K 与 573K、应变速率范围为 $5.01 \times 10^{-4} \sim$

$1.67×10^{-3}$ s^{-1} 条件下，实验结果位于位错黏性滑移机理区。该区特征应力指数 $n=3$，变形激活能 $Q=134.8$ kJ/mol。由图 5 – 27 还可看出，随应变速率下降和温度升高，合金发生由位错攀移向位错黏性滑移机理的转变，在低速下全部进入位错黏性滑移机理；随温度升高，F_L 有所升高，但在 Mg – 11.60Li – 2.58Zn 合金可以正常实验的温度范围内，其变形机制不会进入包含 Cottrell 溶质气团的位错攀移区。

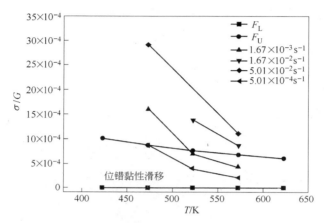

图 5 – 27　Mg – 11Li – 3Zn 合金位错黏性滑移与位错攀移转变机理图

5.2.7.3　讨论

目前对高温变形软化曲线的解释有两种观点。Lee 等[73]研究 AZ31 合金高温变形，认为流动软化的发生是由于动态再结晶，流动硬化的发生是由于晶粒长大。Zhang 等[74]研究 Inconel 718 合金超塑性变形，认为软化曲线是由于空洞演变，硬化曲线是由于晶粒长大。在 Mg – 11Li – 3Zn 合金中没有发现空洞存在，这是由于合金的基体由 bcc 结构的 β 相组成，高温下有多于 12 个滑移系开动，满足塑性变形有 5 个滑移系同时开动的变形协调性要求。即使在三叉晶界产生应力集中超过断裂应力产生空洞，也会由于动态再结晶引起的晶界数量的增加湮灭空洞而造成空洞弥合。在应变和应力的驱动下，合金发生晶粒细化，晶界的数量增加，晶界滑动变得容易，从而使真应力下降，发生动态再结晶软化（图 5 – 22d ~ f）。

蠕变是指材料以恒应力或恒应变速率两种方式在温度高于 $0.5T_m$（T_m 为熔点）条件下，在小于等于宏观屈服应力的应力作用下，发生的与时间有关的缓慢变形过程[75]。蠕变机理可用 n 值作为特征指数[76]：$n=1$ 表示低应力下蠕变，如 Nabarro – Herring 扩散蠕变、Coble 扩散蠕变和 Harper – Dorn 蠕变；$n=2$ 表示超塑性；$n=3$ 表示中等应力下溶质拖曳位错蠕变；$n=5$ 表示中等应力下位错攀移的位错蠕变。纯金属或固溶体合金的蠕变速率[7,60]通常为 $10^{-9} \sim 10^{-2} \mathrm{s}^{-1}$。$n=3$ 或 $n=5$、伸长率小于400%的高温变形，称为类超塑性或准超塑性[77]，$n=2$，$\delta=400\% \sim 1000\%$ 的高温变形，称为超塑性[78]。Mg－11Li－3Zn 合金的伸长率在250%以下，应变速率高于 $1.67\times10^{-3}\mathrm{s}^{-1}$ 时，n 为 $3\sim6$，表明 Mg－11Li－3Zn 合金在拉伸过程中发生了位错蠕变或准超塑性。

由于 Mg 的晶界扩散速度较高，亚晶界容易吸收位错，从而促进小角度晶界向大角度晶界的转变，有利于加速镁合金的变形诱发连续再结晶[79]。另外，Mg 合金堆垛层错能（SFE）较低，也有利于动态再结晶的发生[61]。所以，Mg 合金容易发生动态再结晶。与其他 Mg 合金相比，Mg－11Li－3Zn 合金中的 Li 熔点较低，根据文献 [58] 给出的晶界扩散系数 $D=10^{-4}\exp(-6.93 T_{\mathrm{m}}/T)$（式中，$T_{\mathrm{m}}$ 为熔点温度）可知，低熔点的 Li 加入 Mg 中有利于提高合金的晶界扩散系数，增强亚晶界对位错的吸收能力，促进向大角度晶界的转变，加速动态再结晶。另外，Li 的 SFE 较 Mg 低，其进入镁合金中或获得更低的 SFE，有利于动态再结晶的发生。

Al－Mg 等固溶体合金无亚晶和有刃型位错存在是 $n=3$ 滑移控制的位错蠕变或位错黏性滑移的组织证据，有亚晶和位错存在是 $n=5$ 攀移控制的位错蠕变或位错攀移的组织证据。与上述固溶体合金不同的是，图 5－26 所示的 Mg－11Li－3Zn 合金中不仅存在亚晶而且存在刃型位错，但在573K、$1.67\times10^{-3}\mathrm{s}^{-1}$ 条件下，其应力指数为3，所以其机理仍然为滑移控制的位错蠕变或位错黏性滑移。

晶粒内部产生位错所需的力为[80]

$$\tau = \frac{Gb}{4\pi l(1-\nu)}\left(\ln\frac{l}{b}-1.67\right) \quad (5-10)$$

式中，τ 为单个晶粒内部产生位错所需的力；l 为位错长度；ν 为泊松比。

从图 5－22c 和图 5－25b 获得573K、$1.67\times10^{-3}\mathrm{s}^{-1}$ 条件下，峰值应力 $\sigma_{\mathrm{p}}=5\mathrm{MPa}$，晶粒尺寸 $d=11\mu\mathrm{m}$。将 $\nu=0.36$、$b=3.04\times10^{-10}\mathrm{m}$[30]、$G=14196.77\mathrm{MPa}$ 代入式（5－10），得 $\tau=1.14\mathrm{MPa}$。而峰值剪切应力 $\tau_{\mathrm{p}}=2.89\mathrm{MPa}$，可知，$\tau_{\mathrm{p}}>\tau$，说明在上述条件下在晶粒内部易产生位错。

晶粒内部产生位错的数量为[38]

$$N = \frac{2L\sigma}{Gb} \quad (5-11)$$

式中，N 为单个晶粒内部产生位错的数量；L 为线截距晶粒长度。

将上面数据代入式（5－11），计算得 $N=15$，进一步说明573K、$1.67\times10^{-3}\mathrm{s}^{-1}$ 条件下，合金晶粒内部确实存在位错活动。

可以从晶粒尺寸角度判定扩散机制。573K 准超塑性变形合金中的扩散机制可以用有效扩散系数 D_{eff} 进行判定

$$D_{\mathrm{eff}} = D_{\mathrm{L}} + xf_{\mathrm{gb}}D_{\mathrm{gb}} \quad (5-12)$$

式中，D_L 为晶格扩散系数；D_{gb} 为晶界扩散系数；对蠕变过程，$x=1$；$f_{gb} = (\pi\delta)/d$，$\delta = 2b$ 为晶界宽度，$d = 27\mu m$。

由于 Mg-11Li 为 β 单相组成，根据文献 [58]，573K 时，D_L 为 $1.02 \times 10^{-14} m^2/s$，$D_{gb}$ 为 $7.18 \times 10^{-11} m^2/s$。令 $\Phi = xf_{gb}D_{gb}/D_L$，当 $\Phi > 1$ 时，晶界扩散占主导；当 $\Phi < 1$ 时，晶格扩散为主导。计算得 $\Phi = 0.498 < 1$。因此，573K 条件下，合金的扩散过程为晶格扩散占主导的过程。

还可以从应力角度判定扩散机制

$$\left(\frac{\sigma}{G}\right)_{cri} = \left(\frac{1}{\beta}\right)^{1/2} \times \left(\frac{D_L}{D_P}\right)^{1/2} \tag{5-13}$$

式中，$\left(\frac{\sigma}{G}\right)_{cri}$ 为临界归一化应力；$\beta = 7.4$；D_L 为晶格扩散系数；D_P 为位错管扩散系数。

当 $\frac{\sigma}{G} > \left(\frac{\sigma}{G}\right)_{cri}$ 时，原子扩散为晶格扩散；当 $\frac{\sigma}{G} < \left(\frac{\sigma}{G}\right)_{cri}$ 时，原子扩散为位错管扩散。当温度为 573K 时，$D_L = 1.02 \times 10^{-14} m^2/s$，$D_P = D_{gb} = 7.18 \times 10^{-11} m^2/s$，通过式（5-13）计算得出 $\left(\frac{\sigma}{G}\right)_{cri} = 4.38 \times 10^{-3}$。由图 5-27 可知，Mg-11Li-3Zn 合金在 573K、$1.67 \times 10^{-2} s^{-1}$ 条件下，$\sigma/G = 7.4 \times 10^{-4}$，因此，该条件下合金中的扩散过程为晶格扩散。

5.2.7.4 结论

（1）密度为 $1.43 g/cm^3$ 的超轻 Mg-11Li-3Zn 合金板材，在 573K、$1.67 \times 10^{-2} s^{-1}$ 条件下，获得 250% 的最大伸长率，表现出准超塑性。

（2）力学数据分析表明，在 573K、$1.67 \times 10^{-2} s^{-1}$ 条件下，合金应力指数为 4.4，接近应力指数 5，流动激活能为 112.6kJ/mol。

（3）在 573K、$1.67 \times 10^{-2} s^{-1}$ 条件下拉伸，Mg-11Li-3Zn 合金发生动态再结晶导致晶粒细化，晶粒尺寸由平均 $27\mu m$ 细化为 $9\mu m$，拉伸实验后的晶粒中存在位错和亚晶。

（4）通过变形机理分析得出，Mg-11Li-3Zn 合金在 573K、$1.67 \times 10^{-2} s^{-1}$ 条件下，其变形机理为晶格扩散控制的位错攀移。

5.2.8 变形机理图在钛、镍和铝合金中的应用

周舸、曹富荣、丁桦应用前述本构方程和位错数量模型，对钛、镍构建了包含位错数量的变形机理图，如图 5-28 和图 5-29 所示[81]。应用前述本构方程对铝合金构造了变形机理图，如图 5-30 所示[82]。

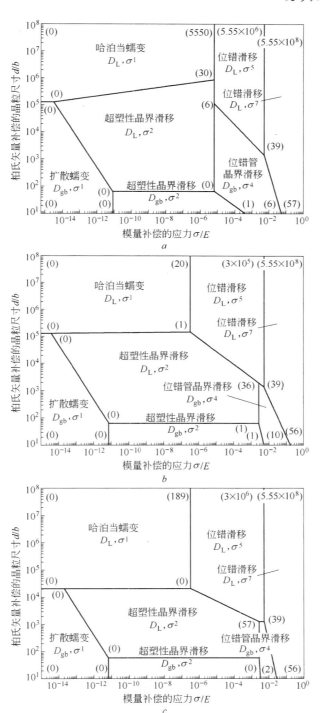

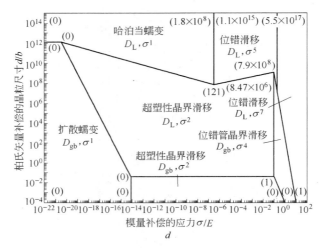

图 5-28 双相钛合金在 1103~1283K 温度下构建的变形机理图
a—T=1103K；b—T=1163K；c—T=1223K；d—T=1283K

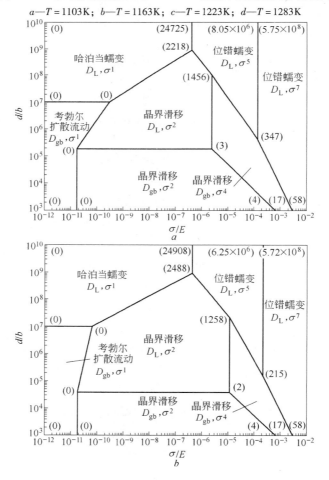

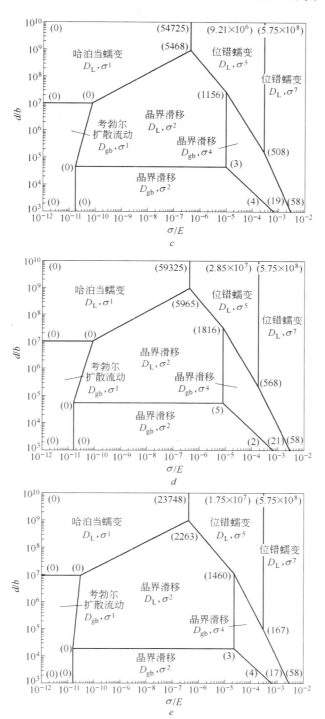

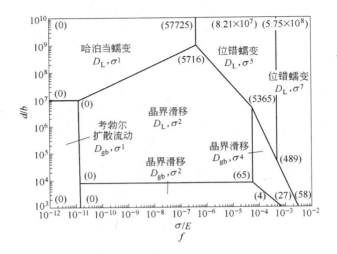

图 5-29 镍合金在 900~1150℃温度下构建的变形机理图
a—$t=900℃$；b—$t=950℃$；c—$t=1000℃$；
d—$t=1050℃$；e—$t=1100℃$；f—$t=1150℃$

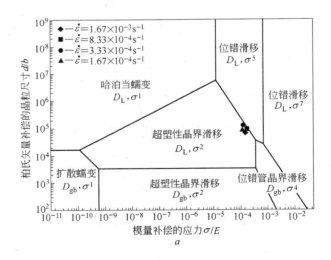

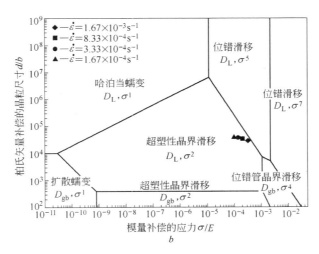

图 5-30 铝合金在不同温度下的变形机理图
a—T = 733K；b—T = 793K

5.3 机理图研究新进展

Kawasaki – Langdon 等将 Langdon – Mohamed 和 Mohamed – Langdon 机理图在 Zn – Al 和 Pb – Sn 中应用，获得了超细晶合金的变形机理图，由于上述机理图前面已经介绍，对超细晶合金机理图在此不再赘述。

Mohamed[83]创造了统一细晶、超细晶和纳米晶的变形机理图。其采用的本构方程如表 5-10 所示。获得的机理图如图 5-31 所示。机理图包括 5 个机理区：位错攀移蠕变机理区、超塑性机理区、Coble 蠕变机理区、三叉界蠕变机理区和纳米晶变形机理区。机理图预报结果与 Zn – Al 和 Pb – Sn 和 AA5083 等超塑性实验数据一致。

表 5-10 Mohamed 图采用的本构方程

机 理	方 程
Coble 蠕变	$\dfrac{\dot{\gamma}kT}{D_{gb}Gb} = A_{Co}\left[\left(\dfrac{b}{d}\right)^3\left(\dfrac{\tau}{G}\right)\right]$
超塑性蠕变	$\dot{\gamma} = C\dfrac{D_0 Gb}{kT}\left(\dfrac{b}{d}\right)^2\left(\dfrac{\tau}{G}\right)\exp\left(\dfrac{-Q_{gb}}{RT}\right)$
三叉界蠕变	$\dfrac{\dot{\gamma}kT}{D_{tj}Gb} = A_{tj}\left[\left(\dfrac{b}{d}\right)^4\left(\dfrac{\tau}{G}\right)\right]$
纳米晶变形	$\dot{\gamma} = A_n\left(\dfrac{b}{d}\right)^3\left(\dfrac{D_{gb0}}{b^2}\right)\exp\left(\dfrac{-Q_{gb}}{RT}\right)\left[\exp\left(\dfrac{2V\tau b^3}{kT}\right) - 1\right]$

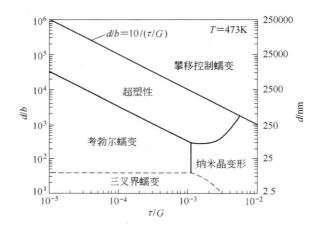

图 5-31 细晶、超细晶和纳米晶在 473K 温度下的变形机理图

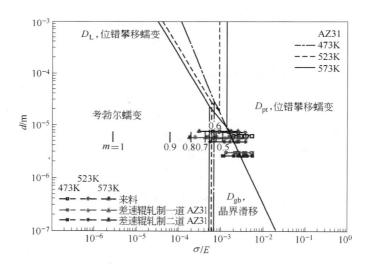

图 5-32 AZ31 镁合金在 473K、523K 和 573K 温度下的变形机理图

表中，A_{Co}、C、A_{tj} 和 A_n 为无量纲常数；其余符号具有通常含义。

Lee 等[84] 采用差速辊轧制获得初始晶粒尺寸为 $d = 2.1 \sim 2.79 \mu m$ 的细晶 AZ31 镁合金。作者同时考虑扩散蠕变、晶界滑动和位错攀移蠕变对应变速率的贡献，获得以下本构方程：

$$\dot{\varepsilon} = 14 \frac{D_{eff}^*}{d^2}\left(\frac{Eb^3}{kT}\right)\left(\frac{\sigma}{E}\right) + A\frac{D_{eff}^*}{d^2}\left(\frac{\sigma}{E}\right)^2 + B\frac{D_{eff}}{b^2}\left(\frac{\sigma}{E}\right)^5$$

式中，D_{eff}^* 为超塑性有效扩散系数；D_{eff} 为位错攀移蠕变有效扩散系数；A 和 B 为参数，其余符号具有通常含义。

作者构造的机理图如图 5 - 32 所示。机理图包括 Coble 蠕变机理图、晶格扩散控制的位错攀移蠕变机理区、位错管扩散控制的位错攀移蠕变机理区和晶界扩散控制的晶界滑移机理区。图中垂直的数据线表示换速实验获得的 m 值。可以看出，除了数据落入位错管扩散控制的位错攀移蠕变机理区和晶界扩散控制的晶界滑移机理区以外，数据还落入 Coble 蠕变机理图。后者表明 Coble 蠕变可以成为细晶 AZ31 镁合金的速控机理，作者的创新之处在于发现了 Coble 蠕变对超塑性的贡献，这与以往机理图中没有实验数据落入 Coble 蠕变机理区形成鲜明的对照。

参 考 文 献

[1] Hayden H W, Floreen S, Goodall P D. The deformation mechanisms of superplasticity [J]. Metall. Trans. A, 1972, 3: 833~842.

[2] Sherby O D, Wadsworth J. Development and characterization of fine grain superplastic material [C]. In Deformation, Processing and Structure, Eds. G Krauss, ASM, Metal Park, Ohio, 1984: 355~389.

[3] Fukuyo H, Tsai H C, Oyama T, Sherby O D. Superplasticity and Newtonian viscous flow in fine-grained Class I solid solution alloys [J]. ISIJ International, 1991, 31 (1): 76~85.

[4] Padmanabhan K A. A reply to comments on theories of structural superplasticity [J]. Mater. Sci. Eng., 1989, 29: 285~292.

[5] Nieh T G, Wadsworth J. Fine-structure superplasticity in materials [J]. J. Chinese Inst. Eng., 1998, 21 (6): 659~689.

[6] Watanabe H, Mukai T, Mabuchi M, Higashi K. Superplastic deformation mechanism in powder metallurgy magnesium alloys and composites [J]. Acta Mater. 2001, 49: 2027~2037.

[7] Somekawa H, Hirai K, Watanabe H, Takigawa Y, Higashi K. Dislocation creep behavior in Mg-Al-Zn alloys [J]. Mater Sci Eng A., 2005, 405 (1-2): 53~61.

[8] Mishra R S, Bieler T R, Mukherjee A K. Superplasticity in powder metallurgy aluminum alloys and composites [J]. Acta Metall. Mater., 1995, 43: 877~891.

[9] Ma Z Y, Liu F C, Mishra R S. Superplastic deformation mechanism of an ultrafine-grained aluminum alloy produced by friction stir processing [J]. Acta Mater., 2010, 58: 4693~4704.

[10] Somekawa H, Tanaka T, Sasaki H, Kita K, Inoue A, Higashi K. Diffusion bonding in ultra fine-grained Al-Fe alloy indicating high-strain-rate superplasticity [J]. Acta Mater., 2004, 52: 1051~1059.

[11] Ashby M F. A first report on deformation-mechanism maps [J]. Acta Metall., 1972, 20

(7): 887~897.
[12] Langdon T G, Mohamed F A. A simple method of constructing an Ashby – type deformation mechanism map [J]. J. Mater. Sci., 1978, 13: 1282~1290.
[13] Langdon T G, Mohamed F A. A new type of deformation mechanism map for high – temperature creep [J]. Mater. Sci. Eng., 1978, 32: 103~112.
[14] Langdon T G. Recent developments in deformation mechanism maps [J]. Metals Forum, 1978, 1 (2): 59~70.
[15] Mohamed F A, Langdon T G. Deformation mechanism maps based on grain size [J]. Metall. Trans. A, 1974, 5: 2339~2345.
[16] Mohamed F A, Langdon T G. Deformation mechanism maps for superplastic materials [J]. Scr. Metall., 1976, 10: 759~762.
[17] Ruano O A, Wadsworth J, Sherby O D. Deformation mechanisms in an austenitic stainless steel (25Cr – 20Ni) at elevated temperature [J]. J. Mater. Sci. 1985, 20: 3735~3744.
[18] Maruyama K, Sawada K, Koike J, Sato H, Yagi K. Examination of deformation mechanism maps in 2.25Cr – 1Mo steel by creep tests at strain rates of 10^{-11} to 10^{-6} s^{-1} [J]. Mater. Sci. Eng. A, 1997, 224: 166~172.
[19] Kim W J, Chung S W, Chung C S, Kum D. superplasticity in thin magnesium alloy sheets. and deformation mechanism maps for magnesium alloys at elevated temperatures [J]. Acta Mater., 2001, 49: 3337~3345.
[20] Somekawa H, Hirai K, Watanabe H, Takigawa Y, Higashi K. Dislocation creep behavior in Mg – Al – Zn alloys [J]. Mater. Sci. Eng. A, 2005, 407 (1 – 2): 53~61.
[21] Luthy H, White R A, Sherby O D. Grain boundary sliding and deformation mechanism maps [J]. Mater. Sci. Eng., 1979, 39: 211~216.
[22] Arieli A, Mukherjee A K. Two – and three – dimensional deformation mechanism maps for high temperature creep of Zn – 22% Al eutectoid alloy [J]. Mater. Sci. Eng., 1981, 47(2) 113~120.
[23] Kawasaki M, Lee S, Langdon T G. Constructing a deformation mechanism map for a superplastic Pb – Sn alloy processed by equal – channel angular pressing [J]. Scr. Mater., 2009, 61 (10): 963~966.
[24] Kawasaki M, Langdon T G. Developing superplasticity and a deformation mechanism map for the Zn – Al eutectoid alloy processed by high – pressure torsion [J]. Mater. Sci. Eng. A, 2011, 528: 6140~6145.
[25] Mohamed F A. Deformation mechanism maps for micro – grained, ultrafine – grained, and nano – grained materials [J]. Mater. Sci. Eng. A, 2011, 528: 1431~1435.
[26] Kawasaki M, Langdon T G. Using deformation mechanism maps to depict flow processes in superplastic ultrafine – grained materials [J]. J. Mater. Sci., 2012, 47: 7726~7734.
[27] Mishra R S, Mukerjee A K. The rate controlling deformation mechanism in high strain rate superplasticity [J]. Mater Sci. Eng. A, 1997, 234~236 (8): 1023~1025.

[28] Sajjadi S A, Nategh S. A high temperature deformation mechanism map for the high performance Ni-base superalloy GTD-111 [J]. Mater. Sci. Eng. A, 2001, 307 (1-2): 158~164.

[29] Chung S W, Higashi K, Kim W J. Superplastic gas pressure forming of fine-grained AZ61 magnesium alloy sheet [J]. Mater. Sci. Eng. A, 2004, 372 (1-2): 15~20.

[30] Tanaka H, Yamada T, Sato E, Jimbo I. Distinguishing the ambient-temperature creep region in a deformation mechanism map of annealed CP-Ti [J]. Scr. Mater., 2006, 54 (1): 121~124.

[31] Kim W J, Park J D, Yoon U S. Superplasticity and superplastic forming of Mg-Al-Zn alloy sheet fabricated by strip casting method [J]. J. Alloy Compd, 2008, 464 (1-2): 197~204.

[32] Kim W J, Yoo S J. Enhanced ductility and deformation mechanisms of ultrafine-grained Al-Mg-Si alloy in sheet form at warm temperatures [J]. Scripta Mater, 2009, 61 (2): 125~128.

[33] Frost H J, Ashby M F. Deformation Mechanism Map [M]. Pergamon Press, Oxford, UK, 1982.

[34] Ball A, Hutchison M M. Superplasticity in the Aluminum-Zinc eutectoid [J]. Metal Science Journal, 1969, 3: 1~7.

[35] Mukherjee A K. The rate controlling mechanism in superplasticity [J]. Materials Science Engineering., 1971, 8: 83~89.

[36] Gifkins R C. Grain-boundary sliding and its accommodation during creep and superplasticity [J]. Metallurgical Transactions A., 1976, 7: 1225~1231.

[37] Gittus J H. Theory of superplastic flow in two-phase materials: roles of interphase-boundary dislocations, ledges, and diffusion [J]. Transactions of the ASME: Journal of Engineering Materials and Technology., 1977, (7): 244~251.

[38] Spingarn J R, Nix W D. A model for creep based on the climb of dislocations at grain boundaries [J]. Acta Metallurgica. 1979, 27: 171~177.

[39] Arieli A, Mukherjee A K. A model for the rate-controlling mechanism in superplasticity [J]. Materials Science Engineering. 1980, 45: 61~70.

[40] Mecartney M L, Chen T D, Mohamed F A. Threshold stress superplastic behavior and dislocation activity in a three-phase alumina-zirconia-mullite composite [J]. Acta Mater., 2006, 54 (17): 4415~4426.

[41] Xun Y, Mohamed F A. Slip-accommodated superplastic flow in Zn-22wt% Al [J]. Philos. Mag. A, 2003, 83 (19): 2247~2266.

[42] Cao F R. Cui J Z, Wen J L. Deformation mechanism maps of magnesium lithium alloy and their experimental application [J]. Trans Nonferr Met. Soc. China, 2002, 12 (6): 1146~1148.

[43] 曹富荣, 丁桦, 李英龙, 赵文娟, 郭营利, 崔建忠. 镁锂合金含位错的高温变形机制图及其理论预报 [J]. 材料与冶金学报, 2008, 7 (3): 206~210.

[44] CAO F R, Preparation of ultralight magnesium alloys and their deformation mechanism at ele-

vated temperatures [D]. Ph. D. Dissertation, Shenyang, Northeastern University, 1999: 26~36.

[45] Wolfenstine J, Gonzelez-Doncel G, Sherby O D. Elevated temperature properties of Mg-14Li-B particulate composites [J]. J. Mater. Res., 1990, 5 (7): 1359~1361.

[46] Fujitani W, Higashi K, Furushiro N, Umakoshi Y. Effect of Zr addition on superplastic deformation of the Mg-8% Li eutectic alloy [J]. J. Jpn Inst. Light. Met., 1995, 45 (6): 333~338.

[47] Higashi K, Wolfenstine J. Microstructural evolution during superplastic flow of a binary Mg-8.5wt% Li alloy [J]. Mater Lett., 1991, 10 (7-8): 329~332.

[48] Fujitani W, Furushiro N, Hori S. Microstructural change during s uperplastic deformation of the Mg-8mass% Li alloy [J]. J. Jpn. Inst. Light. Met., 1992, 42 (3): 125~131.

[49] Metenier P, Gonzalez-Doncel G, Ruano O A, Wolfenstine J, Sherby O D. Superplastic behavior of a fine-grained two-phase Mg-9wt. % Li alloy [J]. Mater. Sci. Eng. A, 1990, 125: 195~202.

[50] Cui J Z, Ma L X. Region transition in superplastic deformation [J]. Res Mechanica, 1988, 25: 195~202.

[51] 崔建忠. 超塑性 [M]. 石家庄: 河北教育出版社, 1996.

[52] Falk L K L, Howell P R, Dunlop G L, Langdon T G. The role of the matrix dislocations in the superplastic deformation of a copper alloy [J]. Acta Metal., 1986, 34 (7): 1203~1214.

[53] Ni S, Wang Y B, Liao X Z, Alhajeri S N, Li H Q, Zhao Y H, Lavernia E J, Ringer S P, Langdon T G, Zhu Y T. Strain hardening and softening in a nanocrystalline Ni-Fe alloy induced by severe plastic deformation [J]. Mater. Sci. Eng. A, 2011, 528: 3398~3403.

[54] Ni S, Wang Y B, Liao X Z, Alhajeri S N, Li H Q, Zhao Y H, Lavernia E J, Ringer S P, Langdon T G, Zhu Y T. Grain growth and dislocation density evolution in a nanocrystalline. Ni-Fe alloy induced by high-pressure torsion [J]. Scr. Mater., 2011, 64: 327~330.

[55] Cao Furong, Li Zhuoliang, Zhang Nianxian, Ding Hua, Yu Fuxiao, Zuo Liang. Superplasticity, flow and fracture mechanism in an Al-12.7Si-0.7Mg alloy [J]. Mater. Sci. Eng. A, 2013, 571C: 167~183.

[56] 曹富荣, 管仁国, 丁桦, 李英龙, 周舸, 崔建忠. 超轻α固溶体基 Mg-6Li-3Zn 合金的位错蠕变 [J]. 金属学报, 2010, 46 (6): 715~722.

[57] Weinberg A F, Levinson D W, Rostoker W. Phase relations in Mg-Li-Zn alloys [J]. Trans. ASM, 1956, 48: 855~871.

[58] Cao F R, Ding H, Li Y L, Zhou G, Cui J Z. Superplasticity, dynamic grain growth and deformation mechanism in ultralight two-phase magnesium-lithium alloys [J]. Mater. Sci. Eng. A, 2010, 527 (9): 2335~2341.

[59] Nayeb-Hashemi A A, Clark J B, Pelton A D. The Li-Mg (Lithium-magnesium) system [J]. Bulletin of Alloy Phase Diagram, 1984, 5: 365~374.

[60] Yavari P, Langdon T G. An examination of the breakdown in creep by viscous glide in solid so-

lution alloys at high stress levels [J]. Acta Metall. 1982, 30: 2181~2196.

[61] Hirai K, Somekawa H, Takigawa Y, Higashi K. Superplastic forging with dynamic recrystallization of Mg – Al – Zn alloys cast by thixo – molding [J]. Scripta Materialia. 2007, 56: 237~240.

[62] King H W. Quantitative size – factors for metallic solid solutions [J]. J. Mater. Sci., 1966, 1: 79~90.

[63] Li Y. Langdon T G. Creep behavior of a reinforced Al – 7005 alloy: implications for the creep processes in metal matrix composites [J]. Acta Mater. 1998, 46 (4): 1143~1155.

[64] Murr L E. Interfacial Phenomena in Metals and Alloys [M]. Addison Wesley, Reading, Mass, 1975.

[65] Koster W. Die temperaturabhangigjet des elastizitatsmoduls refiner metalle [J]. Z Metallkund, 1948, 39: 1~9.

[66] Friedel J. Dislocations [M]. Pergamon Press, Oxford, 1964.

[67] Fuentes – Samaniego R, Nix W D. Appropriate diffusion coefficients for describing creep processes in solid solution alloys [J]. Scr. Metall, 1981, 15: 15~20.

[68] Wang J S, Nix W D. High temperature creep and fracture properties of a class I solid solution alloy: Cu – 2.7at. % Sn [J]. Acta Metall., 1986, 34 (3): 545~555.

[69] 曹富荣, 丁桦, 王昭东, 李英龙, 管仁国, 崔建忠. 超轻 β 固溶体 Mg – 11Li – 3Zn 合金的准超塑性与变形机理 [J]. 金属学报, 2012, 48 (2): 250~256.

[70] Langdon T G. Unified approach to grain boundary sliding in creep and superplasticity [J]. Acta Metallurgica et Materialia, 1994, 42 (7): 2437~2443.

[71] Syn C K, Lesuer D R, Sherby O D. Enhancing tensile ductility of a particulate – reinforced aluminum metal matrix composite by lamination with Mg – 9% Li alloy [J]. Materials Science and Engineering A, 1996, 201: 201~206.

[72] Ma A B, Nishida Y, Saito N, Shigematsu I, Lim S W. Movement of alloying elements in Mg – 8.5wt% Li and AZ91 alloys during tensile tests for superplasticity [J]. Materials Science and Technology, 2003, 19 (12): 1642~1647.

[73] Lee B H, Shin K S, Lee C S. High temperature deformation behavior of AZ31 Mg alloy [J]. Mater Sci Forum, 2005, 475 – 479: 2927~2930.

[74] Zhang B, Mynors D J, Mugarra A, Ostolaza K. Hyperbolic sine representation of a constitutive equation for superplastic forming grade inconel 718 [J]. Mater Sci Forum, 2004, 447 – 448: 171~176.

[75] Kassner M E, Perez – Prado M T. Five – power – law creep in single phase metals and alloys [J]. Prog Mater Sci, 2000, 45 (1): 1~102.

[76] Nieh T G, Wadsworth J, Sherby O D. Superplasticity in Metals and Ceramics [M]. Cambridge: Cambridge University Press, 1997: 34.

[77] Chow K K, Chan K C. Superplasticity – like deformation of a coarse – grained Al5052 alloy [J]. Key Eng Mater, 2000, 177 – 180: 601~606.

[78] Langdon T G. Seventy-five years of superplasticity: historic developments and new opportunities [J]. J. Mater. Sci. 2009, 44: 5998~6010.

[79] Mohri T, Mabuchi M, Nakamura M, Asahina T, Iwasaki H, Aizawa T, Higashi K. Microstructural evolution and superplasticity of rolled Mg-9Al-1Zn [J]. Mater Sci Eng A, 2000, 290: 139~144.

[80] Mishra R S, Stolyarov V V, Echer C, Valiev R Z, Mukherjee A K. Mechanical behavior and superplasticity of a severe plastic deformation processed by nanocrystalline Ti-6Al-4V alloy [J]. Mater Sci. Eng. A, 2001, 298 (1-2): 44~50.

[81] 周舸, 丁桦, 韩寅奔, 曹富荣, 曲敬龙, 张北江. U720Li 合金高温变形行为及变形机理研究 [J]. 稀有金属材料与工程, 2014, 43 (1): 72~78.

[82] 周舸, 丁桦, 李卓梁, 曹富荣. Al-12.7Si-0.7Mg 合金超塑性变形行为及变形机理 [J]. 东北大学学报 (自然科学版), 2012, 33 (7): 965~969.

[83] Mohamed F A. Deformation mechanism maps for micro-grained, ultrafine-grained, and nano-grained materials [J]. Mater. Sci. Eng. A, 2011, 528: 1431~1435.

[84] Lee T J, Park Y B, Kim W J. Importance of diffusion creep in fine grained Mg-3Al-1Zn alloys [J]. Mater. Sci. Eng. A, 2013, 580: 133~141.

6 超塑性晶粒长大

晶粒长大是固-固界面发生迁移发生的一种现象。晶粒长大分为两类：正常晶粒长大（也称连续长大）和异常晶粒长大（也称不连续长大）。本章重点论述正常晶粒长大。超塑性试样未变形部分（夹头）发生静态退火长大，超塑性试样变形部分（标距）在发生静态长大的同时，还发生应变诱发晶粒长大。

6.1 超塑性晶粒长大实验现象与一些规律性认识

6.1.1 超塑性晶粒长大实验现象

这里先介绍一些合金中发生的超塑性晶粒长大现象。图6-1所示为Al-33Cu合金超塑性晶粒长大的微观组织[1,2]。图6-2所示为α+β Ni变质的Ti-Al-V合金中α相和β相晶粒大小随应变量变化的长大情况[3]。图6-3所示为本书作者[4]获得的Mg-7.83Li合金超塑性晶粒长大的微观组织。

由图6-1可看出，Al-33Cu合金部分比未变形部分晶粒长大明显。$\dot{\varepsilon}=10^{-5}s^{-1}$条件下的晶粒明显比$\dot{\varepsilon}=10^{-2}s^{-1}$条件下的粗大。这是因为低速率下，承受高温的时间延长，使得晶界滑移和迁移的应变增加，结果晶粒长大比高速下明显。

由图6-2可看出，Ti-Al-V合金α相和β相晶粒随应变增加，由0.2增加到1.65，发生明显的变形诱发晶粒长大。

由图6-3可看出，初始应变速率在$5×10^{-4}s^{-1}$情况下由$a→d$，随温度升高，应变诱发的晶粒长大严重。在恒定温度为523K情况下，从$c→b→a$，晶粒长大随初始应变速率降低的变化并不明显。在恒定温度为573K情况下，从$f→e→d$，晶粒长大随初始应变速率的变化十分明显。说明573K温度下合金的晶粒长大比523K温度下的晶粒长大更加明显。

6.1.1.1 Mg-7.83Li合金超塑性晶粒长大的原子扩散分析

由于7.83Li接近8Li（共晶成分），假定Mg-7.83Li合金的显微组织等效于Mg-8Li合金的组织。根据二元Mg-Li合金相图[5]，573K下Mg-7.83Li合金由平衡的α相和β相组成，其化学成分分别为5.7Li和11Li。计算确定了镁、锂元素和不同相的晶格扩散系数D_l和晶界扩散系数D_b，如表6-1所示。

6 超塑性晶粒长大

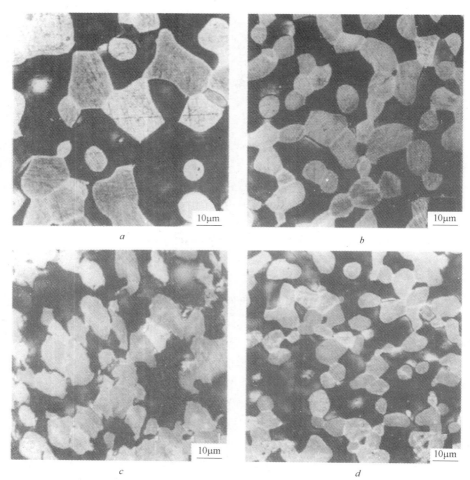

图 6-1　Al-33Cu 合金 540℃ 超塑性变形（应变 $\varepsilon \approx 1.4$）晶粒长大的微观组织
$\dot{\varepsilon} = 10^{-5} s^{-1}$: a—标距；b—夹头；
$\dot{\varepsilon} = 10^{-2} s^{-1}$: c—标距；d—夹头

表 6-1　镁、锂元素和不同相的熔点（T_m）和扩散系数（D_l, D_b）

熔点和扩散系数	元素与相			
	Li	Mg	α(5.7Li)	β(11Li)
熔点 T_m/K	453	923	883	867
$D_l(293K) \times 10^{-24}/m^2 \cdot s^{-1}$	6.31×10^9	9.28×10^{-5}	1.02×10^{-2}	10.5
$D_b(293K) \times 10^{-13}/m^2 \cdot s^{-1}$	525	0.33	0.86	1.24
$D_l(573K) \times 10^{-15}/m^2 \cdot s^{-1}$	—	5.14×10^{-2}	0.175	10.2
$D_b(573K) \times 10^{-11}/m^2 \cdot s^{-1}$	—	2.88	5.53	7.18

6.1 超塑性晶粒长大实验现象与一些规律性认识 · 165 ·

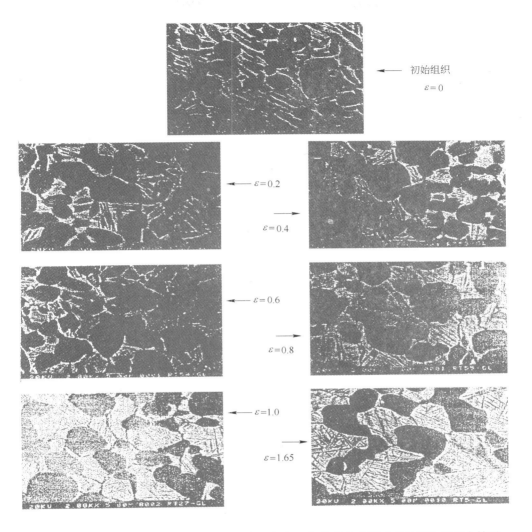

图 6-2 α+β Ni 变质的 Ti-Al-V 合金中 α 相和 β 相晶粒大小随应变量变化的长大情况
($T=1088\text{K}, \dot{\varepsilon}=10^{-4}\text{s}^{-1}$)

在 573K 变形温度下，Li 的扩散系数远高于 Mg 的扩散系数，β 相的扩散系数高于 α 相的扩散系数。如表 6-1 所示，573K 下 β 相的晶格扩散系数是 α 相的晶格扩散系数的 58 倍，β 相的晶界扩散系数是 α 相的晶界扩散系数的 1.3 倍。根据

$$B = D/(k_B T)$$

式中，B 为原子迁移率；D 为扩散系数；k_B 为玻耳兹曼常数。

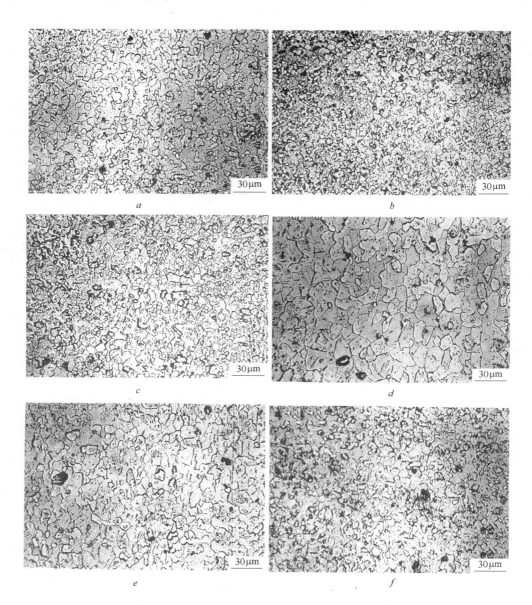

图 6-3 Mg-7.83Li 合金在不同温度和初始应变速率条件下超塑性变形晶粒长大的显微组织
a—523K, $5 \times 10^{-4} s^{-1}$; b—523K, $1.67 \times 10^{-3} s^{-1}$; c—523K, $1.67 \times 10^{-2} s^{-1}$;
d—573K, $5 \times 10^{-4} s^{-1}$; e—573K, $1.67 \times 10^{-3} s^{-1}$; f—573K, $1.67 \times 10^{-2} s^{-1}$

在相同的温度下,原子迁移率之比等于扩散系数之比。因此 β 相的原子迁移率远高于 α 相的原子迁移率。由于 Li 的原子扩散速度较快,β 相中出现脱 Li

现象。根据二元 Mg-Li 合金相图和金属学杠杆定律，α 相分数增加，β 相分数减少。由于原子扩散和应变引起的晶界迁移，单个的 α 晶粒合并，小的 α 晶粒变成大的 α 晶粒。Syn 等[6]在 6090/SiC25p 复合材的界面上也观察到了脱 Li 和 β 相转变成 α 相的实验现象；双相镁锂合金出现的 α 长大和 β 细化或平均 β 含量减少的特殊现象在文献［7~9］中做了实验报道。其结果，双相合金中 α 相的分数增多和 α 相晶粒长大，β 相的分数减少和 β 相晶粒细化。由于 α 相分数增多和晶粒长大以及 β 相分数减少和晶粒细化，α 相的晶粒尺寸增加，从而导致显著的晶粒长大。因此，图 6-3 中 573K 明显晶粒长大现象是由于 α 相和 β 相的原子扩散不同所致。

6.1.1.2 Mg-7.83Li 合金超塑性晶粒长大的热力学分析

上面分析的 573K 温度下 α 相分数增多和 β 相分数减少情况或文献［9］中高温下平均 β 含量减少的实验现象，可能与双相合金的热力学稳定性有关。相的稳定性取决于其 Gibbs 自由能（ΔG）的变化。$\Delta G > 0$ 时，相稳定，$\Delta G < 0$ 时，相不稳定。根据镁锂相图，假定 Mg-7.83Li 合金平衡相的化学成分为 5.7Li 和 11Li，即合金由 α(5.7Li) 相和 β(11Li) 相组成，计算了两相在 573K 温度下的 Gibbs 自由能。hcp α 相和 bcc β 相的自由能为[10]：

$$\Delta G^s = X_a \Delta G_a^0 + X_b \Delta G_b^0 + \Delta G_{mix}^{xs} - T \Delta S_{mix}^{ideal}$$

式中，X_a、X_b 分别为元素 A(Mg) 和 B(Li) 的摩尔分数；ΔG_a^0、ΔG_b^0 为晶格稳定性值；$\Delta G_a^0 = 8476 - 9.184T$，$\Delta G_b^0 = 3000 - 6.612T$；$\Delta S_{mix}^{ideal}$ 为理想混合熵，$\Delta S_{mix}^{ideal} = -R(X_a \ln X_a + X_b \ln X_b)$，$\Delta G_{mix}^{xs}$ 为 Gibbs 混合过剩自由能，

$$\Delta G_{mix}^{xs} = X_a X_b [(L_0 + L_1(X_a - X_b) + L_2(X_a - X_b)^2 + \cdots + L_n)(X_a - X_b)^n]$$

式中，L_0，L_1，$\cdots$，L_n 为与温度有关的能量参数；对 HCP（密排六方结构）α 相，$L_0 = -6856$，$L_1 = 4000$，$L_2 = 4000$；对 bcc（体心立方结构）β 相，$L_0 = -18335 + 8.49T$，$L_1 = 3481$，$L_2 = 2658 - 0.114T$。

α(5.7Li) 相和 β(11Li) 相 573K 温度下，自由能计算结果如表 6-2 所示。

表 6-2 573K 温度下，α(5.7Li) 相和 β(11Li) 相自由能计算结果

相	X_a	X_b	ΔG_{mix}^{xs}	ΔS_{mix}^{ideal}	$\Delta G^s / J \cdot mol^{-1}$
α(5.7Li)	0.82	0.18	-0.392	3.919	140
β(11Li)	0.69	0.31	-2518.259	5.147	-3006

由表 6-2 可看出，573K 温度下 α(5.7Li) 相自由能为 140J/mol（正值），β(11Li) 相自由能为 -3006J/mol（负值）。根据热力学定律，573K 温度下 β 相不稳定而 α 相稳定。这是 573K 温度下 α 相分数增多和 β 相分数减少的热力学原因。因此不同的扩散系数和热力学特点是 Mg-7.83Li 合金 573K 温度下明显的

晶粒长大的重要原因。

6.1.2 超塑性晶粒长大的一些规律性认识

这里论述不同金属与合金中的超塑性晶粒长大的一些研究成果。

早期认为[11]超塑性的晶粒尺寸、形状和晶粒分布不变。后来发现，晶粒长大直接影响到真应力-真应变曲线的形状，是合金成分、实验温度、应变速率和应变的复杂函数。

如果真应力-真应变曲线观察到显著的应变硬化，这通常是晶粒长大或相粗化的结果。但是，当起始组织（例如铸态或纤维态组织）不利于超塑性变形时，会带来应变软化的晶粒细化。因此，显微组织微妙的变化可以显著地改变其真应力-真应变曲线。大量证据表明：当存在晶粒长大时，可观察到应变硬化；当晶粒细化时，发生应变软化。当组织完全稳定或无组织变化时，可看到与应变无关的行为。

一般来说，晶粒长大随应变的增加或应变速率的降低而增大。例如在双相共析 Zn-22% Al 合金中及在单相 Zn-0.4% Al 和 Zn-0.5% Bi 合金中，变形引起的晶粒长大的增量随变形程度和降低应变速率而增加。同时晶粒长大速率随应变速率增加而不断增加。

晶粒长大也与成分和应变有关。一般来说，晶粒长大随第二相比例的增加而降低，因此，单相比双相合金更易发生晶粒长大。在单相材料中，晶粒长大是双相合金晶粒长大的 2 倍。Hayden 等[12]发现当依赖时间的晶粒长大或粗化发生时，晶粒尺寸大约增加 50%。Lindinger 等[13]发现当晶粒长大通过时间和应变确定时，在大约 800% 伸长率之后，标距部分的晶粒尺寸比夹头部分要大 50%。本书作者[14]在双相 Mg-8.42Li 合金超塑性中发现静态晶粒长大占总晶粒长大的分数为 51.65%，纯应变晶粒长大占总晶粒长大的分数为 48.35%，这与 Hayden 等和 Lindinger 等的结果十分一致。就 Al-Cu 共晶合金来说，超塑性变形后的晶粒尺寸与相同时间退火的晶粒尺寸之比约为 1.5。对该合金 $d_f - d_s \propto t^{0.26}$ 适用，式中，d_f 为超塑性后晶粒尺寸；d_s 为相同时间退火的晶粒尺寸。在几种情况下，关系式 $d_f^2 - d_{s_0}^2 \propto t$ 对单相合金晶粒长大有效。晶粒尺寸相对增加 $[(d_f - d_s)/d_s]$ 与外加真应变呈线性关系，即 $(d_f - d_s)/d_s \propto \varepsilon$，写成等式为 $(d_f - d_s)/d_s = \alpha\varepsilon$，式中，$\alpha$ 为比例系数。对双相 Mg-8.42Li 合金实验数据采用 Clark 等晶粒长大论文[15]中的 $(d_f - d_s)/d_s \propto \varepsilon$ 关系计算比例常数，发现 $\alpha = 0.215$。这与 Sato 等[16]用拓扑学关系证明的双相合金 $\ln d_f/d_s = (d_f - d_s)/d_s = \alpha\varepsilon$，$\alpha = 0.3$ 的比例常数十分接近。

实验表明，晶粒长大的最大速率对应 m 值大的应变速率。这种关系可以根据晶界滑移过程中的过量空位的产生以及假定产生的过量空位与外加应变速率之间存在的直接关系进行解释。不清楚此对应关系是否使用双相合金,但是对单相 Sn - 1% Bi 合金适用。

通常,在双相合金中,二相发生晶粒长大,同时又互相抑制晶粒长大。在有的含近单相组织的合金中,基体发生迅速的晶粒长大,第二相起抑制晶粒长大作用,第二相尺寸并不发生显著变化。

有许多研究工作针对晶粒长大动力学与应变速率的关系。已经确定变形过程中平均晶粒尺寸的变化常常取决于变形时间,符合 $\Delta d \propto \sqrt{t}$,同时,另一过程参数,晶粒长大速率 $\dot{d}$,随应变速率的增大而增大,服从经验方程: $\dot{d} = \mathrm{d}d/\mathrm{d}t = K\dot{\varepsilon}^{2/3}$。因变形引起的晶粒尺寸的增加由 $\Delta d = d_\mathrm{f} - d_\mathrm{s}$ 给出。晶粒长大研究获得了一些规律性的结果:

(1) 超塑性材料中,晶粒长大与增加相界或晶界可移动性有关,因为变形过程中不平衡晶界结构的形成导致了加速相界或晶界扩散。超塑性晶粒长大是晶界吸收晶格位错后造成晶界不平衡结构进一步影响界面迁移的结果。

(2) 晶粒长大降低晶界表面能的倾向构成了晶粒长大的驱动力。

我们发现有的合金实验的变形部分的晶粒尺寸比夹头未变形部分的晶粒尺寸大 1.7 ~ 4 倍之多。可以说,超塑性要求"组织稳定"是相对而言的,在一定温度下的晶粒长大是确信无疑的。Sato 等[16]指出,过去人们认为晶粒长大破坏了超塑性本身所需的细晶组织,是有害的。但是,现在看到,超塑性中的晶粒长大伴随着流动应力的增加,这本身又稳定了超塑性变形。这说明晶粒长大具有有害与有利的双重特性。其稳定变形的方式与室温下加工硬化方式相似。由晶粒长大引起的硬化常常未被观察到,是因为拉伸试验是在恒夹头速度条件下进行的,不是在恒应变速率条件下进行的。

应当指出,对有些准单相合金,由于第二相颗粒的强烈钉扎作用,会强烈抑制晶粒长大,表现为组织稳定。另外,晶粒长大受温度的影响很大,较低的温度下,可能晶粒长大并不明显,表现为组织稳定。

6.2 静态晶粒长大模型

静态晶粒长大方程为

$$d^q - d_0^q = kt \tag{6-1}$$

式中,d 为 t 时间后的晶粒尺寸;d_0 为初始($t = 0$)晶粒尺寸;q 为长大指数,反映抵抗晶界运动的能力;k 为长大速率因子,服从 Arrhenius 关系,$k = k_0 \exp(-Q_\mathrm{g}/RT)$;$k_0$ 为常数;Q_g 为晶粒长大激活能;t 为保温时间。从理论上说,q 值对单相合金为 2,对含第二相颗粒的合金和双相合金为 3、4、5。最近纳米 5083 铝合金热稳定性研究发现 q 为 9.4 ~ 23。由于金属与合金本质和组织特征的不同,直接影响到 q 值,所以实际材料可能出现不同于理论模型的 q 值。除了采用理论模型计算静态晶粒长大以外,目前还采用实验晶粒尺寸数据回归的方法。前者具有普适性,后者对具体材料适用。本节主要介绍代表性的静态晶粒长大理论模型。

6.2.1 $q=2$ 模型

正常晶粒长大过程中,观察到退火材料的平均晶粒尺寸(d)按以下速率关系变化:

$$V = \frac{\mathrm{d}d}{\mathrm{d}t} = \dot{d} = MF^p \quad p \geq 1 \tag{6-2}$$

式中,$M = D_{gb}/kT$,为晶界原子迁移速率;F 为晶粒长大驱动力。

$$F = (\Omega/\delta)(2\gamma/d) \tag{6-3}$$

式中,Ω 为原子体积;δ 为晶界宽度;γ 为晶界表面张力[18]。

对 $p=1$ 情况,对式(6-2)积分,得到正常长大规律

$$d^2 - d_0^2 = 2(2\gamma\Omega/\delta)(D_{gb}/kT)t \tag{6-4}$$

上式是简化形式的抛物线形式的单相材料晶粒长大方程。

下面介绍比较完整的早期 Hillert[19] 提出的单相材料晶粒长大方程。正常晶粒长大理论建立在晶界界面自由能为驱动力的基础上,假设晶界速度与晶粒弯曲的压力差成正比

$$V = M\Delta P = M\gamma\left(\frac{1}{\rho_1} + \frac{1}{\rho_2}\right) \tag{6-5}$$

式中,M 为晶界迁移速率;ΔP 为压力差;ρ_1 和 ρ_2 为主要弯曲半径。

每个晶粒尺寸的半径可以表达为相同面积或体积的等积圆或球的半径 R。从原理上来说,晶粒尺寸的净增加可以用围绕晶粒对速度 V 积分计算出来。因此净增加 $\mathrm{d}R/\mathrm{d}t$ 与围绕晶粒的速度 V 密切相关。

令

$$\frac{\mathrm{d}R}{\mathrm{d}t} = gV_{\text{average}}$$

式中,g 为晶粒形状因子,对圆形晶粒,g 为 1,对普通晶粒,g 可能略大一些。于是,式(6-5)可以写为

$$\frac{\mathrm{d}R}{\mathrm{d}t} = M\gamma g\left(\frac{1}{\rho_1} + \frac{1}{\rho_2}\right)_{\text{average}} \tag{6-6}$$

由于单相材料中晶粒形状复杂,晶粒之间和绕每个晶粒的四周发生不同的弯曲变化。但我们只对 $g(\rho_1^{-1} + \rho_2^{-1})_{\text{average}}$ 感兴趣。晶粒长大理论的中心是解决这个平均值问题。在此,我们不是解决此复杂的问题而是做最简单的可能性选择。假定大 R 为正,小 R 为负,设穿过零点的临界尺寸为 R_{cr}。最简单的选择为

$$g\left(\frac{1}{\rho_1}+\frac{1}{\rho_2}\right)_{\text{average}}=\alpha\left(\frac{1}{R_{\text{cr}}}-\frac{1}{R}\right) \qquad (6-7)$$

式中，α 为一个无量纲常数。

把式（6-7）代入式（6-6），得到关于半径 R 的晶粒平均长大速率表达式

$$\frac{\mathrm{d}R}{\mathrm{d}t}=\alpha M\gamma\left(\frac{1}{R_{\text{cr}}}+\frac{1}{R}\right) \qquad (6-8)$$

上式为关于 R 的 $q=2$ 的基本方程。

6.2.2　$q=3$ 模型

Lifshitz、Slyozov 和 Wangner[20,21]（LSW）对弥散相稀少（体积分数 $\phi=0$）的合金提出扩散控制的颗粒粗化理论，$q=3$。大颗粒消耗，小颗粒长大，这种长大方式称为聚合。LSW 晶粒长大方程为

$$\bar{r}^3-\bar{r}_0^3=\left(\frac{8\gamma C_{\text{e}}D\Omega^2}{9RT}\right)t \qquad (6-9)$$

式中，$\bar{r}$ 为 t 时间后的平均晶粒半径；$\bar{r}_0$ 为初始（$t=0$）平均晶粒半径；C_{e} 为平衡浓度；Ω 为析出物的摩尔体积。

Ardell[22]对 LSW 模型做了改进，引入体积分数 ϕ，提出了 MSLW 晶粒长大方程

$$\bar{r}^3-\bar{r}_0^3=k(\phi)t \qquad (6-10)$$

式中，$k(\phi)=3\alpha D\Omega\dfrac{\bar{\rho}(\phi)^3}{\nu(\phi)}$；各个参数在下面推导过程中逐步给出。

设材料由基体与第二相颗粒组成，Zener[23]获得颗粒-基体界面的浓度梯度

$$\left.\frac{\mathrm{d}c}{\mathrm{d}R}\right|_{R=r}=\frac{c'-c_{\text{r}}}{r} \qquad (6-11)$$

式中，c 为距离 R（$r<R<\infty$）处的溶质浓度；c_{r} 为半径为 r 的颗粒的界面浓度；c' 为离颗粒很远距离（$R=\infty$）处的溶质浓度。

Ardell 引入考虑颗粒分数的参数，提出式（6-11）的修正方程

$$\left.\frac{\mathrm{d}c}{\mathrm{d}R}\right|_{R=r}=\frac{c'-c_{\text{r}}}{r}(1+\beta\rho) \qquad (6-12)$$

式中，$\beta=(6\phi^{1/3})/[e^{8\phi}\Gamma(\phi)]$；$\Gamma(\phi)=\int_{8\phi}^{\infty}x^{-\frac{2}{3}}e^{-x}\mathrm{d}x$；$\rho=r/r_{\text{cr}}$，$\rho$ 为相对颗粒尺寸；r_{cr} 为临界半径。

根据 Lifshitz 和 Slyozov 处理，式（6-12）首先与溶质对半径 r 的颗粒的流量有关，从而获得其长大速率

$$\frac{\mathrm{d}r}{\mathrm{d}t}=D\Omega\frac{c'-c_{\text{r}}}{r}(1+\beta\rho) \qquad (6-13)$$

式中，D 为溶质在基体中的扩散系数；Ω 为析出物的摩尔体积；将因子 $c' - c_r$ 写成 $(c' - c_e) - (c_r - c_e)$，并采用 Gibbs - Thomson 方程，把 $c_r - c_e$ 表达为 r 的函数，即

$$c_r - c_e = \alpha / r \qquad (6-14)$$

式中，$\alpha = 2\gamma\Omega c_e / (RT)$；$\gamma$ 为颗粒 - 基体的界面自由能；c_e 为平衡溶质浓度。

令 $r_{cr} = \alpha / (c' - c_e)$，考虑到式（6-14），则式（6-13）变成

$$\frac{dr}{dt} = \frac{\alpha D \Omega}{r} \left(\frac{1}{r_{cr}} - \frac{1}{r} \right) (1 + \beta\rho) \qquad (6-15)$$

也可以写为

$$\frac{dr^3}{dt} = 3\alpha D\Omega(\rho - 1)(1 + \beta\rho) \qquad (6-16)$$

注意到当 $r = r_{cr}$、$\rho = 1$ 时，$dr/dt = 0$，结果，临界半径与原始 LSW 理论存在相同之处。

现在把式（6-16）转化成相对半径 ρ 的变化率。将 ρ^3 对 t 微分，借助式（6-16）和一些代数处理，得

$$\frac{d\rho^3}{dt} = \frac{1}{r_{cr}} \left[3\alpha D\Omega(\rho - 1)(1 + \beta\rho) - \rho^3 \frac{dt}{dr_{cr}^3} \right] \qquad (6-17)$$

用 dt/dr_{cr}^3 乘式（6-17）的两边，并令 $\tau = \ln(r_{cr}^3)$，得

$$\frac{d\rho^3}{d\tau} = (\rho - 1)(1 + \beta\rho)\nu - \rho^3 \qquad (6-18)$$

$$\nu = \nu(\phi) = 3\alpha D\Omega (dt/dr_{cr}^3) \qquad (6-19)$$

只有当 ν 为常数时，有可能获得微分方程（6-18）的稳态解。通过设定 $d\rho^3/d\tau$ 和 $d(d\rho^3/d\tau)/d\rho$ 等于零，可以得到 ν 值。

积分式（6-19），得

$$r_{cr}^3 - r_{cr0}^3 = \frac{3\alpha D\Omega}{\nu(\phi)} t \qquad (6-20)$$

式中，r_{cr0} 为 $t = 0$（粗化开始）时的临界颗粒尺寸。表明临界颗粒尺寸随 $t^{1/3}$ 增加。

由式（6-20）可知

$$K = K(\phi) = \frac{3\alpha D\Omega}{\nu(\phi)} \qquad (6-21)$$

可看出 K 是 ϕ 的函数。

通过令方程（6-18）和其相对 ρ 的一阶导数为零，得

$$\nu = \frac{\rho_m^3}{\beta\rho_m^2 + (1-\beta)\rho_m - 1} = \frac{3\rho_m^3}{1 + 2\beta\rho_m - \beta} \qquad (6-22)$$

$$\rho_m = \frac{(\beta^2+\beta+1)^{\frac{1}{2}}-(1-\beta)}{\beta} \qquad (6-23)$$

式中，新参数 ρ_m 为理论最大相对颗粒尺寸。

易于发现，当 $\beta\to 0$，$\nu\to 27/4$，$\rho_m\to 3/2$ 时，方程（6-20）重现 LSW 方程形式。

Ardell 进一步获得颗粒尺寸分布函数，令 $\bar\rho = \bar r/r_{cr}$，得

$$\bar\rho = \int_0^{\rho_m}\rho g(\rho)\mathrm{d}\rho \qquad (6-24)$$

式中，$g(\rho)$ 为关于 ρ 的分段函数。

为了把方程（6-20）变成实用的形式，由于平均半径 $\bar r$ 可以由实验确定，式（6-24）给出了 $\bar\rho$ 与 ϕ 之间的关系。考虑到平均颗粒尺寸，式（6-20）粗化方程可以表示为

$$\bar r^3 - \bar r_0^3 = 3\alpha D\Omega\frac{\bar\rho^3(\phi)}{\nu(\phi)}t \qquad (6-25)$$

于是，粗化速率常数为 $k(\phi)$，

$$k(\phi) = 3\alpha D\Omega\frac{\bar\rho^3(\phi)}{\nu(\phi)} \qquad (6-26)$$

当 $\nu(0) = 27/4$ 和 $\bar\rho(0) = 1$ 时，得

$$k(0) = \frac{4\alpha D\Omega}{9} = \frac{8\gamma c_e D\Omega^2}{9RT} \qquad (6-27)$$

式（6-27）为 LSW 方程（6-9）的速率常数。

为强调 ϕ 对粗化速率的影响，得到

$$\frac{k(\phi)}{k(0)} = \frac{27}{4}\frac{\bar\rho^3(\phi)}{\nu(\phi)} \qquad (6-28)$$

Ardell 根据式（6-28）计算出 $k(\phi)/k(0)$ 比值的曲线和反映 ϕ 与 β、ν、ρ_m、$\bar\rho$ 和 $k(\phi)/k(0)$ 的关系的数据表，使用起来十分方便。$q=3$ 模型适用于含有颗粒的准单相合金和双相合金的静态晶粒长大。

6.2.3 $q=4$ 模型

Slyozov 第一次发现静态晶粒长大的 $q=4$ 关系。不久，Speight 独立推导了与 Slyozov 相同的结果。后来 Kirchner 和 Wagner 获得了 $q=4$ 表达式。上述处理的共同特点是假定溶质扩散局限在晶界面上，研究的晶粒长大问题是晶界析出物粗化，换句话说，把晶粒中的颗粒粗化处理为基体-析出物粗化。Ardell[24]针对大角度晶界的析出物粗化和位错边界（小角度晶界）两种情况，分别推导了 $q=4$ 方程式。由于大角度晶界对超塑性研究的重要性。这里，主要介绍 Ardell 大角度晶界的析出物粗化的晶粒长大方程。

假设位于晶界的半径为 R 的半球帽。由于颗粒长大或收缩，其体积 V 按以下方程[25]变化

$$\frac{dV}{dt} = \left[\frac{2}{3} - \frac{\gamma_{gb}}{2\gamma} + \frac{1}{3}\left(\frac{\gamma_{gb}}{2\gamma}\right)^3\right]6\pi R^2 \frac{dR}{dt} = 6\pi A R^2 \frac{dR}{dt} \qquad (6-29)$$

式中，γ_{gb} 和 γ 分别为单位面积的晶界界面自由能和颗粒-基体界面自由能；A 为几何常数。

由于可以方便地测量边界上的颗粒的半径（或直径），因此采用半径（r）而不是 R 代表颗粒尺寸。这里，$R = r/\sin\theta$，式中 θ 为颗粒-基体界面之间的角度。

于是，式（6-29）变为

$$\frac{dV}{dt} = 6\pi H r^2 \frac{dr}{dt} \qquad (6-30)$$

式中，H 代表几何因子，等于 $A/\sin^3\theta$。

下面确定边界面上颗粒-基体界面的浓度梯度。对半径 r 和 r' 的同心圆柱体的稳态扩散问题，存在众所周知的数学解

$$\left.\frac{dc}{d\rho}\right|_{\rho=r} = \frac{c' - c_r}{r}\frac{1}{\ln(r'/r)} \qquad (6-31)$$

式中，$dc/d\rho$ 为边界面上相对径向坐标（ρ）的浓度梯度；c_r 为 $\rho = r$ 处的溶质浓度；c' 为 $\rho = r'$ 处的浓度。

注意：如果方程（6-31）的 r' 接近无穷大，$\left.\frac{dc}{d\rho}\right|_{\rho=r}$ 接近零，则不发生粗化。

设 Ω 为析出物的摩尔体积，$\dot{n}$ 为单位时间进入（或离开）析出物的溶质的摩尔数。采用 Fick 第一定律，使 $\dot{n}$ 与颗粒-基体界面的溶质流量发生联系，考虑到方程（6-31），得

$$\frac{dr}{dt} = \frac{\delta \Omega D_{gb}}{3Hr^2}\frac{c' - c_r}{\ln(r'/r)} \qquad (6-32)$$

式中，δ 为晶界宽度；D_{gb} 为晶界溶质扩散系数。

采用 Gibbs-Thomson 方程

$$c_r - c_e = \frac{2\gamma c_e \Omega \sin\theta}{rRT} \qquad (6-33)$$

式中，c_e 为无限大颗粒平衡溶质浓度；RT 具有通常的含义。

定义临界半径 r_{cr}，它与过量溶质处于（不稳定的）平衡状态。于是，式（6-33）变为

$$c' - c_e = \frac{2\gamma c_e \Omega \sin\theta}{r_{cr} RT} \qquad (6-34)$$

设给定时刻颗粒界面处的溶质浓度恰好为 c'，颗粒既不长大也不收缩。把式

(6-33) 和式 (6-34) 代入方程 (6-32), 得

$$\frac{\mathrm{d}r}{\mathrm{d}t} = \frac{2\gamma c_e D_{\mathrm{gb}} \delta \Omega^2}{3 G r^3 R T} \frac{\frac{r}{r_{\mathrm{cr}}} - 1}{\ln(r'/r)} \tag{6-35}$$

式中, $G = H/\sin\theta = A/\sin^4\theta = A/[1 - (\gamma_{\mathrm{gb}}/2\gamma)^2]^2$。

为了建立 r'/r 与 ϕ 之间合适的关系, 首先写出下列关系式:

$$r' = r + \frac{<l>}{2} \tag{6-36}$$

式中, $<l>$ 为半径为 r 的颗粒与其最近邻之间的平均自由程。

$<l>/r_{\mathrm{cr}}$ 与 ϕ 之间的关系式为

$$\frac{<l>}{r_{\mathrm{cr}}} = \frac{e^{4\phi}}{2\phi^{1/2}} \Gamma\left(\frac{1}{2}, 4\phi\right) \tag{6-37}$$

式中, $\Gamma\left(\frac{1}{2}, 4\phi\right)$ 为不完全 Gamma 函数。

$$\Gamma\left(\frac{1}{2}, 4\phi\right) = \int_{4\phi}^{\infty} x^{-1/2} e^{-x} \mathrm{d}x \tag{6-38}$$

把式 (6-37) 代入式 (6-36), 得

$$\frac{r'}{r} = 1 + \frac{1}{\eta u} \tag{6-39}$$

式中

$$\eta = \frac{4\phi^{1/2}}{e^{4\phi} \Gamma\left(\frac{1}{2}, 4\phi\right)} \tag{6-40}$$

和

$$u = r/r_{\mathrm{cr}} \tag{6-41}$$

式 (6-35) 可以写为

$$\frac{\mathrm{d}r^4}{\mathrm{d}t} = \frac{8\gamma c_e D_{\mathrm{gb}} \delta \Omega^2}{3 G R T} \frac{u - 1}{\ln[(1 + \eta u)/\eta u]} \tag{6-42}$$

下面类似 Lifshitz 和 Slyozov 处理, 推导晶粒粗化理论。根据式 (6-41) 和方程 (6-42), 得

$$\frac{\mathrm{d}u^4}{\mathrm{d}t} = \frac{1}{r_{\mathrm{cr}}^4}\left[\frac{8\gamma c_e D_{\mathrm{gb}} \delta \Omega^2}{3 G R T} \frac{u - 1}{\ln[(1 + \eta u)/\eta u]} - \frac{u^4 \mathrm{d}r_{\mathrm{cr}}^4}{\mathrm{d}t}\right] \tag{6-43}$$

方程 (6-43) 两边乘上 $\mathrm{d}t/\mathrm{d}r_{\mathrm{cr}}^4$, 得

$$\frac{\mathrm{d}u^4}{\mathrm{d}\tau} = \frac{(u-1)\nu}{\ln[(1+\eta u)/\eta u]} - u^4 \tag{6-44}$$

式中

$$\tau = \ln r_{\mathrm{cr}}^4 \tag{6-45}$$

和

$$\nu = \frac{8\gamma c_e D_{gb} \delta \Omega^2}{3GRT} \frac{dt}{d_{cr}^4} \quad (6-46)$$

式（6-46）为晶界粗化速率方程的微分形式。积分式（6-46），得

$$r_{cr}^4 - r_{cr0}^4 = \frac{8\gamma c_e D_{gb} \delta \Omega^2}{3\nu GRT} t \quad (6-47)$$

式中，r_{cr0} 为粗化开始临界半径。

式（6-47）表明临界颗粒尺寸随 $t^{1/4}$ 增加。

方程（6-44）的稳态数学解是 ν 与时间 t 无关。为了找到容许的 ν 值，设 $du^4/d\tau$ 和 $d(du^4/d\tau)/du$ 等于零。经过代数处理，得

$$\nu = \frac{u_m^4}{(3u_m - 4)(1 + \eta u_m)} \quad (6-48)$$

和

$$\frac{u_m - 1}{3u_m - 4} = (1 + \eta u_m) \ln[(1 + \eta u_m)/\eta u_m] \quad (6-49)$$

式（6-49）右边，$\ln[(1+\eta u_m)/\eta u_m] \to 1/\eta u_m$，于是 u_m 可解。

类似 $q=3$ 的 Ardell 处理，引入稳态颗粒尺寸分布函数 $g(u)$，引入平均 u 值

$$<u> = \bar{r}/r_{cr} \quad (6-50)$$

使其与颗粒体积分数 ϕ 发生联系

$$<u> = \int_0^{u_m} u g(u) du \quad (6-51)$$

式（6-47）变成

$$\bar{r}^4 - \bar{r}_0^4 = \frac{8\gamma c_e D_{gb} \delta \Omega^2}{3GRT} \frac{<u(\phi)>^4}{\nu(\phi)} t \quad (6-52)$$

作 $<u>$ 与 ϕ 关系的曲线、ν 与 ϕ 关系的曲线。查曲线可得 $<u(\phi)>$ 和 $\nu(\phi)$，从而求解式（6-52）晶粒粗化（长大）尺寸。

为了便于使用，Senkov 等[26]提出以下简化方程：

$$\bar{r}^4 - \bar{r}_0^4 = B_2 \frac{\gamma c_e D_{gb} \delta \Omega}{RT} t \quad (6-53)$$

式中，B_2 为与 ϕ 和颗粒几何条件有关的常数。

6.2.4　$q=5$ 模型

当析出物粗化发生在三叉晶界时，会发生 $q=5$ 晶粒长大。Senkov 等[26]做三点假设：

（1）颗粒均匀分布在基体晶界的连接处，颗粒为球形颗粒；

（2）溶质到达或离开颗粒的扩散主要通过沿连接处的管扩散发生，扩散横

断面为 s, $s \approx 10\delta^2$;

(3) 粗化发生在稳态扩散条件下。

沿连接处第 i 个颗粒的扩散通量

$$j = -(sD/\Omega)\frac{dC}{dx}\bigg|_{x=r_i} \tag{6-54}$$

式中,$\frac{dC}{dx}\bigg|_{x=r_i}$ 为靠近半径 r_i 沿三叉界连接处的溶质的浓度梯度;D 为扩散系数。

该通量决定了颗粒长大速率 dr_i/dt。

对稳态扩散条件,有

$$\frac{4\pi r_i^2}{\Omega}\frac{dr_i}{dt} = \frac{sD}{\Omega}\frac{dC}{dx}\bigg|_{x=r_i} \tag{6-55}$$

等号左边为颗粒体积变化速率。

从 r_i 到 $(r_i + \bar{l}/2)$ 对三叉界连接处积分式 (6-55),得

$$r_i^2 \frac{dr_i}{dt} = \frac{sD(c' - c_{r_i})}{2\pi\bar{l}} \tag{6-56}$$

式中,c_{r_i} 为平衡溶质浓度,服从 Gibbs - Thomson 方程;c' 为距离颗粒中心 ($r_i + \bar{l}/2$) 的溶质浓度;$\bar{l}$ 为颗粒与其近邻之间的平均自由程。如果知道颗粒体积分数 (ϕ)、平均晶粒直径 ($\bar{d}$) 和晶粒形状,容易确定 $\bar{l}$。

$$\bar{l}/2 = \bar{r}\left[\frac{h}{\phi}(\bar{r}/\bar{d})^2 - 1\right] \equiv H\bar{r} \tag{6-57}$$

式中,$\bar{r}$ 为颗粒平均半径;h 为晶粒形状参数 ($h \sim 4$);当正常长大终止时,$\bar{d}$ 与 $\bar{r}$ 呈线性关系;H 为不依赖退火时间的常数。

将式 (6-57) 代入式 (6-56),对 c_{r_i} 采用 Gibbs - Thomson 方程,并参考文献 [25],得

$$\frac{dr_i}{dt} = \frac{s\gamma\Omega Dc_0}{2\pi HRTr_i^2\bar{r}}\left(\frac{1}{\bar{r}} - \frac{1}{r_i}\right) \tag{6-58}$$

式中,c_0 为连接处平衡浓度。

式 (6-58) 对 r_i 微分表明尺寸 $r_m = 4/3\bar{r}$ 的颗粒具有最快速率。那些颗粒确定了平均颗粒长大速率

$$\frac{d\bar{r}}{dt} = \frac{27}{512}\frac{s\gamma\Omega Dc_0}{\pi HRT\bar{r}^4} \tag{6-59}$$

积分方程 (6-59),得

$$\bar{r}^5 - \bar{r}_0^5 = \frac{135}{512}\frac{s\gamma\Omega Dc_0}{\pi HRT}t \tag{6-60}$$

另外,Ardell[24] 对小角度晶界提出位错管扩散控制的静态晶粒长大模型。当

位错间距大于颗粒半径时，平均颗粒尺寸随 $t^{1/5}$ 增大。

$$\bar{r}^5 - \bar{r}_0^5 = (1.0338)^5 \left(\frac{3}{4}\right)^4 \frac{5\gamma c_e D_p s N\Omega^2 \eta}{6\pi RT} \quad (6-61)$$

式中，γ 为界面能；c_e 为平衡溶质浓度；D_p 为位错管（芯）扩散系数；s 为横断面面积；$s \approx 10\delta^2$；N 为与颗粒交接（割）的位错总数；Ω 为析出物的摩尔体积；η 为式（6-40）确定的数值，RT 为气体常数与温度的乘积。

6.2.5 Cao 对 Mg-8.42Li 合金静态晶粒长大的计算

根据前面介绍，静态晶粒长大模型 q 值与扩散类型的关系如表 6-3 所示。

表 6-3 q 值与扩散类型的关系

q 值	2	3	4	5
扩散类型	晶界扩散	晶格扩散	晶界扩散	位错管扩散或晶界扩散
扩散系数	D_{gb}	D_l	D_{gb}	D_p 或 D_{gb}

为了计算双相 Mg-8.42Li 合金的静态晶粒长大，采用试算的方法，核心问题是确定晶粒长大速率因子 K。

首先，用 $q=2$、式（6-4）计算。参考文献 [27] 的数据，计算得：$K_{理论} = 5.04 \times 10^{-10} \text{m}^2/\text{s}$，$K_{实验} = 1.245 \times 10^{-14} \text{m}^2/\text{s}$。理论计算的 K 值是实验计算的 K 值的 40500 倍，说明 $q=2$ 晶粒长大速度是非常快的。同时说明式（6-4）适合于纯金属和单相合金，不适合于双相 Mg-8.42Li 合金。

其次，用 $q=4$、式（6-53）计算。计算得：$K_{理论} = 1.89 \times 10^{-29} \text{m}^4/\text{s}$，$K_{实验} = 3.55 \times 10^{-25} \text{m}^4/\text{s}$。理论计算的 K 值是实验计算的 K 值的 5.27×10^{-5} 倍，说明 $q=4$ 理论晶粒长大速度是非常慢的，不适合于双相 Mg-8.42Li 合金。

再次，用 $q=3$、式（6-27）和式（6-25）计算。计算得：$K_{理论}(0) = K_{LSW} = 4.10 \times 10^{-26} \text{m}^3/\text{s}$，$K_{理论}(0.48) = 7.31 \times 10^{-25} \text{m}^3/\text{s}$，$K_{实验} = 3.43 \times 10^{-20} \text{m}^3/\text{s}$。理论计算的 Ardell K 值是实验计算的 K 值的 1.7×10^{-4} 倍，说明 $q=3$ 理论晶粒长大速度仍然很慢，但比 $q=2$ 和 $q=4$ 方程接近实验值。有必要对此结果做修正。

修正后的理论晶粒长大方程为

$$\bar{r}^3 - \bar{r}_0^3 = 17606\left(\alpha D_l \Omega \frac{\bar{\rho}}{\nu}\right) t \quad (\text{m}) \quad (6-62)$$

实验晶粒长大方程为

$$d^3 - d_0^3 = 0.2746 t \quad (\mu\text{m}) \quad (6-63)$$

从上述计算可以看出，尽管人们对晶粒长大做了大量理论研究，包括后来

Voorhees 等[28]和 Tsumuraya 等[29]对 $q=3$ 做了改进，但计算的准确性仍存在一定问题。正如 Atkinson[30]对单相合金晶粒长大研究的那样，认为一个统一的计算静态晶粒长大的准确模型仍然难以找到。但是，应当看到前述模型的优点是静态晶粒粗化（长大）的理论体系比较完备。Senkov 等[26]对 Zn-22Al 合金晶粒长大涉及的 $q=3$ 和 $q=4$ 的判定，提出了判定晶界扩散和晶格扩散的方法，模型对机理预测十分准确，在了解扩散机理的基础上试算后再修正模型，不失为确定长大方程的一个好方法。本书作者[31]应用晶粒粗化（长大）机理成功地解答了 AZ31 镁合金半固态二次加热过程中晶粒长大的机理。

6.3 超塑性变形诱发晶粒长大机理与模型

变形诱发晶粒长大（DIGG）是超塑性变形组织变化的重要特征之一，是超塑性材料普遍存在的一种现象。由于不同材料性质和变形温度的不同，材料表现的 DIGG 的程度也不同。获得变形诱发晶粒长大模型是实现超塑性材料流动速控过程机理预报、真实激活能的确定及空洞形核长大与断裂模型精确化的重要条件[32]。

6.3.1 Clark-Alden 变形诱发晶粒长大机理与模型

Clark 与 Alden[15]对单相 Sn-1%Bi 合金获得 300%的超塑性，研究了变形诱发晶粒长大（DIGG）。研究发现：

(1) 与静态退火晶粒长大速率相比，变形诱发的晶粒长大速率明显；
(2) 现象（1）在高应变速率敏感性区，在中等应变速率下最显著。
(3) 实验证明晶粒尺寸增加量随应变增大而增加。

在此基础上，他们提出"过量空位"理论：晶界滑移产生过量空位，导致晶界可动性的增加，晶界迁移导致晶粒长大。

晶粒尺寸增大起因于变形过程中晶界迁移速率 G 的增大。对正常晶粒长大，有

$$G = M\frac{dF}{dx} = \frac{d\overline{D}}{dt} \tag{6-64}$$

式中，M 为可动性或迁移率；dF/dx 为沿晶界迁移方向横跨晶界的单位原子自由能梯度，$d\overline{D}/dx$ 为平均晶粒直径的变化率或晶粒长大速率。

$$M = D_{gb}/kT$$

式中，k 为 Boltzmann 常数。

在充分再结晶的材料中，驱动力或自由能梯度与晶界表面能的降低成正比

$$\frac{dF}{dx} \propto \frac{1}{D} \tag{6-65}$$

实验证据表明，晶界滑移可以增加晶界处或晶界附近的扩散系数，因而产生晶界过量空位。如果这些空位产生率与应变速率成正比以及空位退火速率与过量空位浓度成正比，那么控制空位浓度的方程为

$$dn_x = K_1 \dot{\varepsilon} dt - n_x K_2 dt \tag{6-66}$$

式中，n_x 为应变引起的空位原子分数；K_1 为常数；$K_1 \dot{\varepsilon}$ 为空位产生率；$\dot{\varepsilon}$ 为应变速率；K_2 为常数，取决于空位阱的性质。

积分式（6-66），得

$$n_x = \frac{K_1}{K_2} \dot{\varepsilon} [1 - \exp(-K_2 t)] \tag{6-67}$$

式中，t 为一定应变速率下达到一定应变花费的时间。

如果扩散通过空位机理发生，扩散系数与总空位原子分数成正比。于是，承受应变的材料的扩散系数与 $(n_x + n_v)$ 成正比，这里 n_v 为平衡空位浓度。

根据式（6-64）、式（6-65），得

$$\frac{d\overline{D}}{dt} = M \frac{dF}{dx} = \frac{D_{gb} k''}{kT\overline{D}} \tag{6-68}$$

式中，k'' 为比例常数。

当空位浓度处于热平衡时，$D_{gb} \propto n_v$，因此

$$\frac{d\overline{D}}{dt} = \frac{k' n_v}{\overline{D}} \tag{6-69}$$

式中，$k' = k''/kT$ 为恒定温度下的比例常数。

积分方程（6-69），得

$$\overline{D}^2 - \overline{D}_0^2 = 2k' n_v t \tag{6-70}$$

式（6-70）为 $q=2$ 静态晶粒长大方程。在晶界产生过量空位的情况下，长大速率为

$$\frac{d\overline{D}}{dt} = \frac{k'(n_x + n_v)}{\overline{D}} \tag{6-71}$$

将式（6-67）代入方程（6-71），得

$$\frac{d\overline{D}}{dt} = \frac{k'\left[\frac{K_1}{K_2}\dot{\varepsilon}(1 - \exp(-K_2 t)) + n_v\right]}{\overline{D}} \tag{6-72}$$

积分方程（6-72），得到晶粒尺寸与时间和应变速率的关系

$$\overline{D}^2 - \overline{D}_0^2 = 2k'\left[\left(\frac{K_1}{K_2}\dot{\varepsilon} + n_v\right)t - \frac{K_1}{K_2}\dot{\varepsilon}\left(\frac{1 - \exp(-K_2 t)}{K_2}\right)\right] \tag{6-73}$$

如果式（6-73）的各个参数已确定，就可以计算获得各种应变速率下晶粒尺寸与时间的关系曲线。该模型的缺点是有关参数需要由实验获得，不像 6.2 节

中 $q=2$ 静态晶粒长大公式可以得到确切的数值那样。该模型的价值在于在 Ball – Hutchison、Langdon、Mukherjee 和 Ashby – Verral 确定超塑性晶界滑移理论之后，首先提出了 DIGG 模型。

6.3.2 Wilkinson – Caceres 变形诱发晶粒长大机理与模型

Wilkinson 和 Caceres[33]对几种超塑性典型材料（单相和双相）晶粒长大速率数据进行系统研究，获得图 6-4。Sn – Bi 和 Coronze（Cu – Al – Si – Co）合金为单相合金，其余为双相合金。类似应力与应变速率的 S 曲线特征，作者将晶粒长大速率划分为三区：Ⅰ区（低应变速率）、Ⅱ区（中等应变速率）和Ⅲ区（高应变速率）。Ⅰ区为静态退火占据的区域，无 DIGG。Ⅱ区，图 6-4 中的直线段表明：$\dot{d} = \lambda d_0 \dot{\varepsilon}$，式中，对所有材料 $\lambda \approx 1$。Ⅲ区，$\dot{d} = \dot{d}_u$，式中，$\dot{d}_u$ 为迁移速率上限。

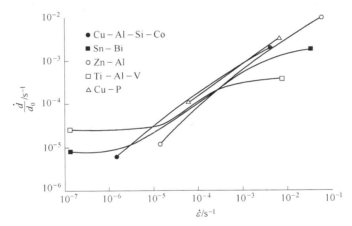

图 6-4　晶粒长大速率 $\dot{d}$ 与初始晶粒尺寸 d_0 归一化与应变速率的关系
（为清楚起见，每根曲线的两端标记符号表示所代表的合金）

Wilkinson 和 Caceres[34]提出两个 DIGG 模型：一个模型针对单相材料，认为 DIGG 是由晶界滑移在三叉点产生损伤引起，晶界迁移修复损伤，从而增强正常晶粒长大过程，即"三叉界损伤"理论。另一个模型针对双相合金，建立在 Holm 等[35]假说的基础上，认为超塑性流动增强（钉扎晶界）的颗粒粗化。下面分别介绍这两个模型。

6.3.2.1 三叉界损伤晶粒长大模型

在承认超塑性流动晶界滑移起关键作用的前提下，Wilkinson 和 Caceres 以 Walter 和 Cline 的工作[36]作为起点，认为滑移与迁移是耦合的、顺序的（或串联

的）过程。以 n 步晶界迁移距离 a 所需的平均时间为

$$\frac{a}{v_s} = \frac{ns}{\dot{s}} + \frac{a}{v_m} \tag{6-74}$$

式中，s 为每步晶界滑移的距离；$\dot{s}$ 为滑移速率；v_s 为滑移诱发的晶界速度；v_m 为伴随晶界滑移的晶界迁移速度。

如果设 b（单位滑移的迁移量）等于单位滑移的平均迁移距离（即 $b=a/ns$），那么净滑移诱发的迁移速率为

$$v_s = \left(\frac{1}{b\dot{s}} + \frac{1}{v_m}\right)^{-1} \tag{6-75}$$

除了该滑移诱发的迁移以外，晶界还以 v_a（无变形退火过程中的边界滑移速度）向弯曲中心自然地迁移。有理由粗略地假定这两个过程独立发生。因此，总边界迁移速率为

$$v = v_a + v_s = v_a + \frac{b\dot{s}v_m}{b\dot{s} + v_m} \tag{6-76}$$

参数 b 代表单位滑移的平均距离，有

$$b = cf \tag{6-77}$$

式中，c 为单位滑移产生的变形区深度；f 为与晶粒尺寸分布有关的函数。

由于滑移引起的晶粒长大净增加，式（6-76）可以用平均晶粒长大速率 $\dot{d}$ 来表示。于是

$$\dot{d} = \dot{d}_a + \frac{b\dot{s}\dot{d}_m}{b\dot{s} + \dot{d}_m} \tag{6-78}$$

式中，$\dot{d}_a$ 为静态退火晶粒长大速率；$\dot{d}_m$ 为迁移极限晶粒长大速率。

图 6-5 为滑移诱发迁移的几何模型。

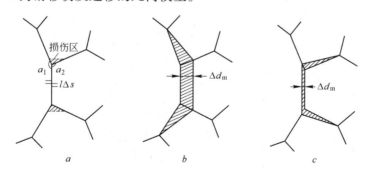

图 6-5 滑移诱发迁移的几何模型

（由于 Δs 的滑移，造成三叉界处产生损伤，进而在垂直晶界方向产生 Δd_m 的迁移量）

a—滑移产生损伤区，通过损伤区晶界可以迁移；b—晶界离开较大的晶粒；

c—晶界朝向较大的晶粒

下面确定滑移与变形的关系。晶界滑移对应变速率的贡献由下式给出：

$$\dot{\varepsilon}_s \approx \frac{\dot{s}}{d} \quad (6-79)$$

超塑性流动期间由滑移引起的总应变分数是很高的，有

$$\alpha = \frac{\dot{\varepsilon}_s}{\dot{\varepsilon}} \quad (6-80)$$

对大多数材料，在接近应变速率敏感性（m 值）峰值的应变速率下，α 为 0.5～0.8。在低应变速率和高应变速率下，α 降低为原来的 $1/2^{[37]}$。

把式（6-79）和式（6-80）代入式（6-78），得到晶粒长大速率与应变速率关系：

$$\dot{d} = \dot{d}_a + \frac{\alpha b d \dot{\varepsilon} \dot{d}_m}{\alpha b d \dot{\varepsilon} + \dot{d}_m} \quad (6-81)$$

式（6-81）与图 6-4 的 S 曲线对应。Ⅰ区，$\dot{d} = \dot{d}_a$；Ⅱ区，$\dot{d} = \alpha b d \dot{\varepsilon}$；Ⅲ区，$\dot{d} = \dot{d}_m = \dot{d}_u$。说明高应变速率下，晶粒长大速率受晶界迁移率的限制。

6.3.2.2 颗粒粗化晶粒长大模型

对双相材料，最大晶粒尺寸由下式给出：

$$d_{\max} = \frac{2r}{3f_v} \quad (6-82)$$

式中，r 为颗粒平均半径；f_v 为颗粒体积分数，对双相合金，由于 f_v 很大，所以最大晶粒尺寸相当于第二相颗粒的尺寸。

基于 Ostwald 熟化的颗粒粗化理论前面已介绍，这里介绍颗粒聚合引起的粗化。

如图 6-6 所示，Wilkinson 和 Caceres 提出通过晶粒换位的颗粒粗化示意图。作者以 Ashby - Verrall 晶粒换位模型$^{[38]}$ 为基础，在外力作用下晶粒发生图 6-6a～d 的变化，颗粒起初位于晶界处（图 6-6a），然后颗粒接触（图 6-6b）与聚合（图 6-6c），最后位于换位后晶粒的三叉界上（图 6-6d）。

随着 C 和 D 晶粒接近（图 6-6b），晶粒角处的颗粒接触并聚合（图 6-6c）。净结果（图 6-6d）为颗粒数量减少 50%（对二维模型）和减少 75%（对三维模型）。

Ashby - Verrall 一个晶粒换位过程给出的应变，$\dot{\varepsilon}_s$，为 0.55。Holm 等$^{[35]}$ 估算三维固体换位过程，换位导致颗粒数量的减少，$k \approx 0.75$。于是，单位应变的颗粒粗化速率为

$$\frac{\partial r_\varepsilon}{\partial \varepsilon} = -\frac{\ln(1-k)}{3\varepsilon_s} r \quad (6-83)$$

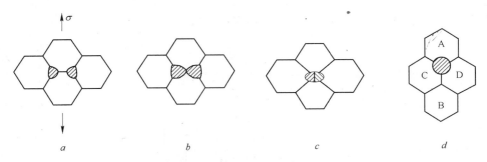

图 6-6 晶粒换位的颗粒粗化示意图

对双相材料,根据式(6-82),颗粒体积分数一定,$d \approx r$。因此,式(6-83)变为:

$$\frac{\partial d_\varepsilon}{\partial \varepsilon} = -\frac{\ln(1-k)}{3\varepsilon_s}d \tag{6-84}$$

由 Ⅱ 区,$\dot{d} = \alpha b \dot{\varepsilon}$,可得单位应变的滑移诱发晶粒长大

$$\frac{\partial d_\varepsilon}{\partial \varepsilon} = \alpha b d \tag{6-85}$$

注意到式(6-84)和式(6-85)存在类似之处。式(6-84)积分并对时间求导数,得

$$\dot{d}_\varepsilon = -\frac{\ln(1-k)}{3\varepsilon_s}d\dot{\varepsilon} \tag{6-86}$$

将 $\dot{\varepsilon}_s = 0.55$、$k \approx 0.75$ 代入式(6-86),得

$$\dot{d} = 0.84 d\dot{\varepsilon} \tag{6-87}$$

对单相和双相合金,在各种试验温度、中等应变速率下(Ⅱ区),晶粒长大速率遵循共同的关系

$$\dot{d} = \lambda d\dot{\varepsilon} \tag{6-88}$$

尽管上述两个模型的机理不同,但却得到式(6-88)相同的形式。该模型得到了图 6-4 的实验证明。

6.3.3 Sato-Kuribayashi 变形诱发晶粒长大机理与模型

Sato 和 Kuribayashi[15,39,40]提出在不规则处晶粒换位的 DIGG 机理模型,如图 6-7 所示。

设刃型位错位于六角形晶粒点阵(图 6-7a)中,当拉应力施加到 5~7 对时,换位事件发生在 A、B、C 和 D 晶粒中(图 6-7a→b),该事件可以说是刃型位错的滑移运动。另外,当外力施加平行 5~7 对时,换位事件发生在 A、B、C 和 E 晶粒中(图 6-7c→g)。这使五边形晶粒 A 变成四边形(图 6-7d),被

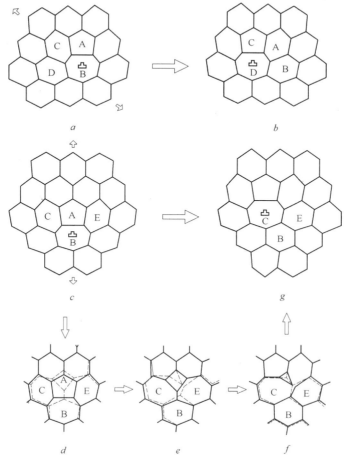

图 6-7 不规则处晶粒换位的 DIGG 机理模型

(a、b 为一个 5~7 对的滑移运动，仅产生应变；

c、d 为一个 5~7 对的攀移运动，产生晶粒长大与应变)

其近邻消耗（图 6-7e）和消失（图 6-7f）。这些事件可以说是刃型位错的攀移运动。

一个 5~7 对的滑移运动，仅产生应变。而一个 5~7 对的攀移运动，产生应变与一个晶粒的消失，即发生晶粒长大。我们期望晶粒长大量与攀移运动的数量和应变成正比。除了晶粒长大的第一步（图 6-7d）是变形辅助之外，上述模型与 Hillart[19] 提出的静态晶粒长大模型也十分类似。

假定静态晶粒长大和变形诱发晶粒长大受不同的机理支配，总晶粒长大速率等于其分量的加和。Sato 等提出 DIGG 模型

$$\ln \frac{\overline{D}}{\overline{D}_s} = \alpha \varepsilon \quad (6-89)$$

式中，$\overline{D}$ 为变形后晶粒尺寸；$\overline{D}_s$ 为无应变退火相同时间的晶粒尺寸；α 为比例常数；ε 为应变。

$$\overline{D}_s^q - \overline{D}_0^q = Kt \quad (6-90)$$

式中，$\overline{D}_0$ 为初始晶粒尺寸；$q = 4$ 或 $q = 3$。

由此可见，DIGG 模型 [式 (6-89)] 与静态晶粒长大模型 [式 (6-90)] 之间建立了联系。

在晶粒长大不够大的情况下，变形诱发分量由 $(\overline{D} - \overline{D}_s)/\overline{D}_s$ 给出：

$$\ln \frac{\overline{D}}{\overline{D}_s} = \frac{\overline{D} - \overline{D}_s}{\overline{D}_s} = \alpha \varepsilon \quad (6-91)$$

为了确定 α，作者给出了不同材料 DIGG 的数据总结，如图 6-8 所示。从图中可看出，对双相合金，$\alpha = 0.3$。第二相弥散分布合金，$\alpha = 0.6$。单相合金，$\alpha = 1.5$。

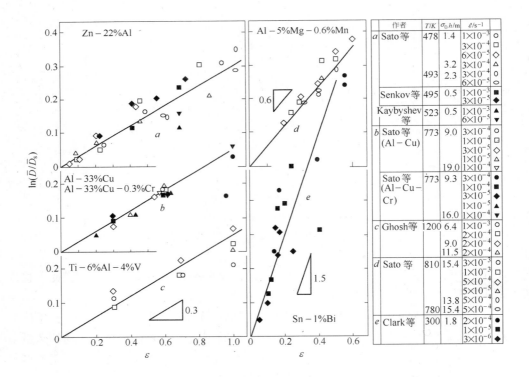

图 6-8 不同材料 DIGG 的数据总结

a、b、c—双相合金；d—第二相弥散分布合金；e—单相合金

Sato-Kuribayashi 的一个重要贡献在于准确确定了双相合金比例常数 α 的取值问题，纠正了 Wilkinson-Caceres[33,34] 双相合金的比例常数 $\lambda = \alpha = 1$ 的问题。

本书作者对式 (6-89) 做如下推导

由式 (6-88)，$\dot{d} = \lambda d \dot{\varepsilon}$，写成 $\partial d = \lambda d \partial \varepsilon$，于是

$$\frac{1}{d}\frac{\partial d}{\partial \varepsilon} = \lambda$$

令 $\alpha = \lambda$，则

$$\frac{1}{d}\frac{\partial d}{\partial \varepsilon} = \alpha$$

积分得

$$\partial \ln d = \alpha \partial \varepsilon$$

于是，从 $0 \to \varepsilon$，有 $d_s \to d$

$$\ln d/d_s = \alpha \varepsilon$$

式中，$d_s = \overline{D}_s$，$d = \overline{D}$。于是式 (6-89) 得证。

6.3.4 Hamilton-Sherwood 变形诱发晶粒长大模型

Hamilton[41] 提出了隐函数形式的 DIGG 模型。

晶粒尺寸由静态与动态晶粒尺寸确定。令式 (6-1) 中 $d = d_s$，式中，d_s 为时间 t 之后的晶粒尺寸。

对式 (6-1) 求导数，得到静态晶粒长大速率

$$\frac{\dot{d}_s}{d} = \frac{K}{q}(d_0^q + Kt)^{-1} \tag{6-92}$$

根据 Wilkinson-Caceres[33,34]，并参考式 (6-81)，变形晶粒长大速率为

$$\dot{d}_\varepsilon = \frac{\alpha b d \dot{\varepsilon} \dot{d}_u}{\alpha b d \dot{\varepsilon} + \dot{d}_u} \tag{6-93}$$

令 $\lambda = \alpha b$，式 (6-93) 变成

$$\dot{d}_\varepsilon = \frac{\lambda d \dot{\varepsilon} \dot{d}_u}{\lambda d \dot{\varepsilon} + \dot{d}_u} \tag{6-94}$$

对大多数超塑性材料，$\dot{d}_u \gg \dot{d}$，所以，式 (6-94) 变成

$$\frac{\dot{d}_\varepsilon}{d} = \lambda \dot{\varepsilon} \tag{6-95}$$

晶粒长大速率为静态晶粒长大速率与变形晶粒长大速率之和，根据式 (6-92) 和式 (6-95)，得

$$\frac{\dot{d}}{d} = \frac{\dot{d}_s}{d} + \frac{\dot{d}_\varepsilon}{d} = \frac{K}{q}(d_0^q + Kt)^{-1} + \lambda \dot{\varepsilon} \tag{6-96}$$

积分，求出 d，得 DIGG 晶粒长大方程：

$$d = \exp\left[\frac{K}{q}\ln(d_0^q + Kt)\right] + \int \lambda \dot{\varepsilon} dt \quad (6-97)$$

Sherwood – Hamilton[17]基于 Hillert 胞状位错模型，获得了与 Clark – Alden "过量空位" 模型相类似的结果。Sherwood – Hamilton[42]对单相材料和准单相材料（如7475合金）获得 DIGG 模型。但是由于待定参数过多，形式复杂，不便于使用，故在此不做介绍，感兴趣的读者可以阅读 Sherwood – Hamilton 原文献。

6.3.5 Cao 的变形诱发晶粒长大模型

有关 DIGG 的研究从理论上提出了几个变形诱发晶粒长大的观点，如 Clark 等[15]的"过量空位"理论、Wilkinson 等[34]的"三叉界损伤"理论、Sato 等[16,43]的晶粒尺寸与应变的关系模型和 Hamilton 等[41,42]进一步发展的本构方程与 DIGG 耦合的理论。Sato 模型忽略了应变速率的影响，Hamilton 采用速率加和方法提出隐函数形式存在的 DIGG 模型。Wilkinson 等[34]的工作以 Ashby – Verrall 晶界滑移模型为基础。Campenni 等[44]在 Wilkinson 工作的基础上，提出了显式形式的模型，不足之处是没有考虑恒速度与恒应变速率两种情况，没有指出实验证据。因此 Cao[32]对 Campenni 模型进一步修正，找到支持修正模型的实验证据并在镁锂合金中得到验证。

6.3.5.1 DIGG 模型的建立

设晶粒换位是超塑性变形和晶粒长大的主要机理。依扩散调节的晶界滑动模型，4 个晶粒为一组近邻，每换位一次，将产生0.55的真应变[38]，多个这样的晶粒组便产生较大的应变。

假定 N 是一定体积内的晶粒数，dN 是产生应变增量 $d\varepsilon$ 时的换位晶粒数，则

$$dN/N = d\varepsilon \quad (6-98)$$

同时，同相聚合会产生相长大，必然与换位晶粒数 dN 成正比，因此

$$dD/D = \alpha dN/N \quad (6-99)$$

式中，D 为超塑性变形 t 时刻的瞬时晶粒尺寸；dD 为晶粒尺寸增量；α 为导致晶粒聚合长大的因子。

联合式（6-98）和式（6-99），求解得

$$D = D_0 \exp(\alpha\varepsilon) \quad (6-100)$$

微分式（6-100），得

$$\partial D_\varepsilon = D\alpha\partial\varepsilon$$

式中，∂D_ε 表示变形为 $\partial\varepsilon$ 时的晶粒尺寸增量；D_0 为超塑性变形前的晶粒尺寸。

从而得到纯变形的晶粒长大微分关系。

一般静态晶粒长大模型可以概括为：
$$D^q - D_0^q = Kt \tag{6-101}$$

式中，q 为指数；K 为晶粒长大的速度因子。

由于超塑性变形的应变速率为 $\dot{\varepsilon} = d\varepsilon/dt$，由式（6-101）微分得
$$\partial D_t = \frac{K}{qD^{q-1}\dot{\varepsilon}}\partial\varepsilon$$

式中，∂D_t 为 t 时刻的静态晶粒尺寸。

而超塑性过程总的晶粒长大增量为：
$$dD = \frac{\partial D_t}{\partial t}dt + \frac{\partial D_\varepsilon}{\partial \varepsilon}d\varepsilon$$

故
$$dD = \left(\alpha D + \frac{K}{q\dot{\varepsilon}D^{q-1}}\right)d\varepsilon \tag{6-102}$$

对式（6-102）超塑性变形全过程积分和微分，得到晶粒长大模型和晶粒长大速率（$\dot{D} = dD/dt$）模型为：
$$D = \alpha^{-1/q}\left[\left(\alpha D_0^q + \frac{K}{q\dot{\varepsilon}}\right)\exp(\alpha q\varepsilon) - \frac{K}{q\dot{\varepsilon}}\right]^{1/q}$$

$$\dot{D} = K'\left(\ln\frac{D}{\alpha^{1/q}}\right)^{1-q}\left\{\left(\alpha D_0^q + \frac{K}{q\dot{\varepsilon}}\right)\alpha q\dot{\varepsilon}\exp(\alpha q\varepsilon - 1) + \frac{K[1-\exp(\alpha q\varepsilon)]}{q\varepsilon^2}\frac{\partial\dot{\varepsilon}}{\partial t}\right\}$$
$$\tag{6-103}$$

式中，$K' = \alpha^{-1/q}/q$。

进一步得到恒应变速率超塑性变形晶粒长大模型和晶粒长大速率模型为：
$$D = \left\{D_0^q\exp(\alpha q\varepsilon) + \frac{K}{\alpha q\dot{\varepsilon}}[\exp(\alpha q\varepsilon) - 1]\right\}^{1/q}$$

$$\dot{D} = K'\left(\ln\frac{D}{\alpha^{1/q}}\right)^{1-q}\left[\left(\alpha D_0^q + \frac{K}{q\dot{\varepsilon}}\right)\alpha q\dot{\varepsilon}\exp(\alpha q\varepsilon - 1)\right] \tag{6-104}$$

进一步得到恒速度超塑性变形晶粒长大模型和晶粒长大速率模型为：
$$D = \left\{D_0^q\exp(\alpha q\varepsilon) + \frac{K}{\alpha q\dot{\varepsilon}_0}\exp\varepsilon[\exp(\alpha q\varepsilon) - 1]\right\}^{1/q}$$

$$\dot{D} = K'\left(\ln\frac{D}{\alpha^{1/q}}\right)^{1-q}\left\{\left(\alpha D_0^q + \frac{K\exp\varepsilon}{q\dot{\varepsilon}}\right)\frac{\alpha q}{\dot{\varepsilon}_0}\exp(\varepsilon + \alpha q\varepsilon - 1) - \frac{K\exp(2\varepsilon-1)[1-\exp(\alpha q\varepsilon)]}{q}\right\} \tag{6-105}$$

新建立的模型表明，晶粒长大既包括应变也包括应变速率。

6.3.5.2 模型的讨论与实验验证

A 模型的讨论与实验证明

从晶粒长大模型可知：

（1）随应变增大，晶粒尺寸增大，这为有关超塑性 DIGG 文献［45～47］所证实。

（2）应变速率减小，晶粒长大增加，反之亦然。低应变速率下晶粒长大程度严重，这种实验现象在文献［48～52］中得到证实。

（3）对比式（6-104）与式（6-105）可看出，恒速度变形晶粒长大模型第二项比恒应变速率变形晶粒长大模型第二项大 $\exp\varepsilon$ 倍，说明恒速度过程更容易晶粒长大。文献［53］证明了这一点。

从晶粒长大速率模型可知：应变速率增大，晶粒长大速率也增大。这为文献［51，52，54，55］和文献［33］在中速区所证实。

B 模型在超塑 Mg-8.42Li 合金中的实验验证

本文作者对 Mg-8.42Li 双相合金超塑性变形实验获得的数据为：绝对温度 $T=573K$，应变 $\varepsilon=2.32$，初始应变速率 $\dot{\varepsilon}_0=5\times10^{-4}s^{-1}$，$D_0=7.5\mu m^{[56]}$。$q$ 值根据 $\phi=\dfrac{WD_{gb}}{D_0D_L}$ 计算判定。当 $\phi>1$ 时，为沿晶界扩散的长大，$q=4$；当 $\phi<1$ 时，为沿晶格扩散的长大，$q=3$。

式中，W 为晶界宽度；D_{gb} 为晶界扩散系数；D_L 为晶格扩散系数。

取 $W=6\times10^{-10}m$，$D_{gb}=6.35\times10^{-11}m^2/s$，$D_L=5.18\times10^{-15}m^2/s$。计算得到 $\phi=0.98<1$，因此判定该过程的晶粒长大机理为沿晶格扩散的晶粒长大，$q=3$。$\alpha=0.3$ 为 Sato 通过晶粒拓扑学证明并被双相超塑性合金实验验证的数值[40,43]。上述数据代入式（6-105）得到 $D=36.24\mu m$，实验照片晶粒尺寸为 $31.7\mu m^{[56]}$。可看出模型计算值与实验值比较接近。

6.4 颗粒或第二相尺寸在超塑性晶粒长大中的作用

本书作者[14]在研究 Al-Si-Mg 合金超塑性时讨论了颗粒或第二相尺寸在超塑性晶粒长大中的作用。由于晶界滑移引起的晶界或相界迁移，不可避免地引起超塑性变形诱发晶粒长大。超塑性双相合金、准单相合金中的第二相或颗粒抑制晶界或相界迁移因而抑制静态和应变诱发晶粒长大。

细晶、超细晶和纳米晶的典型晶粒尺寸分别定义为 $1\sim10\mu m$、不大于 $1\mu m$ 和小于 $100nm$。表 6-4 给出了不同合金中晶粒尺寸和第二相（颗粒）尺寸。如

表6-4所示，第二相（颗粒）尺寸相当于双相合金的晶粒尺寸。双相合金的第二相尺寸：Al-33Cu共晶合金为6.5μm、Zn-22Al共析合金为0.55~1.37μm、Ti-6Al-4V合金为6~9μm、Al-12.7Si-0.7Mg近共晶合金为7.1μm、Al-17Si过共晶合金为小于1μm。这些数据表明，常规方法热机械化处理的双相合金的第二相尺寸大多数位于微米晶粒尺寸范围，很少尺寸位于亚微晶（超细晶）范围。但是，双相合金的第二相尺寸与7475或7075合金，和Russia 01570C准单相铝合金中颗粒尺寸存在明显的不同。7475或7075合金和Russia 01570C准单相铝合金中颗粒尺寸分别仅为0.1μm（100nm）、0.02μm（20nm）和0.025~0.05μm（25~50nm），表明处于纳米尺度。这些纳米级细小的颗粒在实现最佳超塑性的合适的温度下，可以有效地稳定组织和抑制超塑性晶粒长大。这种效应也反映在纳米Ni和Ni-P合金中。晶粒尺寸6nm的纳米Ni-P合金中，0.15μm（150nm）Ni_3P颗粒要比晶粒尺寸0.02μm（20nm）的纳米Ni获得更大的超塑性。然而，超细晶5083铝合金中，即使有0.015μm（15nm）的弥散的颗粒存在，加工引入的颗粒却不能有效稳定铝晶粒尺寸0.305μm（305nm）与抑制其晶粒长大。而且，纳米合金增强的超塑性由于晶粒长大而经常消失。

表6-4 不同合金中晶粒尺寸和第二相（颗粒）尺寸

合金	晶粒尺寸/μm	第二相（颗粒）尺寸/μm	尺度[①]	类型[②]	T/K	$\dot{\varepsilon}/s^{-1}$	$\delta/\%$	参考文献
Al-33Cu	6.5	约6.5[③]	FG	MA	743	—	—	[1]
Ti-6Al-4V	6.4/9.0	约6.4/9.0[③]	FG	MA	1200	$10^{-3}/2 \times 10^{-4}$	—	[57]
Sn-1Bi	1.8	约1.8[③]	FG	SPA	300	2×10^{-4}		[15]
Zn-22Al	0.55~1.37	约0.55~1.37[③]	FG+UFG	MA	495	$4.2 \times 10^{-1} \sim 3 \times 10^{-5}$		[26]
Al-12.7Si-0.7Mg	9.7	7.1	FG	MA	793	1.67×10^{-4}	379	作者研究
Al-17Si	1.4	<1	FG	MA	803	10^{-1}	275	[58]
Al-16Si-5Fe	0.8	1.3(Si)0.1~0.2(Al_5FeSi)	UFG	QSPA	793	1.4×10^{-1}	380	[59]
Al-4Mg-1Zr	0.7	0.005~0.02(Al_3Zr)	UFG	QSPA	693	1	1400	[60]
7475,7075	10	0.1(Cr_2Al_9, $Al_{18}Mg_3Cr_2$)	FG	QSPA	789	2×10^{-4}	512	[61,62]
俄01570C	约1	0.02(Al_3(Sc,Zr))	UFG	QSPA	723	5.6×10^{-2}	4100	[63]

续表 6-4

合 金	晶粒尺寸/μm	第二相(颗粒)尺寸/μm	尺度①	类型②	T/K	$\dot{\varepsilon}$/s^{-1}	δ/%	参考文献
Al-3Mg-0.2Sc-0.2Zr	0.3	0.025~0.05(Al$_3$(Sc,Zr))	UFG	QSPA	773	10^{-2}	1680	[64]
5083	0.305	0.015	UFG	QSPA	523	10^{-3}	215	[65]
Ni	0.02/0.3④	—	NG	PM	623	10^{-3}	300	[66]
Ni-P	0.006/0.57④	0.15(Ni$_3$P)	NG	QSPA	777	7×10^{-4}	810	[67]

①FG 为细晶，UFG 为超细晶，NG 为纳米晶；
②MA 为双相合金；QSPA 为准单相合金；SPA 为单相合金；PM 为纯金属；
③根据文献 [1, 15, 26, 57]，相当于晶粒尺寸；
④表示变形前初始晶粒尺寸/标距部分超塑性晶粒尺寸。

Mikhaylovskaya 等[68]给出了晶粒尺寸与颗粒尺寸之间的理论关系：

$$d = k_1(d_p/f) \tag{6-106}$$

式中，d 为晶粒尺寸；k_1 为系数，0.1~1；d_p 为颗粒尺寸；f 为颗粒体积分数。

在 793K 和 $1.67\times10^{-4}\mathrm{s}^{-1}$ 条件下获得的 379% 超塑性的双相 Al-12.7Si-0.7Mg 合金中，$d(\mathrm{Al})=9.7\mu\mathrm{m}$，$d_p(\mathrm{Si})=7.1\mu\mathrm{m}$ 与根据二元 Al-Si 相图，$f=11.24\%$。将此数据代入式（6-106）中，计算得 $k_1=0.15$。因此 $d(\mathrm{Al})=0.15d_p(\mathrm{Si})$。$k_1=0.15$ 要比 Zener 关系式 $[d=(4/3)(d_p/f)]^{[69]}$ 的系数 4/3 明显小得多。但是 $k_1=0.15$ 落入 0.1~1 范围，表明服从式（6-106）Zener-Smith 的关系。在粉末冶金后挤压制备的 Al-17Si 和 Al-16Si-5Fe 合金中，细小的 Si 颗粒尺寸分别为小于 1μm 和 1.3μm，Al$_5$FeSi 金属间化合物的尺寸为 0.1~0.2μm（100~200nm）。这些细小的 Si 颗粒和弥散相达到如此细小，以至于它们可以有效地抑制晶粒长大。在双相 Al-12.7Si-0.7Mg 合金中晶粒长大的速率只有 6.6%，尽管 Si 颗粒尺寸处于微米尺度，Si 颗粒仍然有效地抑制了应变增强的晶粒长大。

6.5 晶粒长大研究新进展

6.5.1 传统合金的细晶晶粒长大研究

一些报告[68,70-73]对传统合金的晶粒稳定性从理论上进行阐述。Mikhaylovskaya 等[68]研究 Al-Ni、Al-Mg-Si、Al-Ni-Ce 和 Al-Cu-Ce 铝合金中的共晶颗粒尺寸（0.3~4.0μm）和体积分数（3%~27%）对晶粒尺寸 d 的影响。

发现再结晶后的晶粒尺寸取决于颗粒尺寸 d_p 与体积分数 f 比,即 d_p/f。d 与 d_p/f 存在线性关系 [式 (6-106)]。但是如果颗粒尺寸为 1.1~4.0μm,斜率 k_1 小于 1,这些颗粒激发形核并阻止晶粒长大;如果颗粒尺寸为 0.3~0.7μm,斜率 k_1 大于 1,这些颗粒减缓晶粒长大。其结果,对固定的 d_p/f,颗粒尺寸大于 1μm 的晶粒尺寸要比颗粒尺寸小于 1μm 的晶粒尺寸小。晶粒尺寸与颗粒间距 l 的关系与上面结论类似,因为颗粒间距 l 与 d_p/f 值成正比。该文献作者的工作兼容了 Zener-Smith 准则,$d = (4/3)(d_p/f)$,对含颗粒铝合金控制晶粒尺寸具有指导意义。

Radi 等[70]对等通道转角挤压(ECAP)制备的 2% Al_2O_3 颗粒增强 AZ31 合金复合材研究了晶粒长大现象及其激活能。AZ31 合金从挤压态的 19.9~13.7μm 经过 ECAP 得到 4.3~6.4μm 的细晶尺寸。Al_2O_3 颗粒尺寸为 100nm。文献作者把 Burk 晶粒长大方程写成下式:

$$\frac{D_0 - D}{D_m} + \ln\left(\frac{D_m - D_0}{D_m - D}\right) = \frac{k_0 t}{D_m^2}\exp\left(-\frac{Q}{RT}\right) \quad (6-107)$$

式中,D_0 为初始晶粒尺寸;D 为瞬时晶粒尺寸;D_m 为特定退火温度的极限晶粒尺寸;k_0 为常数。

微分式 (6-107),得到基本晶粒长大方程:

$$\frac{dD}{dt} = k\left(\frac{1}{D} - \frac{1}{D_m}\right) \quad (6-108)$$

上式类似于 Hillert 模型中的关系式。由于 k 随温度具有 Arrhenius 的关系,可以根据 $\ln k$ 与 $1/T$ 的关系获得晶粒长大激活能。结果表明,两个晶粒长大区(低温区和高温区)分别具有 32.1kJ/mol 和 110.9kJ/mol 的激活能。低温区相当低的激活能归因于晶界的重新有序和再调整。高温区高激活能是纳米颗粒钉扎晶界的结果。

Miao 等[71]报告了热轧细晶 AZ31 镁合金的晶粒长大实验现象,获得了 523~723K 的晶粒长大动力学方程,计算获得的 q 值为 4,服从式 (6-1),大于理论理想值 2。晶粒长大激活能为 80.8kJ/mol。

Liu 等[72]对搅拌摩擦加工的细晶(晶粒尺寸为 1.0μm 和 2.1μm)2219Al 合金研究了超塑性,在 400℃ 和 $3 \times 10^{-4} s^{-1}$ 条件下获得 450% 的超塑伸长率。相对低的超塑性归因于不稳定的晶粒组织,因为钉扎的 Al_2Cu 颗粒在高温下容易粗化(长大)。

Liu 等[73]研究了挤压态(带状晶粒为主与细小等轴晶粒为辅的混合组织)和搅拌摩擦加工态细晶(晶粒尺寸约 2.6μm)Al-Mg-Sc-Mn 合金的超塑性组织演变。挤压态合金超塑性变形组织演变划分为三个阶段:亚晶转动与聚合、动态再结晶和动态晶粒长大。在带状晶粒变形到应变 1.6 时,晶粒尺寸为 11.2μm,

在变形到应变 2.1 时，晶粒尺寸为 25.5μm，此时发生动态晶粒长大。由初始带状为主最终阶段的变形机理是晶界滑移与动态晶粒长大。搅拌摩擦加工态的合金的变形机理始终是晶界滑移与动态晶粒长大。作者提出的组织演变模型如图 6-9 所示。可直观看出晶界滑移（转动）和动态晶粒长大（如从图 6-9 中的 b、c 单个晶粒 b 和 e 合并成 be 一个长大晶粒）。

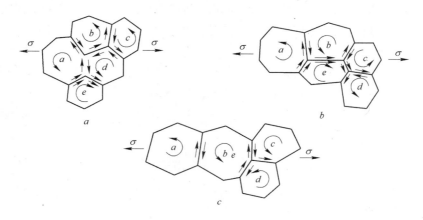

图 6-9 晶界滑移与动态晶粒长大调节的超塑性变形组织演变示意图

6.5.2 超细晶和纳米晶金属与合金中的晶粒长大研究

超细晶和纳米晶金属与合金中的晶粒长大[65,74~76]是目前引起关注的研究问题。Roy 等[65]研究了低温球磨、压实和挤压获得超细晶 5083 铝合金的热稳定性。作者对式（6-1）微分得

$$\frac{\mathrm{d}d}{\mathrm{d}t} = \frac{K}{q}\left(\frac{1}{d}\right)^{q-1} \tag{6-109}$$

根据式（6-109），作者计算了 q 值，发现晶粒长大指数从 473K 的 23 减小到 673K 的 9.4。该研究的 q 值大于 2，不同于 Hillert 理论的原因在于球磨过程中析出物对晶界强烈的钉扎力。作者在低温区（473~573K）获得 25±5kJ/mol 的激活能，在高温区（573~673K）获得 124±5kJ/mol 的激活能。Sharma 等[74]采用差热分析和电阻测量方法研究了纳米 Ni 的晶粒长大现象。差热分析表明高于居里温度，晶粒尺寸显著增大。不同温度下的电阻测量发现晶粒长大时间随温度升高而减小。纳米 Ni 的晶粒长大行为服从 Arrhenius 型关系。激活能计算表明，低于居里温度，晶粒长大是晶界扩散控制的，而高于居里温度，晶粒长大是体扩散控制的。应变速率敏感性随晶粒尺寸的增大而减小。由于纳米晶处于不平衡状态，加热时容易发生晶粒长大。Wang 等[75]报告了粉末热压纳米（晶粒尺寸

40nm) AZ31 合金的晶粒长大动力学。作者采用 X 射线宽化方法研究晶粒长大。实验发现 300~400℃ 退火温度纳米晶晶粒长大方程的 q 值等于 5，晶粒长大激活能 110kJ/mol。因此纳米晶 AZ31 遵循经典晶粒长大方程式（6-1）。作者还指出其他镁合金的 q 值为 2~8。McFadden 等[66]等指出纳米晶纯金属不易获得超塑性。Mayo 等[76] 评述纳米晶超塑性时，认为由于静态和动态晶粒长大，纳米晶增强的超塑性很容易消失，纳米晶材料比大晶粒材料在更低的温度和更快的速率下表现超塑性。中国科学院金属研究所卢柯等在纳米 Cu 中获得的室温超塑性就是低温超塑性的有利证明。

6.5.3 陶瓷晶粒长大研究

Kim 等[77]和 Hiraga 等[78,79]报道了氧化物陶瓷超塑性中的晶粒长大。Kim 和 Hiraga 等[77,79]建立了以下恒位移速度拉伸晶粒长大方程：

$$d = \left\{ d_0^m \exp(\alpha m \varepsilon) + \frac{k[\exp(\varepsilon) - \exp(\alpha m \varepsilon)]}{\dot{\varepsilon}_0 (1 - \alpha m)} \right\}^{1/m} \quad (6-110)$$

式中，d_0 为初始晶粒尺寸；m 和 k 分别为晶粒长大指数和静态长大速率因子；$\dot{\varepsilon}_0$ 为初始应变速率；α 为与晶粒形状与晶粒尺寸分布有关的参数，对某些陶瓷材料（$ZrO_2 - Al_2O_3$、$ZrO_2 - MgAl_2O_4 - Al_2O_3$ 和 $ZrO_3(3Y)$）和超塑性合金（Zn-Al），α 为 0.5~0.6，实验数据表明超塑性变形的 α 值对化学成分不敏感。

从式（6-110）可看出，随初始晶粒尺寸减小和变形速率增大应变一定的晶粒尺寸减小。可以在确定 m 和 k 之后定量估算晶粒长大尺寸。有必要通过钉扎晶界和（或）晶界拖曳抑制晶粒长大。在每个相含量相同的多相（三相或三相以上）组织中可以高度限制晶粒长大的发展。多相组织降低同相晶粒相遇的频率或者增加相之间分开的距离。因为晶粒长大是通过晶界迁移和（或）晶粒通过相界的熟化发生的，这种多相组织有利于抑制晶粒长大的发生。

参 考 文 献

[1] Kashyap B P. Grain growth behaviour of the Al-Cu eutectic alloy during superplastic deformation [J]. J Mater Sci., 1991, 26: 4657~4662.

[2] Kashyap B P, Tangri K. On the contribution of concurrent grain growth to strain sensitive flow of a superplastic Al-Cu eutectic alloy [J]. Metall. Trans. A, 1987, 18: 417~424.

[3] Mukherjee A K. in: H. Mughrabi (Ed.), Superplasticity in Metals, Ceramics and Intermetallics [C], in Plastic Deformation and Fracture of Materials, Vol. 6, VCH, Weinheim, 1993: 407~460.

[4] 曹富荣，丁桦，李英龙，周舸. 超轻双相镁锂合金超塑性、显微组织演变与变形机理

[J]. 中国有色金属学报, 2009, 19 (11): 1908~1916.

[5] Nayeb – Hashemi A A, Clark J B, Pelton A D. The Li – Mg (Lithium – magnesium) system [J]. Bulletin of Alloy Phase Diagram, 1984, 5: 365~374.

[6] Syn C K, Lesuer D R, Sherby O D. Enhancing tensile ductility of a particulate – reinforced aluminum metal matrix composite by lamination with Mg – 9% Li alloy [J]. Materials Science and Engineering A, 1996, 201: 201~206.

[7] Fujitani W, Furushiro N, Hori S, Kumeyama K. Microstructural change during s uperplastic deformation of the Mg – 8mass% Li alloy [J]. Journal of Japan Institute of Light Metals, 1992, 42: 125~131.

[8] Fujitani W, Higashi K, Furushiro N, Umakoshi Y. Effect of Zr addition on superplastic deformation of the Mg – 8% Li eutectic alloy [J]. Journal of Japan Institute of Light Metals, 1995, 45 (6): 333~338.

[9] Ma Ai – bin, Nishida Y, Saito N, Shigematsu I, Lim S W. Movement of alloying elements in Mg – 8.5wt% Li and AZ91 alloys during tensile tests for superplasticity [J]. Materials Science and Technology, 2003, 19 (12): 1642~1647.

[10] Saunders N. Review and thermodynamic assessment of Al – Mg, Mg – Li systems [J]. CALPHAD, 1990, 14 (1): 65~70.

[11] Padmanabhan K A, Davies G J. Superplasticity [M]. Springer – Verlag, Berlin, 1980: 14~16, 67, 89, 108~111.

[12] Hayden H W, Brophy J H. The interrelation of grain size and superplastic deformation in Ni – Cr – Fe alloys [J]. ASM Trans Quart., 1968, 61 (3): 542~549.

[13] Lindinger R J, Gibson R C, Brophy J H. Quantitive metallograph of microduplex structures after superplastic deformation [J]. ASM Trans Quart., 1969, 62 (1): 230~237.

[14] Cao Furong, Ding Hua, Hou Hongliang, Yu Chuanping, Li Yinglong. A novel superplastic mechanism – based constitutive equation and its application in an ultralight two – phase hypereutectic Mg – 8.42Li alloy [J]. Mater. Sci. Eng. A, 2014, 596C: 250~254.

[15] Clark M A, Alden T H. Deformation enhanced grain growth in a superplastic Sn – 1% Bi alloy [J]. Acta Metall., 1973, 21: 1195~1206.

[16] Sato E, Kuribayashi K. Superplasticity and deformation induced grain growth [J]. ISIJ Inter., 1993, 33 (8): 825~832.

[17] Sherwood D J, Hamilton C H. A mechanism for deformation – enhanced grain growth in single phase materials [J]. Scr. Metall., 1991, 25: 2873~2878.

[18] Verhoeven J D. Fundamentals of Physical Metallurgy [M]. John Wily & Sons, New York, 1975.

[19] Hillert M. On the theory of normal and abnormal grain growth [J]. Acta Metall., 1965, 13: 227~238.

[20] Lifshitz I M, Slyozov V V. The kinetics of precipitation from supersaturated solid solutions [J]. J Phys. Chem. Solids, 1961, 19: 35~50.

[21] Wagner C. Theorie der altering von Niederschlagen durch umlosen (Ostwald – reifung) [J]. Z Elektrochem., 1961, 65: 581.

[22] Ardell A J. The effect of volume fraction on particle coarsening: theoretical considerations [J]. Acta Metall., 1972, 20: 61~71.

[23] Zener C. J. Appl. Phys. 1949, 20: 950.

[24] Ardell A J. On the coarsening of grain boundary precipitates [J]. Acta Metall., 1972, 20: 601~609.

[25] Speight M V. Growth – kinetics of grain – boundary precipitates [J]. Acta Metall., 1968, 16: 133~135.

[26] Senkov O N, Myshlyaev M M. Grain growth in a superplastic Zn – 22% Al alloy [J]. Acta Metall., 1986, 34 (1): 97~106.

[27] Cao F R, Ding H, Li Y L, Zhou G, Cui J Z. Superplasticity, dynamic grain growth and deformation mechanism in ultralight two – phase magnesium – lithium alloys [J]. Mater Sci Eng A, 2010, 527 (9): 2335~2341.

[28] Voorhees P W, Glicksman M E. Ostwald ripening during liquid phase sintering – Effect of volume fraction on coarsening kinetics [J]. Metall. Trans. A, 1984, 15 (6): 1081.

[29] Tsumuraya K, Miyata Y. Coarsening models incorporating both diffusion geometry and volume fraction of particles [J]. Acta Metall., 1983, 31 (3): 437~452.

[30] Atkinson H V. Theory of normal grain growth in pure single phase systems [J]. Acta Metall., 1988, 36 (3): 469~491.

[31] 曹富荣, 管仁国, 陈礼清, 赵占勇, 任勇. 二次加热过程中半固态 AZ31 镁合金的显微组织演变 [J]. 中国有色金属学报, 2012, 22 (1): 7~14.

[32] 曹富荣, 雷方, 崔建忠, 温景林. 超塑变形晶粒长大模型的修正与实验验证 [J]. 金属学报, 1999, 35: 770~772.

[33] Wilkinson D S, Caceres C H. An evaluation of available data for strain – enhanced grain growth during superplastic flow [J]. J. Mater. Sci. Lett., 1984, 3: 395~399.

[34] Wilkinson D S, Caceres C H. On the mechanism of strain – enhanced grain growth during superplastic deformation [J]. Acta Metall, 1984, 32: 1335~1345.

[35] Holm K, Embury J D, Purdy G R. Structure and properties of microduplex Zr – Nb Niobium alloys [J]. Acta Metall., 1977, 25 (10): 1191~1200.

[36] Walter J L, Cline H E. Grain boundary sliding, migration and deformation in high – purity aluminum [J]. Trans. Met. Soc. AIME, 1968, 242 (9): 1823~1830.

[37] Taplin D M R, Dunlop G L, Langdon T G. Flow and failure of superplastic materials [J]. Ann. Rev. Mater. Sci., 1979, 9: 151~189.

[38] Ashby M F, Verrall R A. Diffusion – accommodated flow and superplasticity [J]. Acta Metallurgica, 1973, 21 (2): 149~163.

[39] Sato E, Kuribayashi K, Horiuchi R. MRS Symp. Proc. Vol. 196, eds. by M J Mayo, J Wadsworth, A K Mukherjee and M Kobayashi, MRS, Pittsburg, 1990: 27.

[40] Sato E, Kuribayashi K, Horiuchi R. A model of grain growth induced by superplastic deformation based on grain switching [J]. J. Jpn. Inst. Met., 1991, 55 (8): 839~847.

[41] Hamilton C H. Simulation of static and deformation-enhanced grain growth effects on superplastic ductility [J]. Metall Trans A, 1989, 20 (12): 2783~2792.

[42] Sherwood D J, Hamilton C H. The neighbour-switching mechanism of superplastic deformation: The constitutive relationship and deformation-enhanced grain growth [J]. Philo. Mag., 1994, 70 (1): 109~143.

[43] Sato E, Kuribayashi K, Horiuchi R. Superplasticity and deformation induced grain growth [J]. Tetsu-to-Hagan, 1992, 78: 1414~1421.

[44] Campenni V D, Caceres C H. Strain enhanced grain growth at large strains in a superplastic Zn-Al alloy [J]. Scr Metall, 1987, 22: 359~364.

[45] Herriot G, Suery M, Baudelet B. Superplastic behaviour of the industrial Cu7wt.% P alloy [J]. Scr Metall, 1972, 6 (8): 657~662.

[46] Moles M D, Davies G J. Superplasticity in aluminum-silicon eutectic alloys [J]. Scr Metall, 1976, 10 (5): 455~458.

[47] Sagat S, Taplin D M R. Fracture of a superplastic ternary brass [J]. Acta Metall, 1976, 24 (4): 307~315.

[48] Samuelsson L C A, Melton K N, Edington J W. Dislocation structures in a superplastic Zn-40wt.% Al alloy [J]. Acta Metall, 1976, 24 (11): 1017~1026.

[49] Rabinovich K, Trifonov V G. Dynamic grain growth during superplastic deformation [J]. Acta Mater, 1996, 44 (5): 2073~2078.

[50] Kim W Y, Hanada S, Takasugi T. Superplastic deformation of Co_3Ti alloy [J]. Scr Mater, 1997, 37 (7): 1053~1058.

[51] Suery M, Baudelet B. Flow stress and microstructure in superplastic 60/40 brass [J]. J Mater Sci, 1973, 8 (3): 363~369.

[52] Naziri H, Pearce R. Superplasticity in a Zn-0.4 per cent Al alloy [J]. Acta Mater, 1974, 22 (11): 1321~1330.

[53] Liu Q. Ph D Thesis, Harbin Institute of Technology, 1991.

[54] Kaibyshev O A, Valiev R Z, Astanin V V. On the nature of superplastic deformation [J]. Phys Status Solidi A, 1976, 35 (1): 403~413.

[55] Valiev R Z, Kaibyshev O A. Microstructural changes during superplastic deformation of the alloy Zn-0.4% Al [J]. Fiz Met Metalloved, 1976, 41 (2): 382~387.

[56] Cao F R, Cui J Z, Wen J L, Lei F. Mechanical behavior and microstructure evolution of superplastic Mg-8.4wt pct Li alloy and effect of grain size and phase ratio on its elongation [J]. J Mater Sci Technol., 2000, 16 (1): 55~58.

[57] Ghosh A K, Hamilton C H. Mechanical behavior and hardening characteristics of a superplastic Ti-6Al-4V alloy [J]. Metall. Trans. A, 1979, 10: 699~706.

[58] Hosokawa H, Higashi K. Materials design for industrial forming process in high-strain-rate

superplastic Al - Si alloy [J]. Mater. Res. Innovat., 2001, 4: 231~236.
[59] Cho H S, Kim M S, Yamagata H, Superplastic deformation in rapidly solidified. Al - 16Si - 5Fe - 1Cu - 0.5Mg - 0.9Zr alloy [J]. J. Mater. Sci. Lett., 2000, 19: 1387~1389.
[60] Ma Z Y, Liu F C, Mishra R S. Superplastic deformation mechanism of an ultrafine - grained aluminum alloy produced by friction stir processing [J]. Acta Mater., 2010, 58: 4693~4704.
[61] Paton N E, Hamilton C H, Wert J, Mahoney M. Characterization of fine - grained superplastic aluminum alloys [J]. Journal of Metals, 1982, 34 (8): 21~27.
[62] Sherwood D J, Hamilton C H. Grain growth of a superplastic 7475Al alloy [J]. Metall. Trans. A, 1993, 24: 493~495.
[63] Avtokratova E, Sitdikov O, Markushev M, Mulyukov R. Extraordinary high - strain rate superplasticity of severely deformed Al - Mg - Sc - Zr alloy [J]. Mater. Sci. Eng. A, 538 (2012) 386~390.
[64] Lee S, Utsunomiya A, Akamatsu H, Neishi K, Furukawa M, Horita Z, Langdon T G. Influence of scandium and zirconium on grain stability and superplastic ductilities in ultrafine - grained Al - Mg alloys [J]. Acta Mater., 2002, 50 (3): 553~564.
[65] Roy I, Chauhan M, Lavernia E J, Mohamed F A. Thermal stability in bulk cryomilled ultrafine - grained 5083 Al alloy [J]. Metall. Mater. Trans. A, 2006, 37: 721~730.
[66] McFadden S X, Mishra R S, Valiev R Z, Zhilyaev A P, Mukherjee A K. Low - temperature superplasticity in nanostructural nickel and metal alloys [J]. Nature, 398 (1999) 684~686.
[67] Prasad M J N V, Chokshi A H. Microstructural stability and superplasticity in an electrodeposited nanocrystalline Ni - P alloy [J]. Acta Mater., 2011, 59 (10): 4055~4067.
[68] Mikhaylovskaya A V, Ryazantseva M A, Portnoy V K. Effect of eutectic particles on the grain size control and the superplasticity of aluminum alloys [J]. Mater. Sci. Eng. A, 2011, 528: 7306~7309.
[69] Hashemi - Sadraei L, Mousavi S E, Vogt R, Li Y, Zhang Z, Lavernia E J, Schoenung J M. Influence of nitrogen content on thermal stability and grain growth kinetics of cryomilled Al nanocomposites [J]. Metall. Mater. Trans. A, 2012, 43: 747~756.
[70] Radi Y, Mahmudi R. Effect of Al_2O_3 nano - particles on the microstructural stability of AZ31 Mg alloy after equal channel angular pressing [J]. Mater. Sci. Eng. A, 2010, 527: 2764~2771.
[71] Miao Qing, Hu Lianxi, Wang Xin, Wang Erde. Grain growth kinetics of a fine - grained AZ31 magnesium alloy produced by hot rolling [J]. J. Alloys Compd. 2010, 493: 87~90.
[72] Liu F C, Xiao B L, Wang K, Ma Z Y. Investigation of superplasticity in friction stir processed 2219Al alloy [J]. Mater. Sci. Eng. A, 2010, 527: 4191~4196.
[73] Liu F C, Xue P, Ma Z Y. Microstructural evolution in recrystallized and unrecrystallized Al - Mg - Sc alloys during superplastic deformation [J]. Mater. Sci. Eng. A, 2012, 547: 55~63.
[74] Sharma G, Varshney J, Bidaye A C, Chakravartty J K. Grain growth characteristics and its

effect on deformation behavior in nanocrystalline Ni [J]. Mater. Sci. Eng. A, 2012, 539: 324~329.

[75] Wang Xin, Hu Lianxi, Liu Kai, Zhang Yinling. Grain growth kinetics of bulk AZ31 magnesium alloy by hot pressing [J]. J. Alloys Compd., 2012, 527: 193~196.

[76] Mayo M J. High and low temperature superplasticity in nanocrystalline materials [J]. Nanostructured Mater., 1997, 9: 717~726.

[77] Kim B N, Hiraga K, Morita K, Sakka Y. A grain-boundary diffusion model of dynamic grain growth during superplastic deformation [J]. Acta Mater., 1999, 47 (12): 3433~3439.

[78] Hiraga K, Nakano K, Suzuki T S, Sakka Y. Processing-dependent microstructural factors affecting cavitation damage and tensile ductility in a superplastic alumina dispersed with zirconia [J]. J. Am. Ceram. Soc., 2002, 85 (11): 2763~2770.

[79] Hiraga K. Development of high-strain-rate superplastic oxide ceramics [J]. J. Ceram. Soc. Jpn., 2007, 115 (7): 395~401.

7 超塑性空洞形核、长大与断裂

尽管早期认为超塑性变形不形成空洞[1]，但后来无数事实发现空洞的存在，空洞成为大伸长率材料在一定条件下的一个重要的过程[2]。超塑性成型过程不可避免地产生空洞，空洞形核、长大与连接最终导致断裂。金属与合金中的空洞会带来过早断裂[3]，恶化材料的力学性能。因此，了解与掌握空洞过程，设法消除空洞，对于控制超塑性成型过程具有重要的意义。由于空洞多在拉应力条件下产生，实际超塑性成型工程多采用施加背压力或静水压力，可以有效减少空洞的危害。

7.1 宏观断裂形貌

超塑性材料拉伸断裂时，要么发生不稳定塑性流动，要么发生内部空洞的形核、长大与连接。图 7-1 所示为两个伸长率 900% 的超塑性合金的断裂外表[4]。前者断面减缩，最后拉到一点后断裂，发生不稳定塑性流动。后者由于高 m 值对缩颈的稳定作用，表现为扩展型颈缩，断面为较均匀的变形。m 值对于确定抵抗缩颈、空洞长大速率与控制空洞起重要作用。Stowell[3] 认为拉到一点的断裂没有空洞，扩展型颈缩断裂存在空洞的形核、长大与连接过程。

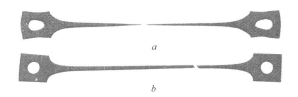

图 7-1 两个伸长率 900% 的超塑性合金的断裂外表
a—Ti-6Al-4V 合金不稳定塑性流动；b—Supal 220 合金伪脆性断裂

7.2 空洞实验结果

尽管超塑性材料获得了大的伸长率，但仍然产生空洞。产生空洞的合金包括铝、铜、铁（钢）、铅、银、钛和锌等，近来在镁合金中也观察到空洞。空洞可以在热机械化处理过程中产生或者预先存在，在超塑性变形过程中发生长大与聚合。

在多数空洞报道中，研究了不同应变速率和温度下空洞体积分数因应变的不同而异。空洞的数量与预先存在的空洞数量有关以及与形核速率有关。在变形的后期，当空洞含量（接近10%）很高时，空洞长大还发生聚合或连接。由于超塑性晶粒长大和相比例的变化，使空洞问题变得复杂[5]。

超塑性流动过程中形成的空洞形貌因材料的不同而异，甚至同种材料在不同的应变速率下空洞形貌也不同。如图7-2所示[4]。一般观察到三种类型的空洞：

(1) 球形空洞，半径一直到大约 $100\mu m$；

(2) 平行于拉伸轴的椭圆空洞，长约 $50\mu m$，轴比为 $2:1 \sim 10:1$；

(3) 角状或裂纹状空洞，长达 $100\mu m$，围绕晶粒发生连接。

有人把（1）和（2）称为 O 形空洞，也有人把（3）称为 V 形空洞。

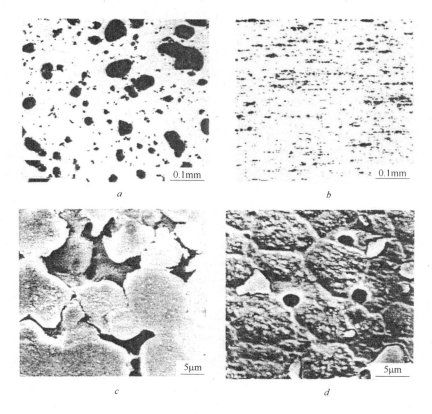

图7-2 超塑性变形后的空洞形貌

a—Ⅰ区典型的又大又圆的空洞；b—Ⅱ区与Ⅲ区典型的平行于拉伸方向的伸长的空洞条(CDA-638)；
c—具有Ⅱ区特点的围绕晶界的角形空洞(Al-7475)；d—小圆截面空洞(Supral 220)

空洞不同形貌可以作为判定不同空洞长大机理的实验证据。根据圆形断面的空洞，可以推断扩散长大机理在起作用，根据拉长（伸长）的椭圆形空洞，可以推断应变（塑性）控制的长大机理在起作用。但是，对超塑性流动过程中空洞尺寸和形状的变化，缺少系统的金相研究或定量分析。

通常，受光学显微镜分辨能力的限制，很难在形核阶段观察到空洞。只能根据已经长大后的空洞进行推测，因为长大后的空洞尺寸很容易进行显微观察和测量。

Kashyap 和 Mukherjee[2]把超塑性材料晶界断裂过程划分为五个阶段：

（1）空洞形核；
（2）空洞长大；
（3）空洞连接；
（4）裂纹传播；
（5）最终断裂。

对超塑性断裂完整的定量的描述需要详细的每个阶段的动力学知识。然而，变形过程中，可能同时发生多个阶段。因此对单个阶段的理解一直是很长时间以来空洞研究要解决的一个问题。甚至在初期阶段，有可能在小晶粒的晶界发生空洞连接，这使问题变得复杂。目前的情况是，对初期应变下的形核[6]和后期阶段的空洞聚合的研究[7]很少，但是由于空洞长大对最终断裂持续时间最长，贡献最大，而且容易研究，所以人们付出最大的努力研究空洞长大。本书为了叙述方便，在 Kashyap 和 Mukherjee 基础上，把超塑性材料晶界断裂过程划分为三个阶段：

（1）空洞形核；
（2）空洞长大与连接；
（3）最终断裂。

由于超塑性机理是晶界或相界滑移，晶界空洞形核与晶界或相界滑移机理密切联系。晶粒的转动与位移通过 Gifkins "芯-表"理论中围绕晶界的狭窄的"表层"进行物质的再分布，表层宽度为晶粒直径的 0.07 倍[8]。对细晶超塑性材料，表层宽度为 30~70nm。晶界滑移的调节按以下几种方式进行[9]：

（1）晶界和体扩散；
（2）晶界位错的滑移与攀移；
（3）晶格位错穿越或围绕晶粒的滑移与攀移。组织缺陷或界面不规则性的存在，诸如晶界坎和台阶、三叉点和界面颗粒（如图7-3所示[4]）会提高滑移晶界的应力水平。当（扩散）调节应力无法满足变形速率的要求时，应力集中无法足够快地松弛，那么空洞就产生了。

由于在晶界三叉点晶界滑移、滑移带或孪晶与晶界相交产生的坎在应力集中

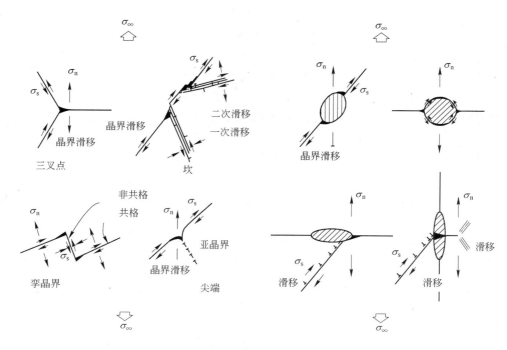

图 7-3 空洞在界面不规则处的形核

处形核,晶界上颗粒附近的应力集中形核,以及晶界处位错塞积产生的应力集中形核,实验研究发现硬颗粒与空洞之间存在密切的关系。而没有颗粒的双相材料不容易空洞形核。例如,Pb-Sn 共晶合金超塑性没有空洞,但是加入第三元素 Sb、Ag 和 Cu 后,形成不同硬度的金属间化合物相,SbSn、Ag_3Sn 和 Cu_6Sn_5[10],随后变形,观察到在金属间化合物与基体的界面上出现空洞。原因在于这些相调节晶界滑移的能力十分有限。随着金属间化合物颗粒的硬度、体积分数和尺寸的增加,一定应变下的空洞水平增加,相应的伸长率降低。α/τ 钢的大颗粒 Ti(C,N) 的存在[11]、Al-Cu-Zr 合金中 $ZrAl_3$ 和 $CuAl_2$ 的存在[12]、Al-7475 中 $Mg_3Cr_2Al_{18}$ 和富 Fe 和 Si 杂质的存在[13],以及 CDA-638 合金中 CoSi 和 $CoSi_2$ 颗粒的存在是造成这些合金存在空洞的重要原因。有趣的是 α/β 双相钛合金不容易产生空洞,因为存在于钛中的杂质元素容易在超塑性温度下溶解。例如图 7-1 中的 Ti-6Al-4V 合金拉伸到 900% 仍然没有空洞。

(1) 相比例与特性对空洞形核的影响。对 α/β 双相黄铜研究[14,15]发现空洞含量与 α 相百分数含量密切相关,随 α 相百分数减少,空洞减少。在 72% α 的黄铜中,产生大量空洞。在 32% α 的黄铜中,空洞几乎看不到。在 53% α 的黄铜中,空洞介于两者之间。这是因为超塑性流动主要靠软相 β 来调节[14,16],硬

相 α 类似于上面谈到的金属间化合物颗粒。

（2）晶粒尺寸对空洞形核的影响。现有的实验证据支持较大的晶粒尺寸增加空洞形核的观点。因为增大晶粒尺寸，增大了扩散调节晶界滑移的距离。在铝合金 Supral 220 合金中，空洞的体积分数随晶粒尺寸的增大而增加[17]。而且，超塑性流动过程中的晶粒长大是 Al - 7475 和 Supral 220 合金出现明显的连续形核的原因[17,18]。在超塑性极好的 Zn - 22Al 共析合金中，当晶粒尺寸小于 5μm 时，空洞含量最低，但是当晶粒尺寸超过 5μm 时，空洞随初始晶粒尺寸的增大而明显增加[19]。

（3）应变对空洞的影响。随着应变增加，空洞体积增加，但空洞含量因材料不同而异。对超塑性 IN836 合金研究[5]发现，580℃温度下拉伸到 100%、300% 和 500%，发现空洞 100% 时尺寸很小、数量很少，300% 时尺寸增大、数量增多，500% 时尺寸最大、数量减少（空洞发生明显的聚合或连接）。Al - 7475 合金在应变 1.2 以下，空洞体积略微增加，但不明显，应变超过 1.2 之后一直到 2.2，空洞体积显著增加[13]。在超塑性 K1970 钢[20]中，空洞体积分数随应变或伸长率的增大而增大。

（4）应变速率与温度对空洞的影响。有理由认为升高变形温度和（或）降低应变速率将减少空洞。一般认为，在较低应变速率和较高温度下，流动应力比较低，材料有更长的时间松弛晶界滑移产生的应力集中，或者材料在较高温度下加速原子扩散过程。然而，改变温度和应变速率对空洞的影响因材料不同而异。产生差异的原因在于，较高温度和较低速率下的晶粒长大会造成空洞含量的提高。在 α/β 双相黄铜[21]和压缩的 Cu - Zn - Ni 合金[22]中，空洞体积分数随应变速率的增大而增大。在 Al - 7475 合金中，空洞体积与应变速率的关系取决于实验温度。在 516℃，空洞体积随应变速率的增加而增加[6]，而在 457℃，空洞体积随应变速率的增加而降低[23]。在 α/β 双相黄铜（Cu - 40%Zn）中，随温度从 400℃ 升高到 700℃，α：β 相比例从 85：15 降低到 30：70[24]，在 32%α 最低相比例下空洞含量最低[15]。空洞含量随 α 相比例的增加而增加。因此该合金中，空洞水平随温度升高而降低。在 Ti - 6Al - 4V 合金中，在最佳超塑性温度（920℃），没有空洞，但是在较低的温度（675~725℃）下，大量空洞出现[25]在转变的 β 带中或在大晶粒与基体的界面处。对含有析出颗粒的超塑性合金中，温度和应变速率的影响变得复杂化。如果析出物抑制晶粒长大，升高温度造成析出物溶解，会导致产生更多空洞。相反，如果析出物作为阻碍晶界滑移的应力集中的源，升高温度引起的析出物的溶解会减少空洞。Livesey 和 Ridley[5] 对 IN629 研究发现温度低于固溶相线以下，温度对空洞不产生任何影响，但是在固溶相线以上，升高温度，空洞水平剧烈提高。

7.3 空洞形核理论

7.3.1 空洞形核机理与模型

Greenwood[26]第一次提出经历拉伸应力的晶界上连续空位集聚引起的空洞形核,Pilling 和 Ridley[4]认为不可能通过空位集聚空洞形核,因为空位形核成一个空洞所需的空位数量太大。形成100nm的一个空洞需要约2×10^8个空位。也有人认为超塑性过程的原子扩散可以弥合边界的过饱和空位,排除了空位形核的可能性。

利用经典形核理论,Raj 和 Ashby[27]提出晶界滑移引起的应力集中可以驱动空位集聚形成空洞。提出以下临界空洞半径公式

$$r_c = \frac{2\gamma}{\sigma} \qquad (7-1)$$

式中,r_c为空洞形核临界半径;γ为表面能;σ为外加应力。

式(7-1)中临界空洞半径小于实际空洞半径时,空洞稳定形核。临界空洞半径大于实际空洞半径时,空洞不稳定而消失。考虑到超塑性的三区应力特点[2],Ⅲ区临界半径最小,Ⅰ区临界半径最大,Ⅱ区临界半径介于Ⅲ和Ⅰ区之间。根据超塑性机理型本构方程,外加应力是晶粒尺寸、温度和应变速率的函数。这些因素变化会影响空洞形核行为。影响表面能的因素有温度、边界类型、边界杂质含量和晶界结构。温度升高,表面能降低。多数超塑性材料为双相或准单相合金。如果相界能小于晶界能,那么前者更容易诱发空洞。随溶质浓度的增加,晶界能降低。微量杂质在晶界上偏析会加速空洞形核,因为偏析降低晶界结合力,偏析降低表面能[28]。因此稳定空洞尺寸是外部实验条件与内部材料性能的一个复杂函数。

在随后的论文中,Raj 和 Ashby[27]提出空洞只有在高于门槛应力情况下才能形核,为了通过原子扩散过程产生空位集团需要一个孕育时间。

形成一个空洞核的孕育时间为

$$t_i = \frac{2\gamma^3 F_v}{\delta D_{gb} \sigma_n^3} \qquad (7-2)$$

式中,γ为表面能;F_v为空洞形状因子;δ为晶界厚度;D_{gb}为晶界扩散系数;σ_n为晶界法向应力。

通过扩散松弛应力集中的特征时间为

$$t_d = \frac{(1-\nu^2)\gamma^3 kT}{2\pi^3 E \delta D_{gb} \Omega} \qquad (7-3)$$

式中,ν为泊松比;kT具有通常意义;E为杨氏模量;δ为晶界厚度;D_{gb}为晶界

扩散系数；Ω 为原子体积。

要使空洞形核，必须 $t_d > t_i$。此条件在铜合金中得到证实。

Jiang 等[30]在 Raj – Ashby 模型[27]的基础上，考虑了弹性能作用，考虑了 Stroh 蠕变位错塞积应力，提出一个适合蠕变的空洞形核模型

$$r_c = \frac{2\gamma}{\sigma} - \frac{2}{3}\frac{d\sigma}{E} \tag{7-4}$$

式中，d 为晶粒尺寸；E 为杨氏模量；其余符号意义同前。

当外力足够小时，式（7-4）中第二项可以忽略不计，变成式（7-1）。当外力足够大时，式（7-4）不变。当临界半径为零时，得到空洞形核上限应力。作者得到上限剪切应力

$$\tau_c = \left(\frac{1.9G\gamma}{d}\right)^{1/2} \tag{7-5}$$

式中，G 为剪切模量。

式（7-5）与 Smith 和 Barnby 模型一致。

Liu 等[31]在 Jiang 等[30]基础上考虑了弹性能作用的同时，将 Stroh 蠕变位错塞积应力按照内应力处理，引入到体积自由能项中，提出一个空洞形核模型

$$r_c = \frac{27}{25}\frac{1}{d}\left(\frac{2\gamma}{\sigma} - \frac{2}{3}\frac{d\sigma}{E}\right)^2 \tag{7-6}$$

从式（7-6）可看出，晶粒尺寸 d 减小，空洞形核临界半径 r_c 增大，可以解释由于动态再结晶晶粒细化，空洞形核变得困难，解释了动态再结晶诱发超塑性的空洞弥合现象。

Ghosh[6]对超塑性 7475 铝合金提出一个动态空洞形核机理。他认为空洞形核的可能地点是在颗粒处，颗粒分布为

$$n(r_p) = n_0 \exp(-ar_p) \tag{7-7}$$

式中，n_0 和 a 为常数；$n(r_p)$ 为半径 r_p 的颗粒数量。

假定 $\sigma = 2\gamma/r_p$，代入式（7-7），得

$$n(r_p) = n_0 \exp(-2\gamma a/\sigma) \tag{7-8}$$

Chokshi 和 Langdon[32]提出一个超塑性扩散弥合半径 r 空洞的时间模型

$$t = \frac{\phi kTr^4}{\Omega\gamma\delta D_{gb}} \tag{7-9}$$

式中，$\phi = 0.6$。

式（7-9）意味着小空洞的稳定性可以计算判定。例如，对 Zn – 22Al 和 7475、7075 铝合金分析表明小的预先存在的空洞可以迅速愈合。

7.3.2 空洞形核地点

前面已介绍，由于在晶界不规则处存在应力集中，造成空洞在此处形核。这

些不规则处为晶界颗粒处、晶界坎或台阶处和三叉界处[33]。空洞也可能在热机械化处理后预先存在。

7.3.2.1 空洞在晶界颗粒处形核

已经证明滑移晶界的颗粒-基体界面是空洞形成的最为可能的地点。在硬颗粒与空洞之间,特别是准单相合金中,得到实验证明。Needleman 和 Rice[34]提出一个特征扩散长度(Λ)大于该长度应力集中会迅速松弛。假定该长度等于临界颗粒半径,他们提出以下临界颗粒半径

$$\Lambda = \left(\frac{\Omega\delta D_{gb}\sigma}{kT\dot{\varepsilon}}\right)^{\frac{1}{3}} \quad (7-10)$$

式中,符号意义同前。

式(7-10)中的 Λ 是 Al 和 Cu 基超塑性合金最大颗粒的两倍。这与这些合金中大量空洞的事实不一致[35]。

Chokshi 和 Mukherjee[35]指出,式(7-10)采用晶界扩散系数高估了 Λ 值,因为相界扩散系数可能比单相晶界扩散系数小几个数量级。鉴于此观点,他们修改式(7-10):

$$\Lambda = \left(\frac{\Omega\delta D_{eff}\sigma}{kT\dot{\varepsilon}}\right)^{1/3} \quad (7-11)$$

式中,D_{eff} 为有效扩散系数。

当相界扩散是速控机理时,式(7-10)中的 D_{gb} 被相界扩散系数 D_{ipb} 取代。如果基体的晶格扩散是速控的,式(7-11)变成

$$\Lambda = \left(\frac{\Omega\delta D_l\sigma}{kT\dot{\varepsilon}}\right)^{1/3} \quad (7-12)$$

式中,D_l 为晶格扩散系数。

Chokshi 和 Mukherjee 采用式(7-12)计算了 Al 和 Cu 基超塑性合金的临界颗粒半径。结果表明,临界颗粒半径(低于此值,空洞不形核)分别为 $0.6\mu m$ 和 $0.02\mu m$($\dot{\varepsilon}=10^{-4}s^{-1}$)。这意味着与 Al 基超塑性合金相比,Cu 基超塑性合金有更多的潜在形核地点,该预测已被许多实验结果所证实[13,32,35]。

Fleck 等[36]观察到空洞形核是位错在晶界颗粒处塞积的结果。超塑性材料中,大量的晶界滑移和有限的位错塞积导致围绕颗粒周围足够大的局部应力,从而导致颗粒-基体界面脱开(或形核)过程。在 Harris[37]和 Raj 和 Ashby[27]扩散松弛晶界颗粒的应力集中的计算基础上,Stowell[3,38]提出一个判定准单相合金空洞形核的临界应变速率公式

$$\dot{\varepsilon}_c = \frac{11.5\sigma\Omega}{\alpha d d_p^2}\frac{\delta D_{gb}}{kT} \quad (7-13)$$

式中，$\dot{\varepsilon}_c$ 为临界应变速率，低于此速率空洞形核被扩散应力松弛所抑制；α 为晶界滑移调节的总拉伸应变的分数；d 为晶粒直径，d_p 为颗粒直径；其余符号意义同前。

如果临界应变速率大于实验应变速率，不可能发生空洞形核。注意 $\dot{\varepsilon}_c$ 与 α 成反比，α 为反映晶界滑移的量，在最佳超塑性条件下达到最大值。式（7-13）还预测随晶粒直径和颗粒直径减小，临界应变速率增大。大颗粒比小颗粒更容易诱发空洞形核。Stowell 模型在一些铝合金中得到证实。

Jiang 等[33]对式（7-13），令 $d_p = 2r_p$，式中 r_p 为颗粒半径，得：

$$\dot{\varepsilon}_c = \frac{2.9\sigma\Omega}{\alpha d r_p^2} \frac{\delta D_{gb}}{kT} \quad (7-14)$$

由式（7-14）得到空洞形核临界颗粒半径：

$$r_p = \left(\frac{2.9\sigma\Omega}{\alpha d \dot{\varepsilon}_c} \frac{\delta D_{gb}}{kT}\right)^{1/2} \quad (7-15)$$

也可以采用式（7-15）估算临界颗粒半径。

7.3.2.2 空洞在晶界坎或台阶处形核

晶界坎或台阶处也可以诱发空洞形核，特别是在许多双相合金中，如 Zn-22Al。Gifkins[39]第一次提出晶界坎处空洞形核的思想。Chan 等[40]提出一个晶界坎处空洞形核模型，模型的依据是晶界坎处空洞形核的概率取决于形核的孕育期，也就是扩散蠕变松弛应力集中所需要的时间。基于 Chan 等[40]模型的原理，Chokshi 和 Mukherjee[35]开发了一个适合双相超塑性合金的晶界坎处空洞形核模型。模型假设晶界含有高度 h 的坎，坎之间距离为 λ。晶界以特征松弛时间（t_{gbs}）滑移，导致坎处应力集中的产生。如果空洞形核的孕育时间（t_i）短于局部扩散蠕变应力松弛的特征时间（t_d），那么空洞就可能在晶界坎处形核。

采用 Argon 等[41]的结果，晶界滑移特征时间（t_{gbs}）表达式为：

$$t_{gbs} = \frac{\beta k T \lambda}{\pi b \delta D_{gb} G} \quad (7-16)$$

式中，β 为几何交互作用参数，取决于 h 和 λ。

采用 Chan 等[40]的结果，晶界扩散松弛应力集中的特征时间（t_d）表达式为：

$$t_d = \frac{(1-\nu)kTh^3}{4\Omega\delta D_{gb} G} \quad (7-17)$$

经过简化，Chokshi 和 Mukherjee[35]得到特征孕育时间（t_i）。

$$t_i = \frac{(1-\nu)kTh^3}{4\Omega\delta D_{gb} G} \quad (7-18)$$

在晶界坎处空洞形核的条件为

$$t_{gbs} < t_i < t_d \tag{7-19}$$

将式（7-16）、式（7-17）代入式（7-19），考虑到 ν 和 Ω 关系。Chokshi 和 Mukherjee[35]获得下列空洞形核条件：

$$\frac{h}{\lambda} > \left(\frac{\beta k T G^2 h}{250\pi F_v b\gamma^3}\right)^{1/4} \left(\frac{\sigma}{G}\right)^{3/4} \tag{7-20}$$

和

$$\frac{h}{\lambda} < \left(\frac{k T G^2 h^3}{10^3 F_v \gamma^3 b^3}\right)^{1/3} \left(\frac{\sigma}{G}\right) \tag{7-21}$$

Chokshi 和 Mukherjee[35]给出晶界坎处空洞形核图（图7-4），指出空洞可能形核的区域，说明在一定实验条件下，在双相超塑性合金中可以实现晶界坎处空洞形核。

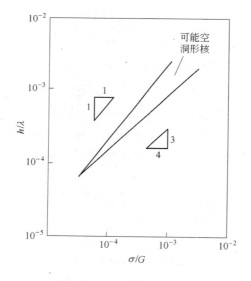

图 7-4　晶界坎处空洞形核图

尽管 Chokshi 和 Mukherjee[35]考虑了晶界滑移在空洞形核中的作用，但模型的缺点是没有考虑晶界位错塞积的作用。Lim 的工作[42]持反对观点，认为晶界滑移不可能造成晶界坎处空洞形核，原因是滑移特征时间不到 1ms，比形核孕育时间少得多。

最近，Chokshi[43]提出一个判定空洞形核的模型：

$$d \geq \left(\frac{26FE\Omega}{kT}\right)^{\frac{1}{3}} \frac{\gamma}{2\sigma} = d_c \tag{7-22}$$

式中，d_c 为空洞形核临界晶粒尺寸；F 为形状因子；d 为晶粒尺寸；Ω 为原子体积。当 $d < d_c$ 时，空洞无法形核；当 $d \geq d_c$ 时，空洞形核。

应当指出，三叉点形核和预先存在空洞问题，虽然实验有些报道，但是理论研究还十分有限，故在此不做论述。

7.3.3 Cao 的超塑性空洞形核模型

本书作者[44]研究了双相近共晶 Al-12.7Si-0.7Mg 合金的超塑性空洞形核行为。据报道，在准单相合金中第二相颗粒作为空洞有利的形核地点[33,45~48]。在双相合金中，据报道[49]，空洞形核经常沿相界形核，例如，在 Al-Cu 共晶合金的 α/θ 界面和 Zn-22%Al 共析合金的 α/β 界面。在 Al-12.7Si-0.7Mg 合金中，空洞倾向于优先在(Al)/(Si)相界形核，这与 Al-Cu 共晶合金、Zn-22%Al 共析合金和 Cu-Zn 合金的空洞形核相似[32,50,51]。Al-12.7Si-0.7Mg 合金主要在(Al)/(Si)相界面产生空洞可能是相界面滑移更大的结果，因为在高温下两相的滑移调节程度不平衡，软相（Al）调节滑移的程度要大于硬相（Si）的调节滑移程度。相调节边界滑移能力的差异是造成空洞形核的原因。

Watanabe 等[52]提出一个晶界滑移模型。在此基础上，我们提出 Al-12.7Si-0.7Mg 合金空洞形核机理模型，如图 7-5 所示。由于晶界滑移的进行，位错在三叉点产生，在剪切应力（τ）的作用下穿过 Al 晶粒到达对面晶界，并在 Si 颗粒前面塞积。然后塞积前端的位错沿(Al)/(Si)相界攀移。位错在调节晶界滑移过程中起重要作用。由于位错滑移与攀移是串联过程，滑移速度比攀移速度快，所以塞积前端的应力集中无法及时松弛。当塞积应力（σ_p）超过(Al)/(Si)相界的理论脱开强度时，空洞就形核了。塞积前端的应力（σ_p）由下式给出[53]：

$$\sigma_p = \frac{2L\tau^2}{Gb} \tag{7-23}$$

式中，L 为塞积长度，等于线截距晶粒尺寸。

Raj 和 Ashby[27]空洞形核模型考虑了体积自由能、表面能和晶界能对系统 Helmholtz 自由能的贡献，但是没有塞积应力对系统的贡献。因此有必要把塞积应力对系统能量的贡献引入模型中。假定空洞形状为球形，空洞半径为 r，得到空洞形核时体系的 Helmholtz 自由能的变化

$$\Delta G = -r^3 F_v(\alpha)\sigma_p + r^2[\gamma F_s(\alpha) - \gamma_b F_b(\alpha)] - r^3 F_v'(\alpha)\sigma_p^2/2E \tag{7-24}$$

式中，第一项为外力对系统做的功，第二项和第三项为表面能和晶界面积和能量的变化，第四项为弹性应变能的变化。F_v，F_b 和 F_s 为无量纲函数，乘上 r^3 和 r^2 得出空洞消耗的体积、表面积和晶界面积，F_v' 乘上 r^3 得出弹性能松弛的体积。

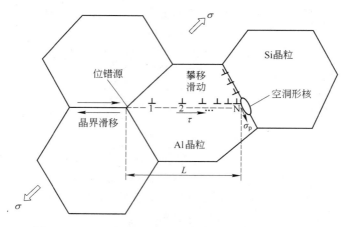

图 7-5 Al-12.7Si-0.7Mg 合金空洞形核机理示意图

假定空洞在两晶界交叉处形成，根据文献 [27]，有

$$F_v(\alpha) = 2\pi(2 - 3\cos\alpha - \cos^3\alpha)/3; F_s(\alpha) = 12.56(1 - \cos\alpha);$$
$$F_b(\alpha) = 3.14\sin^2(\alpha); F_v'(\alpha) = 1.5F_v(\alpha) \quad (7-25)$$

式中，α 为空洞与晶界间形成的角度，α 的值为：

$$\alpha = \arccos\left(\frac{\gamma_b}{\gamma}\right) \quad (7-26)$$

式中，γ 为空洞表面能；γ_b 为晶界单位面积的能量，对纯金属的干净表面，$\gamma_b \approx 0.5\gamma$。

另外，
$$L = d/1.74, \tau = \sigma/\sqrt{3} \quad (7-27)$$

将式 (7-23)、式 (7-25) ~ 式 (7-27) 代入式 (7-24)，得

$$\Delta G = -2.53\left(\frac{2}{3} \times \frac{d}{1.74b} \times \frac{\sigma^2}{G}\right)r^3 + (9.31\gamma - 0.5 \times 2.93\gamma)r^2 -$$
$$3.79 \times \frac{\left(\frac{2}{3} \times \frac{d}{1.74b} \times \frac{\sigma^2}{G}\right)^2}{2E}r^3 \quad (7-28)$$

微分式 (7-28)，令 $\frac{\partial \Delta G}{\partial r} = 0$，得到临界空洞形核半径 r_c，

$$r_c = \frac{\gamma}{\sigma}\left\{\frac{40.95}{\left[7.89 + 2.18\left(\frac{d}{b}\right)\left(\frac{\sigma}{G}\right)\left(\frac{\sigma}{E}\right)\right]\left(\frac{d}{b}\right)\left(\frac{\sigma}{G}\right)}\right\} \quad (7-29)$$

式 (7-29) 为新建立的空洞形核模型。从该式可以看出，临界空洞形核半径 (r_c) 随晶粒尺寸 (d) 增大而减小，说明在一定应力下，粗晶比细晶更容易形核；临界空洞形核半径 (r_c) 随应力 (σ) 增大而减小，说明在一定晶粒尺寸

下,高应力比低应力更容易形核。

图 7-6 所示为 Al-12.7Si-0.7Mg 合金在 793K 条件下自由能与空洞半径的曲线。随应力增大,自由能峰值降低,对应峰值的临界空洞形核半径增加,可直观看出高应力下更容易空洞形核。

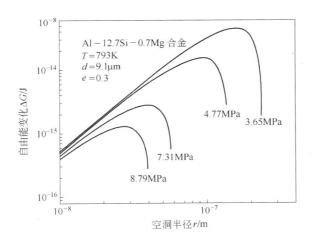

图 7-6 不同应力下 Al-12.7Si-0.7Mg 合金
自由能与空洞半径关系曲线

本书作者[54]早些时候在 Jiang 等[30]模型基础上,按照塞积长度为晶粒长度的一半,建立以下空洞形核模型:

$$r_c = \frac{2\gamma}{\sigma} - \frac{d}{3}\frac{\sigma}{E} \tag{7-30}$$

该式适合蠕变空洞形核。根据此模型获得了 Helmholtz 自由能与空洞半径的变化曲线,如图 7-7 和图 7-8 所示。

从图 7-7 可以看出,不同应力作用下空洞形核自由能与空洞半径的关系,随应力降低,自由能增大。高应力(如 20MPa)下跨越能垒十分容易,说明空洞容易形核,低应力(如 2MPa)下跨越能垒十分困难,说明空洞形核困难。经典超塑性应力在 10MPa 以下,应力很低,抑制了空洞形核,这就解释了为什么经典超塑性 Mg-8.42Li 合金获得大伸长率的热力学原因。

从图 7-8 可以看出,不同温度作用下空洞形核自由能与空洞半径的关系,随温度升高,自由能增大。473K 低温下跨越能垒十分容易,说明空洞容易形核,573~623K 高温下跨越能垒十分困难,说明空洞形核困难。这就解释了为什么 Mg-8.42Li 合金获得 920% 超塑性的热力学原因。

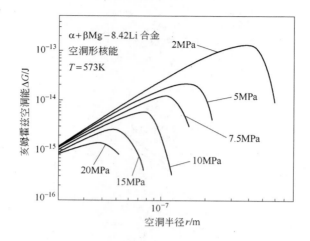

图 7-7 α+β Mg-8.42Li 合金在 573K、不同应力作用下空洞形核自由能与空洞半径的关系

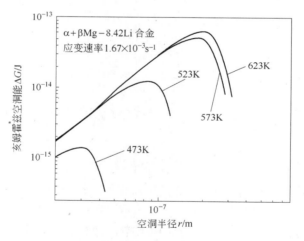

图 7-8 α+β Mg-8.42Li 合金不同温度下空洞形核自由能与空洞半径的关系

7.4 空洞长大理论

高温蠕变变形空洞长大机理已做广泛研究。超塑性作为从蠕变独立出来的一个分支,其长大机理与超塑性材料有关。超塑性变形有四个明显的空洞长大机理:

(1) 应力辅助的空位扩散;

(2) 超塑性扩散长大；
(3) 应变或塑性控制的空洞长大；
(4) 空洞连接空洞长大。

7.4.1 空洞长大机理与模型

7.4.1.1 扩散控制的空洞长大机理

Hull 和 Rimmer[55]第一次处理扩散空洞长大，指出晶界空洞体积长大主要受相邻晶界的扩散控制。后来不少研究者[56~59]做了不同修正与改进。空洞长大的驱动力由受力晶界的原子和空洞自由表面之间的化学势差提供。分开距离为 $2a$ 的两个空洞通过吸收晶界空位相对彼此长大。Speight 和 Harris[58]推导了一个空洞长大速率方程

$$\frac{dr}{d\varepsilon} = \alpha_1 \frac{\Omega \delta D_{gb}}{2r^2 kT\dot{\varepsilon}} \left(\sigma - \frac{2\gamma}{r} \right) \tag{7-31}$$

式中，r 为空洞半径；α_1 为空洞尺寸间距；其余符号意义同前。

$$\alpha_1 = \frac{1 - r^2/a^2}{\ln(a/r) - (1 - r^2/a^2)/2} \tag{7-32}$$

后来，Speight 和 Beere[56]提出另一个关系 α_2，α_2 比 α_1 更加完善。

$$\alpha_2 = \frac{1}{\ln(a/r) - (1 - r^2/a^2)(3 - r^2/a^2)/4} \tag{7-33}$$

Pilling 和 Ridley[4]分析不同研究者的工作后，给出以下空洞长大速率：

$$\frac{dr}{d\varepsilon} = \frac{\Omega \delta D_{gb}}{kT\dot{\varepsilon}r^2} \left(\sigma - \frac{2\gamma}{r} \right) \frac{2a}{\ln(1/2r) - 3/4} \tag{7-34}$$

认为不同研究者推导的关系不同之处在于式 (7-34) 的最后一项不同，并且空洞尺寸比晶粒尺寸要小。由于空洞长大速率与 r 的平方成反比，所以随空洞长大的空洞长大速率非常慢。

7.4.1.2 超塑性扩散控制的空洞长大机理

如果空洞尺寸大于晶粒尺寸，空位可以沿许多晶界路径扩散进入空洞。Chokshi 和 Langdon[60]提出一个超塑性扩散控制的空洞长大模型

$$\frac{dr}{d\varepsilon} = \frac{45\Omega \delta D_{gb}}{kTd^2} \left(\frac{\sigma}{\dot{\varepsilon}} \right) \tag{7-35}$$

式中，d 为空间晶粒尺寸。

式 (7-35) 具有下述特点：
(1) 空洞尺寸随应变变化率与瞬时空洞半径无关；

(2) 与空间晶粒尺寸的平方成反比。

模型使用有三个限制条件：

(1) 低应变速率；

(2) 中等实验温度，此条件下空位扩散进入空洞主要沿晶界而不是通过晶格发生；

(3) 细晶尺寸小于 5μm。

这些条件限制了模型的应用。另外，模型考虑的是单个圆形空洞的情况，没有考虑超塑性变形过程中的空洞聚合或连接。

7.4.1.3 应变或塑性控制的空洞长大机理

A　Hancock 模型

超塑性变形期间，空洞通过外力作用到空洞表面产生应变，发生长大。该机理并不涉及前述空位流动。Hancock[61]第一次提出塑性控制的空洞长大机理，其模型为：

$$\frac{dr}{d\varepsilon} = r - \frac{3\gamma}{2\sigma} \quad (7-36)$$

式中，第一项为围绕空洞发生塑性变形引起的空洞长大，第二项为对应于表面能或收缩空洞的表面张力的影响。

模型成功地预报了蠕变和超塑性变形期间大的伸长的空洞。

B　Stowell 模型

对超塑性细晶材料，Stowell[62]提出一个半经验形式的塑性控制的晶粒长大模型。根据此模型，空洞体积分数（C_v）服从下式：

$$\log \frac{C_v}{C_{v0}} = \mu \varepsilon_m - (\varepsilon_T - \varepsilon_m) \quad (7-37)$$

式中，C_{v0}为零应变时的空洞体积分数；ε_m为远离空洞的变形；ε_T为总变形，μ为考虑长大各向异性的应变集中因子，对许多超塑性合金，μ为 1.5~3。

基于 Hancock[61]、Hull 和 Rimmer[55]及 Beere 和 Speight[56,57]的空洞长大模型，Stowell[3]提出一个塑性变形控制的空洞体积增加速率

$$\frac{dV}{dt} = \eta V \dot{\varepsilon} \quad (7-38)$$

式中，dV/dt为空洞体积随时间的变化率；η为空洞长大速率因子；$\dot{\varepsilon}$为真应变速率。

基于 Cocks 和 Ashby[63]和 Stowell[7]的结果，Pilling 和 Ridley[64]发现

$$\eta = \frac{3}{2}\left(\frac{m+1}{m}\right)\sinh\left[2\left(\frac{2-m}{2+m}\right)\left(\frac{k_s}{3} - \frac{P}{\sigma_e}\right)\right] \qquad (7-39)$$

式中，P 为施加的压力；σ_e 为 Von Mises 等效应力；m 为应变速率敏感性指数；k_s 为几何因子。它取决于变形模式（单轴、双轴或平面应变）和晶界滑移程度，对单向拉伸，$k_s = 1 \sim 2$，对双轴拉伸，$k_s = 2 \sim 2.5$，对平面应变，$k_s = 1.73 \sim 2.31$；k_s 依赖于晶界滑移程度，较低值表示没有晶界滑移，而较高值在边界自由滑移时有效。在超塑性变形期间，对单轴和双轴变形分别采用 $k_s = 1.5$ 和 $k_s = 2.25$。

C 双相合金的空洞长大模型

Belzunce 和 Suery[65] 提出一个在黄铜中围绕空洞较软的 β 相的塑性变形控制的空洞长大模型。假定一个圆柱状空洞和忽略空洞表面能的影响，空洞长大速率为

$$\frac{dr}{dt} = \frac{r}{3}\dot{\varepsilon}_\beta = \frac{r}{3g(\alpha)}\dot{\varepsilon}_T \qquad (7-40)$$

式中 r 为平均等效半径；$\dot{\varepsilon}_\beta$ 和 $\dot{\varepsilon}_T$ 分别为 β 相应变速率和总应变速率；$g(\alpha) = \dot{\varepsilon}_T/\dot{\varepsilon}_\beta$。

由于模型假定较软的 β 相的塑性变形控制空洞行为，其空洞长大关系与通常报道的塑性控制的长大形式一致，即

$$\frac{dr}{dt} = c'r\dot{\varepsilon}_T \qquad (7-41)$$

式中，c' 为常数，接近 1[66]。

7.4.1.4 Jiang 考虑空洞连接的空洞长大模型

超塑性材料除了能够抵抗缩颈变形以外，还表现出很强的容忍空洞存在的能力，因为在这些材料中观察到高达 30% 的空洞体积分数。许多实验观察发现在断裂之前，沿平行拉伸轴方向可能发生可观的空洞聚合。

Stowell 等[7] 注意到空洞聚合问题，第一次开发了空洞聚合体积分数模型。假定空洞形状为球形，长大机理为塑性控制的长大。在两个空洞接触后，立刻形成一个大的圆空洞。Pilling 等[67] 在 Stowell 等[7] 的基础上，获得了空洞长大速率公式

$$\frac{\Delta r}{\Delta \varepsilon} = \frac{8V_f \Phi(\Delta\varepsilon)\eta[0.13r - 0.37f(r)\Delta\varepsilon] + f(r)}{1 - 4V_f \Phi(\Delta\varepsilon)\eta\Delta\varepsilon} \qquad (7-42)$$

式中，$\Phi(\Delta\varepsilon) = [1 + \eta\Delta\varepsilon + \eta^2(\Delta\varepsilon)^2/27]$；$\Delta r$ 为平均空洞半径的净增加；$\Delta\varepsilon$ 为真应变的净增加；$f(r)$ 为未考虑聚合的空洞长大速率。

基于 Pilling 的结果，Jiang 等[68]提出考虑聚合的空洞长大速率公式

$$\frac{dr}{dt} = f(r) + V_f \eta r \tag{7-43}$$

如果空洞聚合之前的空洞长大是塑性控制的，采用 Hancock 模型，有 $f(r) = r - 3\gamma/2\sigma$，将此代入式（7-43），得

$$\frac{dr}{dt} = r(1 + V_f \eta) - \frac{3\gamma}{2\sigma} \tag{7-44}$$

式（7-44）在 7475 铝合金超塑性空洞研究中得到应用，计算结果与实验结果一致。

7.4.1.5 空洞长大图

空洞长大图是表示空洞长大机理的图形，是关于空洞长大速率 $dr/d\varepsilon$ 与空洞半径 r 之间关系的曲线图。在无空洞聚合或连接情况下，图 7-9 是 Chokshi-Langdon[69]绘制的 Cu-Al-Si-Co 合金三个空洞长大机理的图形。可以看出，空洞半径低于 $0.84\mu m$ 时，空洞机理为扩散长大，空洞半径大于 $18\mu m$ 时，空洞机理为塑性长大，空洞半径为 $0.84 \sim 18\mu m$ 时，空洞机理为超塑性长大。

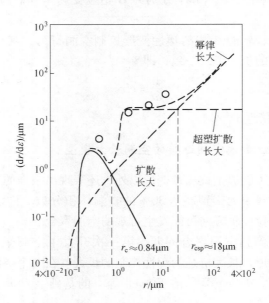

图 7-9 Cu-Al-Si-Co 合金空洞长大机理图
（〇代表实验结果；Cu-2.8%Al-1.8%Si-0.4%Co，$T=783K$，
$d=7.8\mu m$，$\sigma/\dot{\varepsilon}=9.2\times10^5 MPa$）

7.4.2 Cao 考虑空洞聚合的空洞长大模型

7.4.2.1 空洞实验证据与分析

在空洞实验研究中,有两个基本的实验:一个是空洞尺寸与应变关系实验;另一个是空洞体积分数与应变的关系实验。图 7-10 所示为 Supral 200 合金空洞尺寸与应变之间的关系实验结果[4]。可以看出,随应变增大,空洞半径增大。在应变为零处,空洞半径等于形核半径。复合长大模型计算结果为扩散长大模型与塑性长大模型相加的结果。

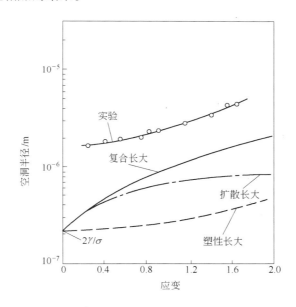

图 7-10 Supral 200 合金空洞尺寸与应变之间的关系
($T=460℃$, $\dot{\varepsilon}=1.2\times10^{-3}\mathrm{s}^{-1}$, $\sigma_\mathrm{E}=10\mathrm{MPa}$)

图 7-11 所示为空洞体积分数与应变的关系实验结果[4]。可以看出,空洞体积分数的对数与应变呈线性关系。也就是说,空洞体积分数与应变呈指数关系。随应变增大,空洞体积分数增大。

为对空洞聚合或连接增加感性认识,图 7-12 给出了 IN629 合金超塑性空洞聚合存在的实验照片[7]。

7.4.2.2 Cao 考虑聚合的空洞长大模型与应用

Stowell[7]注意到大空洞情况下常常出现实验测定的空洞体积分数高于塑性空

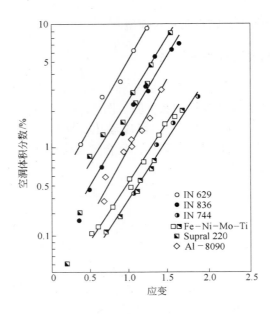

图7-11 超塑性Ⅱ区变形的几个合金的实验获得的空洞体积分数与应变的关系

洞长大理论预报值,提出了考虑空洞聚合的空洞数量关系。后来,Jiang[68]参考Pilling[67]的工作,考虑Hancock塑性长大模型 $dr/d\varepsilon = r - 3\gamma/2\sigma$ 和Stowell关系,提出了一个空洞聚合的塑性控制的长大模型 $dr/d\varepsilon = r(1 + V_f\eta) - 3\gamma/2\sigma$,式中$V_f$为空洞的体积分数。

从文献看,Hancock提出长大模型之后,不止一位研究者发现η是应力状态和应变速率敏感性指数的连续函数,如式(7-39)所示。Ridley和Pilling[4,70]提出一个塑性控制的空洞长大模型 $dr/d\varepsilon = (\eta/3)(r - 3\gamma/2\sigma)$。可看出,当$\eta = 3$时,此模型变成Hancock模型。因此Jiang考虑聚合的空洞长大模型无法适用于各种应力状态下。塑性控制的空洞长大更容易发生空洞聚合,扩散控制的空洞长大因扩散时间的限制,只有在扩散时间足够长的条件下才可能发生聚合,超塑性扩散控制的空洞长大由于空洞尺寸大于晶粒尺寸,也存在聚合的可能性。因此,有必要把包含连续函数η长大速率模型引入到空洞聚合关系中推导适合各种应力状态的长大速率模型[54]。

A 考虑聚合的塑性控制的空洞长大速率模型的推导

假设条件:

(1) 空洞是球形。如椭球型空洞可以用等效面积方法处理。

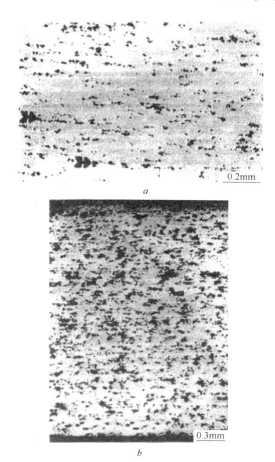

图 7-12 IN629 合金超塑性空洞聚合存在的实验照片
a—变形到250%；b—变形到450%
（展示"空洞条"聚合，外力方向平行于"空洞条"方向）

(2) 空洞发生成双成对聚合。一旦两对接触，立刻聚合成球，符合空洞体积守恒定律。

(3) 尺寸在 $X_i \sim X_i+1$ 的空洞平均半径为 $r_i = (X_i + X_i+1)/2$，在 $X_i \sim X_i+1$ 范围内的空洞尺寸是等概率的。

(4) 非聚合服从塑性长大机理。
$$dV_i/d\varepsilon = \eta V_i$$
式中，V_i 为空洞体积。

考察在某一应变下某种离散的空洞尺寸分布。如果应变增加 $\Delta\varepsilon$，空洞按塑性机理长大，尺寸 r_m 的一些空洞与尺寸 r_n 的一些空洞发生聚合，形成新的尺寸

r_k 的空洞。空洞体积守恒,有 $V_k = V_m + V_n$。

考察一个半径为 r_k 的空洞。如果在一个集中在 k 空洞上的半径为 $r_k + r_l$ 的球内部,存在一个 l 空洞的中心,那么 r_k 空洞将与半径 r_l 的空洞发生聚合。但是,由于假设空洞接触时发生球化,在半径 $r_k + r_l$ 的球内没有 l 空洞的中心。现在考察当空洞半径从 r_k 和 r_l 增加到 $r_k + \Delta r_k$ 和 $r_l + \Delta r_l$ 时(如图 7 - 13 所示[7])将发生什么情况。

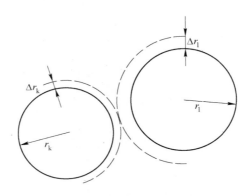

图 7 - 13 当两个半径 r_k 和 r_l 的空洞增加
Δr_k 和 Δr_l 时,发生空洞聚合的示意图

中心位于内径 $r_k + r_l$ 和外径 $r_k + r_l + \Delta r_k + \Delta r_l$ 的球壳内的所有 l 空洞将与 k 空洞聚合,下面来确定 k 空洞与 l 空洞聚合的概率。

设存在空洞 r_k,单位体积内的空洞数为 N_k。设 $f_{kl}(R)dR$ 是离 k 空洞中心距离为 R 和 $R + dR$ 之间的最近邻的 l 空洞的概率。那么:

$$f_{kl}(R)dR = \left[1 - \int_{r_k+r_l}^{R} f_{kl}(R)dR\right](4\pi R^2 N_l dR) \qquad (7-45)$$

式中,方括号第一项为除 l 空洞外不发生其他接近 k 空洞时的概率;方括号第二项为在半径 R、厚度 dR 的球壳中找到 l 空洞中心的概率。

对 R 微分,得

$$d[\ln f_{kl}(R)] = d(\ln R^2) - 4\pi R^2 N_l dR \qquad (7-46)$$

积分,得

$$f_{kl}(R) = CR^2 \exp(-4\pi R^3 N_l) \qquad (7-47)$$

由 $r_k + r_l$ 到无穷远正规化定 C,

$$\int_{r_k+r_l}^{\infty} f_{kl}(R)dR = 1$$

$$1 = \int_{r_k+r_l}^{\infty} CR^2 e^{-\frac{4\pi N_l R^3}{3}} dR = -\frac{C}{4\pi N_l} e^{\frac{4\pi N_l (r_k+r_l)^3}{3}}$$

从而得到距离 k 空洞中心距离 R 处找到一个 l 空洞的概率 $f_{kl}(R)$ 为:

$$f_{kl}(R) = 4\pi N_l R^2 \exp\{4\pi N_l/3[(r_k+r_l)^3 - R^3]\} \quad (7-48)$$

式中，N_l 为单位体积内 l 空洞的数目。

当半径长大 Δr_k 和 Δr_l 时，l 空洞与 k 空洞聚合的数目为：

$$\Delta N_{kl} = N_k \int_{x_1}^{x_2} f_{kl}(R) dR \quad (7-49)$$

式中，$x_1 = r_k + r_l$ 和 $x_2 = r_k + r_l + \Delta r_k + \Delta r_l$，考虑到上述假设（4），可得 $\Delta r_k = \eta r_k \Delta\varepsilon/3$，$\Delta r_l = \eta r_l \Delta\varepsilon/3$。

所以 $\quad x_2 = x_1(1 + \eta\Delta\varepsilon/3)$

由式（7-48）和式（7-49）

$$\Delta N_{kl} = N_k \int_{x_1}^{x_2} 4\pi N_l R^2 e^{\frac{4\pi N_l}{3}(x_1^3 - R^3)} dR$$

$$= -N_k \int_{x_1}^{x_2} e^{\frac{4\pi N_l}{3}(x_1^3 - R^3)} d\left[\frac{4\pi N_l}{3}(x_1^3 - R^3)\right]$$

$$= -N_k e^{\frac{4\pi N_l}{3}(x_1^3 - R^3)} \Big|_{x_1}^{x_2}$$

$$= -N_k \left[e^{\frac{4\pi N_l}{3}(x_1^3 - x_2^3)} - e^{\frac{4\pi N_l}{3}(o)}\right]$$

$$= N_k \left\{1 - e^{\frac{4\pi N_l}{3}(-1)x_1^3[(1+\frac{1}{3}\eta\Delta\varepsilon + \frac{1}{27}\eta^2\Delta\varepsilon^2)\eta\Delta\varepsilon]}\right\}$$

当 $\Delta\varepsilon$ 很小时，e 指数项是一个小量，由数学 $e^x = x+1$，所以 $-e^x = -x-1$

于是，$\quad \Delta N_{kl} = N_k(-1)\frac{4\pi N_l}{3}(-1)x_1^3\left[\left(1 + \frac{1}{3}\eta\Delta\varepsilon + \frac{1}{27}\eta^2\Delta\varepsilon^2\right)\eta\Delta\varepsilon\right]$

$$= \left(\frac{4\pi}{3}x_1^3\right) N_k N_l \left[\left(1 + \frac{1}{3}\eta\Delta\varepsilon + \frac{1}{27}\eta^2\Delta\varepsilon^2\right)\eta\Delta\varepsilon\right]$$

由于 $\quad V = \frac{4}{3}\pi r^3$

所以 $\quad \frac{4}{3}\pi(r_k+r_l)^3 = \frac{4}{3}\pi\left[\left(\frac{V_k}{\frac{4}{3}\pi}\right)^{\frac{1}{3}} + \left(\frac{V_l}{\frac{4}{3}\pi}\right)^{\frac{1}{3}}\right]^3 = (V_k^{\frac{1}{3}} + V_l^{\frac{1}{3}})^3$

于是 $\quad \Delta N_{kl} = (V_k^{\frac{1}{3}} + V_l^{\frac{1}{3}})^3 N_k N_l \left(1 + \frac{1}{3}\eta\Delta\varepsilon + \frac{1}{27}\eta^2\Delta\varepsilon^2\right)\eta\Delta\varepsilon$

或 $\quad \Delta N_{kl} = -(V_k^{1/3} + V_l^{1/3})^3 N_k N_l [1 + 0.033\eta\Delta\varepsilon + 0.037\eta^2(\Delta\varepsilon)^2]\eta\Delta\varepsilon$

$$(7-50)$$

式（7-50）是空洞塑性长大聚合数的关系式[7]。

设 N_r 为单位体积中的空洞数；V_f 为应变 ε 时空洞的体积分数；V_r 为离散分布中每个空洞的体积，则 $V_f = \sum N_r V_r$。

设 $V_k = V_l = V_r$,则

$$\Delta N_r = 8V_r N_r^2 [1 + 0.033\eta\Delta\varepsilon + 0.037\eta^2(\Delta\varepsilon)^2]\eta\Delta\varepsilon$$

令

$$\Phi(\Delta\varepsilon) = [1 + 0.033\eta\Delta\varepsilon + 0.037\eta^2(\Delta\varepsilon)^2]$$

则发生聚合的空洞占所有空洞的体积分数 Ψ 为

$$\Psi = \Delta N_r / N_r = 8V_f \Phi(\Delta\varepsilon)\eta\Delta\varepsilon \tag{7-51}$$

在发生应变 $\Delta\varepsilon$ 后,空洞的初始半径从 r 增加到 $r + \delta r$,同时,一些半径为 $r + \delta r$ 的空洞发生连接。设两个空洞聚合后由于扩散迅速球化,由体积守恒定律,可得新形成的空洞半径为:$R = \sqrt[3]{2}(r + \delta r) \sim 1.26(r + \delta r)$。

则发生空洞聚合时空洞的平均半径 r' 为

$$r' = \frac{(1-\Psi)(r+\delta r) + 1.26\Psi(r+\delta r)/2}{1 - \Psi/2}$$

于是,考虑成双成对空洞连接时空洞平均半径的净增量 Δr 为

$$\Delta r = r' - r = \frac{\Psi(0.13r - 0.37\delta r) + \delta r}{1 - \Psi/2} \tag{7-52}$$

空洞连接前按 Ridley – Pilling 塑性长大规律长大,有下式:

$$\frac{dr}{d\varepsilon} = \frac{\eta}{3}\left(r - \frac{3\gamma}{2\sigma}\right) \tag{7-53}$$

所以,发生微应变 $\Delta\varepsilon$ 时,空洞半径的微增量为:

$$\delta r = f(r)\Delta\varepsilon \tag{7-54}$$

式 (7-52) 除以 $\Delta\varepsilon$,式 (7-51) 和式 (7-54) 代入式 (7-52),得

$$\frac{\Delta r}{\Delta\varepsilon} = \frac{8V_f\Phi(\Delta\varepsilon)\eta(0.13r - 0.37f(r)\Delta\varepsilon) + f(r)}{1 - 4V_f\Phi(\Delta\varepsilon)\eta\Delta\varepsilon} \tag{7-55}$$

所以

$$\frac{dr}{d\varepsilon} = \lim_{\Delta\varepsilon \to 0} \frac{\Delta r}{\Delta\varepsilon}$$

将 $\Phi(\Delta\varepsilon) = [1 + \eta\Delta\varepsilon/3 + \eta^2(\Delta\varepsilon)^2/27]$ 代入,得

$$\frac{dr}{d\varepsilon} = f(r) + 1.04V_f\eta r \tag{7-56}$$

将式 (7-53) 代入,得

$$\frac{dr}{d\varepsilon} = \eta r(0.33 + 1.04V_f) - \frac{\gamma}{2\sigma} \tag{7-57}$$

式 (7-57) 即为连续函数下的空洞聚合的塑性控制的空洞长大速率模型。

B 考虑聚合的超塑性扩散控制的空洞长大速率模型的推导

假设条件:
(1) 空洞是球形。如椭球型空洞可以用等效面积方法处理。

7.4 空洞长大理论

(2) 空洞发生成双成对聚合。

(3) 尺寸在 $X_i \sim X_i + 1$ 的空洞平均半径为 $r_i = (X_i + X_i + 1)/2$，在 $X_i \sim X_i + 1$ 范围内的空洞尺寸是等概率的。

(4) 非聚合服从超塑性扩散长大机理，$dr/d\varepsilon = C$。

则 $\Delta r_k = C\Delta\varepsilon$，$\Delta r_1 = C\Delta\varepsilon$，$x_1 = r_k + r_1$，$x_2 = x_1 + 2C\Delta\varepsilon$

由式 (7-48) 和式 (7-49)

$$\Delta N_{kl} = N_k \int_{x_1}^{x_2} 4\pi N_1 R^2 e^{\frac{4\pi N_1}{3}(x_1^3 - R^3)} dR$$

$$= N_k \times \frac{4}{3}\pi N_1 [6x_1^2 + 12x_1(C\Delta\varepsilon) + 8(C\Delta\varepsilon)^2] C\Delta\varepsilon$$

$$= N_k N_1 \left[\frac{4}{3}\pi \times 6 \times \frac{1}{\left(\frac{4\pi}{3}\right)^{\frac{2}{3}}} (V_k^{\frac{1}{3}} + V_1^{\frac{1}{3}})^2 + 16\pi \times \frac{1}{\left(\frac{4\pi}{3}\right)^{\frac{1}{3}}} (V_k^{\frac{1}{3}} + V_1^{\frac{1}{3}}) C\Delta\varepsilon + 8(C\Delta\varepsilon)^2 \right] C\Delta\varepsilon$$

$$= N_k N_1 [9.62(V_k^{\frac{1}{3}} + V_1^{\frac{1}{3}})^2 + 31.17(V_k^{\frac{1}{3}} + V_1^{\frac{1}{3}}) C\Delta\varepsilon 8(C\Delta\varepsilon)^2] C\Delta\varepsilon$$

当 $V_k = V_1 = V_r$ 时

$$\Delta N_r = N_r^2 [38.48 V_r^{\frac{2}{3}} + 62.34 V_r^{\frac{1}{3}} C\Delta\varepsilon + 8(C\Delta\varepsilon)^2] C\Delta\varepsilon$$

则发生聚合的空洞占所有空洞的体积分数 Ψ 为

$$\psi = \frac{\Delta N_r}{N_r} = N_r [38.48 V_r^{\frac{2}{3}} + 62.34 V_r^{\frac{1}{3}} C\Delta\varepsilon + 8(C\Delta\varepsilon)^2] C\Delta\varepsilon \qquad (7-58)$$

类似前述处理，确定空洞聚合时的平均半径 r' 和空洞平均半径的净增量 Δr。发生微应变 $\Delta\varepsilon$ 时，空洞半径的微增量为：

$$\delta r = f(r)\Delta\varepsilon \qquad (7-59)$$

同时考虑超塑性空洞长大模型。

对晶界扩散控制的超塑性空洞长大，有下式：

$$\frac{dr}{d\varepsilon} = \left(\frac{45\Omega\delta D_{gb}}{kT}\right)\left(\frac{1}{d^2}\right)\left(\frac{\sigma}{\dot\varepsilon}\right) = f(r) \qquad (7-60)$$

于是

$$\frac{\Delta r}{\Delta\varepsilon} = \frac{\Psi(0.13r - 0.37f(r)\Delta\varepsilon) + f(r)}{1 - \frac{\Psi}{2}} \qquad (7-61)$$

$$\frac{dr}{d\varepsilon} = \lim_{\Delta\varepsilon \to 0} \frac{\Delta r}{\Delta\varepsilon} \qquad (7-62)$$

将式 (7-58) ~ 式 (7-61) 代入式 (7-62)，考虑到 $V_f = V_r N_r$

得到当晶界扩散控制的超塑性空洞聚合长大，有下式：

$$\frac{dr}{d\varepsilon} = \left(\frac{45\Omega\delta D_{gb}}{kT}\right)\left(\frac{1}{d^2}\right)\left(\frac{\sigma}{\dot\varepsilon}\right)(1 + 5N_f^{1/3} V_f^{2/3} r) \qquad (7-63)$$

式（7-63）即为考虑聚合的超塑性扩散控制的空洞长大速率模型。

C 考虑聚合的扩散控制的空洞长大速率模型

假设条件：

（1）空洞是球形。如椭球形空洞可以用等效面积方法处理。

（2）空洞发生成双成对聚合。

（3）尺寸在 $X_i \sim X_i+1$ 的空洞平均半径为 $r_i = (X_i + X_i + 1)/2$，在 $X_i \sim X_i+1$ 范围内的空洞尺寸是等概率的。

（4）非聚合服从扩散长大机理，$dr/d\varepsilon = K/r^2$。

则 $\Delta r = \dfrac{K}{r^2}\Delta\varepsilon$，$x_2 = x_1 + \left(\dfrac{1}{r_k^2} + \dfrac{1}{r_1^2}\right)K\Delta\varepsilon$。

由式（7-48）和式（7-49）

$$\Delta N_{kl} = N_k \int_{x_1}^{x_2} 4\pi N_1 R^2 e^{\frac{4\pi N_1}{3}(x_1^3 - R^3)} dR$$

$$= \frac{4\pi}{3} N_k N_1 \left[3x_1^2 \left(\frac{1}{r_k^2} + \frac{1}{r_1^2}\right) K\Delta\varepsilon + 3x_1 \left(\frac{1}{r_k^2} + \frac{1}{r_1^2}\right)^2 (K\Delta\varepsilon)^2 + \left(\frac{1}{r_k^2} + \frac{1}{r_1^2}\right)^3 (K\Delta\varepsilon)^3 \right]$$

$$= \frac{4\pi}{3} N_k N_1 \left[3x_1^2 + 3x_1 \left(\frac{1}{r_k^2} + \frac{1}{r_1^2}\right) K\Delta\varepsilon + \left(\frac{1}{r_k^2} + \frac{1}{r_1^2}\right)^2 (K\Delta\varepsilon)^2 \right] \left(\frac{1}{r_k^2} + \frac{1}{r_1^2}\right) K\Delta\varepsilon$$

现在需要 x_1 换成 V 的关系，r 换成 V 的关系

$$r = \left(\frac{V}{\frac{4\pi}{3}}\right)^{\frac{1}{3}} \qquad x_1 = r_k + r_1 = \left(\frac{1}{\frac{4\pi}{3}}\right)^{\frac{1}{3}}(V_k^{\frac{1}{3}} + V_1^{\frac{1}{3}})$$

则

$$\Delta N_{kl} = \frac{4\pi}{3} N_k N_1 \left\{ 3 \times \frac{1}{\left(\frac{4\pi}{3}\right)^{\frac{2}{3}}}(V_k^{\frac{1}{3}} + V_1^{\frac{1}{3}}) + 3 \times \left(\frac{1}{\frac{4\pi}{3}}\right)^{\frac{1}{3}}(V_k^{\frac{1}{3}} + V_1^{\frac{1}{3}}) \left[\frac{\left(\frac{4\pi}{3}\right)^{\frac{2}{3}}}{V_k^{\frac{2}{3}}} + \frac{\left(\frac{4\pi}{3}\right)^{\frac{2}{3}}}{V_1^{\frac{2}{3}}}\right] K\Delta\varepsilon + \right.$$

$$\left. \left(\frac{1}{V_k^{\frac{2}{3}}} + \frac{1}{V_1^{\frac{2}{3}}}\right)^2 \left(\frac{4\pi}{3}\right)^{\frac{4}{3}} (K\Delta\varepsilon)^2 \right\} \left(\frac{4\pi}{3}\right)^{\frac{2}{3}} \left(\frac{1}{V_k^{\frac{2}{3}}} + \frac{1}{V_1^{\frac{2}{3}}}\right) K\Delta\varepsilon$$

$$= \left(\frac{1}{V_k^{\frac{2}{3}}} + \frac{1}{V_1^{\frac{2}{3}}}\right) N_k N_1 \left[12.56(V_k^{\frac{1}{3}} + V_1^{\frac{1}{3}})^2 + 52.66(V_k^{\frac{1}{3}} + V_1^{\frac{1}{3}}) \left(\frac{1}{V_k^{\frac{2}{3}}} + \frac{1}{V_1^{\frac{2}{3}}}\right) \right.$$

$$\left. K\Delta\varepsilon + 73.41 \left(\frac{1}{V_k^{\frac{2}{3}}} + \frac{1}{V_1^{\frac{2}{3}}}\right)(K\Delta\varepsilon)^2 \right] K\Delta\varepsilon \tag{7-64}$$

令 $V_k = V_l = V_r, \; N_k = N_l = N_r$

$$\Delta N_r = \frac{2}{V_r^{\frac{2}{3}}} N_r^2 \left[50.24 V_r^{\frac{2}{3}} + 52.66 \times 2 \times V_r^{\frac{1}{3}} \times \frac{2}{V_r^{\frac{2}{3}}} K\Delta\varepsilon + 73.41 \times \frac{2}{V_r^{\frac{2}{3}}} (K\Delta\varepsilon)^2 \right] K\Delta\varepsilon$$

$$= N_r^2 \left[100.48 + \frac{421.28}{V_r} K\Delta\varepsilon + \frac{293.64}{V_r^{\frac{4}{3}}} (K\Delta\varepsilon)^2 \right] K\Delta\varepsilon \quad (7-65)$$

则发生聚合的空洞占所有空洞的体积分数 Ψ 为

$$\Psi = \frac{\Delta N_r}{N_r} = N_r \left[100 + \frac{421}{V_r} K\Delta\varepsilon + \frac{294}{V_r^{\frac{4}{3}}} (K\Delta\varepsilon)^2 \right] K\Delta\varepsilon \quad (7-66)$$

类似前述处理，确定空洞聚合时的平均半径 r' 和空洞平均半径的净增量 Δr。发生微应变 $\Delta\varepsilon$ 时，空洞半径的微增量为：

$$\delta r = f(r)\Delta\varepsilon \quad (7-67)$$

同时考虑扩散控制的空洞长大模型。有下式：

$$\frac{\mathrm{d}r}{\mathrm{d}\varepsilon} = \alpha \left(\frac{2\Omega\delta D_{gb}}{r^2 kT} \right) \left[\frac{\sigma - (2\gamma/r)}{\dot{\varepsilon}} \right] = f(r) \quad (7-68)$$

于是 $\quad \dfrac{\Delta r}{\Delta\varepsilon} = \dfrac{\Psi(0.13r - 0.37 f(r)\Delta\varepsilon) + f(r)}{1 - \dfrac{\Psi}{2}} \quad (7-69)$

$$\frac{\mathrm{d}r}{\mathrm{d}\varepsilon} = \lim_{\Delta\varepsilon \to 0} \frac{\Delta r}{\Delta\varepsilon} \quad (7-70)$$

将式 (7-66) ~ 式 (7-69) 代入式 (7-70)，得

$$\frac{\mathrm{d}r}{\mathrm{d}\varepsilon} = \alpha \left(\frac{2\Omega\delta D_{gb}}{kT} \right) \left[\frac{\sigma - (2\gamma/r)}{\dot{\varepsilon}} \right] (1 + 13 N_r r) \quad (7-71)$$

式 (7-71) 为考虑聚合的空洞扩散长大速率方程。

D 空洞长大机理转变的转换半径

从图 7-9 所示空洞长大图可以看出，塑性控制的空洞长大与扩散控制的空洞长大之间，塑性控制的空洞长大与超塑性控制的空洞长大之间存在交点。该交点对应的空洞半径称为转换半径 (r_c)，它是判定空洞长大机理转变的一个重要的特征参数。根据有聚合和无聚合，分别讨论确定转换半径的表达式。

a 考虑聚合的塑性控制的空洞长大与扩散控制的空洞长大的转换半径

由式 (7-57) 与式 (7-71) 相等，得

$$[\eta(0.33 + 1.04 V_f)\sigma kT\dot{\varepsilon} - 26\alpha\Omega\delta D_{gb}\sigma^2 N_r] r^4 + [52\alpha\Omega\delta D_{gb} N_r \gamma\sigma - 0.5\eta\gamma kT\dot{\varepsilon}] r^3 -$$
$$(2\alpha\Omega\delta D_{gb}\sigma^2) r + 4\gamma\alpha\Omega\delta D_{gb}\sigma = 0 \quad (7-72)$$

这是关于 r 的 4 次超越方程，可采用牛顿迭代方法等求出方程的根，即转换半

径 r_c。

b 考虑聚合的塑性控制的空洞长大与超塑性控制的空洞长大的转换半径

由式（7-57）与式（7-63）相等，得

$$r_c = \frac{90\Omega\delta D_{gb}\sigma^2 + \eta\gamma kTd^2\dot\varepsilon}{\eta(0.66 + 2.08V_f)d^2kT\sigma\dot\varepsilon - 450\Omega\delta D_{gb}N_r^{\frac{1}{3}}V_f^{\frac{2}{3}}\sigma^2} \quad (7-73)$$

c 无聚合的塑性控制的空洞长大与扩散控制的空洞长大的转换半径

同理得到

$$[\eta\sigma kT\dot\varepsilon]r^4 - [1.5\eta\gamma kT\dot\varepsilon]r^3 - [6\alpha\Omega\delta D_{gb}\sigma^2]r + 12\gamma\alpha\Omega\delta D_{gb}\sigma = 0 \quad (7-74)$$

这是关于 r 的 4 次超越方程，可采用牛顿迭代方法等求出方程的根，即转换半径 r_c。

在 $2\gamma/r \sim 0$，$0.5\eta\gamma/\sigma \sim 0$，$\eta = 3$，$\alpha = 1$ 的条件下，式（7-74）变成 Miller - Langdon 转换半径表达式（7-75）。Miller - Langdon 转换半径是上述条件下的特例。

$$r_c = \left(\frac{2\Omega\delta D_{gb}\sigma}{kT\dot\varepsilon}\right)^{1/3} \quad (7-75)$$

d 无聚合的塑性控制的空洞长大与超塑性控制的空洞长大的转换半径

同理得到

$$r_c = 1.5\frac{\gamma}{\sigma} + \left(\frac{3}{\eta}\right)\frac{45\Omega\delta D_{gb}\sigma}{kTd^2\dot\varepsilon} \quad (7-76)$$

在 $1.5\gamma/\sigma \sim 0$，$\eta = 3$ 条件下，式（7-76）变成 Chokshi - Langdon 转换半径表达式（7-77）。Chokshi - Langdon 转换半径是上述条件下的特例。

$$r_c = \frac{45\Omega\delta D_{gb}\sigma}{kTd^2\dot\varepsilon} \quad (7-77)$$

E 模型的应用

对聚合过程，若求精确解，可采用三个聚合长大模型和求解转换半径的超越方程得到。若求解析解，经过简化可采用三个聚合长大模型和求解转换半径的解析式得到。对非聚合过程，采用包含的三个长大模型和转换半径直接求解得到。

一些文献发现应变速率敏感性指数低，空洞数量多，体积分数大，空洞尺寸大有利于聚合，发生空洞随应变的变化率增高的实验现象，与所建立的模型预测的规律符合。

a Mg-6Li-3Zn 合金空洞长大图

图 7-14 所示为 Mg-6Li-3Zn 合金沿标距内的空洞分布照片，从图中可以看到空洞聚合的存在。

前面已介绍，空洞长大有三种机制：扩散控制的空洞长大、超塑性扩散控制

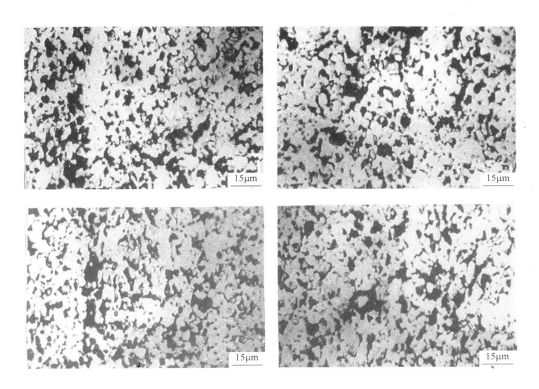

图 7-14 Mg-6Li-3Zn 合金在 573K、$1.67 \times 10^{-3} s^{-1}$ 条件下，沿标距内的空洞分布照片

的空洞长大和塑性/应变控制的空洞长大。由于超塑性扩散控制的空洞长大的前提条件是应变速率要在 $10^{-3} s^{-1}$ 以下，晶粒尺寸小于 5μm，通常伸长率为 300% ~1000%。而图 7-14 中的晶粒尺寸大于 5μm，伸长率为 72.5% ~300%，所以排除了存在该机制的空洞长大的可能性。这里将前述考虑聚合的空洞长大方程归纳如下。

考虑空洞聚合的塑性控制的空洞长大方程：

$$\frac{dr}{d\varepsilon} = \eta r(0.33 + 1.04 f_v) - \frac{0.5\gamma}{\sigma} \qquad (7-78)$$

式中，$dr/d\varepsilon$ 为空洞长大速度；r 为空洞半径；η 为空洞长大速率参数；f_v 为空洞的体积分数；γ 为空洞表面能；σ 为外力。

考虑空洞聚合的扩散控制的空洞长大方程：

$$\frac{dr}{d\varepsilon} = \alpha \left(\frac{2\Omega \delta D_b}{kT}\right) \left(\frac{\sigma}{\dot{\varepsilon}}\right) \left(\frac{1}{r^2} + 13 N_v r\right) \qquad (7-79)$$

式中，α 为系数；Ω 为原子体积；δ 为晶界宽度；D_b 为晶界扩散系数；ε 为应变

速率；N_v 为单位体积的空洞数。

由式（7-78）和式（7-79）相等，得到以下关于 r 的超越方程：

$$[\eta(0.33 + 1.04f_v)kT\sigma\dot\varepsilon - 26\alpha\Omega\delta D_b\sigma^2 N_v]r^3 - 0.5\gamma kT\dot\varepsilon r^2 - 2\alpha\Omega\delta D_b\sigma^2 = 0$$

(7-80)

求解式（7-80），得到聚合情况下的空洞转换半径 r_c。

Mg-6Li-3Zn 合金空洞长大图如图 7-15 所示。塑性控制的空洞长大与扩散控制的空洞长大是相互独立的速控过程，速率大的决定空洞长大的机制。两种机制的交点所对应的横坐标值为转换半径 r_c。当 $r < r_c$ 时，扩散控制的空洞长大是其机制；当 $r > r_c$ 时，塑性控制的空洞长大是其机制。根据图 7-15，考虑空洞聚合的空洞转换半径为 0.28μm，未考虑空洞聚合的空洞转换半径为 0.45μm。图 7-14 中的空洞半径为 4.43μm。因此断定 Mg-6Li-3Zn 合金在 573K、$1.67 \times 10^{-3} s^{-1}$ 条件下的空洞长大机制为塑性扩散控制的空洞长大。合金在 573K、$1.67 \times 10^{-3} s^{-1}$ 条件下，根据实验确定 $dr/d\varepsilon = 4.84 \mu m$，由 $(r, dr/d\varepsilon) = (4.43\mu m, 4.84\mu m)$ 实验数据点查图 7-15，发现实验数据点落在有聚合和无聚合的塑性控制的空洞长大曲线之间，说明有聚合的塑性控制的空洞长大和无聚合的塑性控制的空洞长大同时存在。反映在图 7-14 中空洞的形貌为空洞以连接形态存在和以孤立的不规则形态存在[71]。

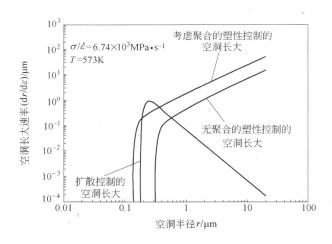

图 7-15 Mg-6Li-3Zn 合金在 573K 条件下的空洞长大图

据图 7-15 可得三点结论：

（1）空洞发生聚合和非聚合对扩散长大机理几乎没有影响，其曲线重合。对塑性长大机理影响很大，曲线分离；

（2）空洞发生聚合后的扩散长大机理向塑性长大机理转变的临界半径比无

聚合时的临界半径明显减小,说明空洞聚合加速了塑性机理下空洞的发展,因而加速了断裂的发生;

(3) 有聚合的塑性控制的空洞长大和无聚合的塑性控制的空洞长大同时存在。

b Mg-8Li 合金空洞长大图

图 7-16 所示为 Mg-8Li 合金沿标距内的空洞分布照片[72]。总体上,空洞孤立存在,但是从图 7-16c 可以看到空洞聚合的存在。图 7-17 为 α+β 合金在 573K 条件下对空洞发生聚合和非聚合情况绘制的空洞长大机理图。

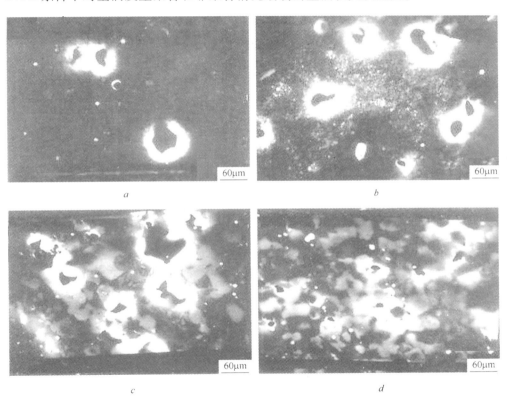

图 7-16 Mg-8Li 合金在 573K、初始应变速率 $1.67 \times 10^{-3} s^{-1}$ 条件下,超塑性变形从变形区根部到裂尖的空洞演变

从图 7-17 可得两点结论:

(1) 该合金突出的特点是扩控机理控制的区域变宽,临界半径增大。扩控机理下的曲线长大速率特别大,这说明空洞出现后按扩散机理迅速长大,长大到一定程度后才转入塑性长大机理。显微研究[73]发现 Mg-8Li 合金在 573K、低速

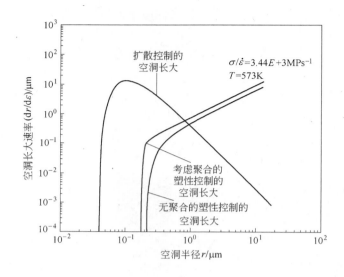

图 7-17 Mg-8Liα+β 合金在 573K 条件下空洞长大机理图

率条件下发生晶粒长大过程，由于变形中的晶粒长大，造成晶粒内部位错的发展，加大三叉晶界处的应力集中，当此处应力超过临界应力时，便诱发空洞。

（2）实验观察到的圆形和椭圆形的空洞证明了扩散机理的贡献。

7.5 空洞的抑制方法

超塑性变形过程中，由于空洞的存在恶化了变形零件的力学性能，所以人们希望开发抑制或减少空洞的方法：一个是施加静压力 P，减少空洞，另一个是在超塑性变形前后采用退火减少空洞。

7.5.1 实验事实与结果

图 7-18 所示为在 748K、$5\times10^{-4}\mathrm{s}^{-1}$、真应变 1.5 的条件下，静压力对准单相 7475 铝合金空洞的影响。施加 4MPa 的静压力之后空洞的尺寸变小，数量变少。在大气压力下，试样获得约 425% 的断裂伸长率，而在 4MPa 的静压力下试样获得 1050% 的断裂伸长率[49]。图 7-19 所示为在 793K、$1.17\times10^{-3}\mathrm{s}^{-1}$ 条件下，不同压力下 Al-Li 合金空洞含量随真应变的变化。随静压力从 0、0.7、1.4 到 2.1MPa 变化，空洞含量降低，空洞变化曲线的斜率（即空洞长大速率）逐步减小，空洞被推迟到较高的应变下[49]。一些实验指明了施加静压力对空洞的影响[2,13,64,74,75]：

（1）降低空洞长大速率；

图 7-18 超塑性 7475 铝合金在 748K、$5\times10^{-4}\mathrm{s}^{-1}$、真应变 1.5 的条件下的组织

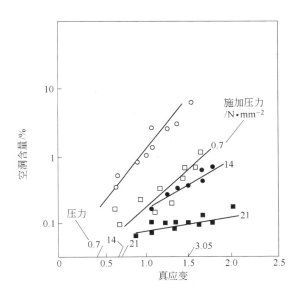

图 7-19 Al-Li 合金在 793K、$1.17\times10^{-3}\mathrm{s}^{-1}$、不同压力下空洞含量随真应变的变化

（2）降低一定应变下空洞的水平或含量；
（3）增加空洞形核的真应变；
（4）增加拉断伸长率；
（5）一定条件下，使裂纹状空洞转化为圆形准稳定的空洞[33]。

因此，普遍认为施加静压力是抑制或减少空洞的有效方法。该方法被 Bampton 和 Raj[13,74] 与 Pilling 和 Ridley[75] 等实验证实。Varloteauz 等[76] 发现退火消除热机械化过程中产生的小空洞,对大空洞可以考虑压力退火的方法。后者报道的不多。

7.5.2 解释静压力减少空洞的原因

根据式 (7-1) 和式 (7-29) 空洞形核模型,将应力替换成 $\sigma - P$,可知 P 增加,空洞形核半径增大,空洞形核变得困难。说明施加静压力使空洞形核不再容易,从而抑制空洞形核。根据式 (7-31)、式 (7-35)、式 (7-36)、式 (7-57)、式 (7-63) 和式 (7-71) 空洞长大模型,将应力替换成 $\sigma - P$,可知 P 增加,空洞长大速率 ($dr/d\varepsilon$) 减小,空洞长大变得困难。说明施加静压力抑制空洞长大。因此,理论表明,施加静压力 P 抑制了空洞形核与长大过程,因而减少空洞。

7.6 塑性失稳判据

对高温变形,Hart 塑性失稳准则[77] 被广泛采用。Hart 把稳定变形看作均匀横断面与颈缩横断面的差并不增加的过程,经推导得到塑性失稳判据 $m + \gamma \geqslant 1$,式中,m 为应变速率敏感性指数,$\gamma = (\partial \ln \sigma)/(\partial \varepsilon)$。

由于 $\sigma = f(\varepsilon, \dot{\varepsilon})$,$\dot{\varepsilon} = f'(\varepsilon)$,应力 σ 的增量的全微分方程式为:

$$d\sigma = (d\sigma/d\varepsilon)d\varepsilon + (d\sigma/d\dot{\varepsilon})d\dot{\varepsilon} \tag{7-81}$$

设试样中各点的 P 值均相等,将 $P = \sigma A$ 微分,得

$$dP = \sigma dA + A d\sigma \tag{7-82}$$

或

$$d\sigma/\sigma = -dA/A \tag{7-83}$$

在一定条件下,$\sigma = k'\varepsilon^n$ 中的 k' 和 n 均为恒定值。将 $\sigma = k'\varepsilon^n$ 微分,可得 $d\sigma/d\varepsilon = nk'\varepsilon^{n-1}$,进一步得

$$(d\sigma/d\varepsilon)(1/\sigma) = n/\varepsilon$$

令

$$\gamma = n/\varepsilon = (1/\varepsilon)(\partial \ln \sigma)/(\partial \ln \varepsilon)_{k',n} = \partial \ln \sigma/\partial \varepsilon \tag{7-84}$$

在一定条件下,$\sigma = k\dot{\varepsilon}^m$ 中的 k 和 m 均为恒定值。将 $\sigma = k\dot{\varepsilon}^m$ 微分,可得

$$d\sigma/d\dot{\varepsilon} = mk\dot{\varepsilon}^{m-1} \tag{7-85}$$

进一步得

$$(d\sigma/d\dot{\varepsilon})(1/\sigma) = m/\dot{\varepsilon} \tag{7-86}$$

于是

$$m = (\partial \ln \sigma/\partial \ln \dot{\varepsilon})_{k,m} = (d\sigma/d\dot{\varepsilon})(\dot{\varepsilon}/\sigma) \tag{7-87}$$

同时

$$\dot{\varepsilon} = -(1/A)(dA/dt) = -\dot{A}/A \tag{7-88}$$

由式 (7-81)、式 (7-83)、式 (7-84)、式 (7-86) 和式 (7-88) 可得

$$d\ln\dot{A}/d\ln A = -(1 - \gamma - m)/m \tag{7-89}$$

不稳定的塑性流动在于满足下列条件:

$$dA˙ = 0 \tag{7-90}$$

将式 (7-90) 代入式 (7-89),得到塑性失稳判据

$$m + \gamma \geqslant 1 \tag{7-91}$$

由于试样的横断面随变形的进行而减小,必须考虑试样均匀区与缩颈区的比值。Duncombe[78]完成了基于横断面之比的分析,获得塑性失稳准则:$\gamma \geqslant 1$。Hart 和 Duncombe 分析的是缩颈形成的最简单的情况,颈缩伸长的速度比其他部分都快。

在经典超塑性中,由于晶粒长大超塑性变形是在超越稳定变形条件下进行的,在拉伸极长的试样中,缩颈的伸长大于其余部分的伸长直到缩颈变得又长又细。

考虑到这两点,Sato 和 Kuribayashi[79] 提出下列良好超塑性的条件:

(1) 缩颈变宽而不是变尖;
(2) 缩颈在很大延伸之前并不断裂。

断裂准则 (2) 由组织行为 (比如空洞) 来决定,不能通过宏观参数 γ 和 m 来分析。宽缩颈准则 (1) 首先由 Sato 和 Kuribayashi 提出。下面推导该准则。

首先考虑试样每点处对均匀区的恒断面比 ϕ ($0 < \phi \leqslant 1$),该点的缩颈尖度定义为 ϕ 的梯度,$|\partial\phi/\partial x|$。式中,$x$ 为试样的位置;ϕ 为梯度对时间求导,得

$$\frac{\partial}{\partial t}\left|\frac{\partial \phi}{\partial x}\right| = -\dot{\varepsilon}_u[(2+I)\phi^I - 1]\left|\frac{\partial \phi}{\partial x}\right| \tag{7-92}$$

和

$$I \equiv (\gamma - 1)/m \tag{7-93}$$

式中,$\dot{\varepsilon}_u$ 为均匀区的应变速率,在假定试样单轴应力分布的条件下,它通过体积守恒定律和应力平衡条件来计算。

如果 $[(2+I)\phi^I - 1]$ 为正值,式 (7-92) 为负值,即缩颈变宽。该值的符号通过 I 值来分类:当 $0 > I \geqslant -1$ 时,它总是为正值;当 $I \leqslant -2$ 时,它总是为负值;当 $-1 > I > -2$、ϕ 大于某一值时,它为负值,当 ϕ 小于该值时,它为正值。ϕ 对时间的导数按下式计算:

$$\frac{\partial \phi}{\partial t} = \dot{\varepsilon}_u \phi(1 - \phi^I) \tag{7-94}$$

可以推出 Duncombe 准则:如果 $I > 0$,由式 (7-93) 得 $\gamma \geqslant 1$,横断面比值不减小。

Sato 和 Kuribayashi 总结上述讨论结果,得到塑性失稳准则,如表 7-1 所示。

表 7-1 Sato-Kuribayashi 塑性失稳准则

I	m 和 γ	缩颈行为
$I \geqslant 0$	$\gamma \geqslant 1$	缩颈并不生长
$0 > I \geqslant -1$	$\gamma < 1$ $m + \gamma \geqslant 1$	缩颈生长但始终变宽
$-1 > I > -2$	$m + \gamma < 1$ $2m + \gamma > 1$	缩颈起初变尖但最终变宽
$-2 \geqslant I$	$2m + \gamma \leqslant 1$	缩颈变尖

从表 7-1 可以看出:
(1) 当 $I > 0$ 时,缩颈并不生长,$\gamma \geqslant 1$,给出 Duncombe 准则;
(2) 当 $0 > I \geqslant -1$ 时,缩颈生长但始终变宽,$I \geqslant -1$ 的准则对应于 $m + \gamma \geqslant 1$,给出 Hart 准则;
(3) 当 $-1 > I > -2$ 时,缩颈起初变尖但最终变宽;
(4) 当 $I \leqslant -2$ 时,缩颈变尖迅速生长而变得越来越尖。

图 7-20 给出不同 I 值对应的缩颈演变的示例。当 $I = -0.5$ 或 1.5 时,形成宽缩颈,会导致大伸长率的发生。然而,当 $I = -2.5$ 时,形成尖缩颈,只获得很小的伸长率。

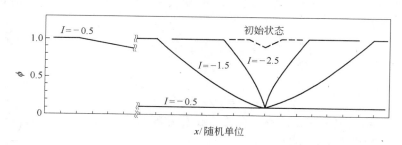

图 7-20 不同 I 值对应的缩颈演变的示例
(虚线的初始状态演变为实线指明的缩颈)

上述准则意味着超塑性准则由下式给出:

$$I > -2 \quad \text{或} \quad 2m + \gamma > 1 \tag{7-95}$$

Sato 等对超塑性 Zn-22Al 合金获得 $m = 0.4$ 和 $\gamma = 0.4$,对超塑性 Al-33Cu 合金获得 $m = 0.6$ 和 $\gamma = 0.8$,两种情况均满足式 (7-95)。Sato-Kuribayashi 塑性失稳准则统一了 Duncombe 和 Hart 准则,具有一定的理论价值和实用性。

本书作者[44]对 Al-12.7Si-0.7Mg 合金在 520℃、$1.67 \times 10^{-4} \text{s}^{-1}$ 条件下获得 379% 的超塑性,采用 Sato-Kuribayashi 塑性失稳准则做了计算。计算数据和

结果如表7-2所示。可以看出符合$-1>I>-2$，$m+\gamma<1$和$2m+\gamma>1$，缩颈起初变尖但最终变宽，与实验的扩展型缩颈一致。

表7-2 超塑性Al-12.7Si-0.7Mg合金塑性失稳准则计算数据和结果

T	$\dot{\varepsilon}$	α	m	p	γ	I	$m+\gamma$	$2m+\gamma$
520℃	$1.67\times10^{-4}s^{-1}$	0.3	0.52	2	0.312	-1.323	0.832	1.352

7.7 断裂方式与机理

超塑性断口形貌研究结果表明，多数材料的断裂机理均为沿晶界断裂，有一定深度的韧窝。但是对于断口形貌的理论研究不多，因而很少有专门文献提及超塑性断口问题。

本文作者[72]研究了超塑性Mg-8.42Li合金和Mg-7.83Li合金的断口形貌。图7-21所示为Mg-8.42Li合金和Mg-7.83Li合金在573K、不同初始应变速率条件下，超塑性变形断口形貌的扫描电镜照片。从图7-21a和b可看出，Mg-8.42Li合金在573K、$1.67\times10^{-2}s^{-1}$和$1.67\times10^{-3}s^{-1}$条件下，发生沿晶界形式的韧窝断裂，而图7-21c在573K、$5\times10^{-4}s^{-1}$条件下，发生穿晶断裂。与920%超塑性对应的图7-21c在573K、$5\times10^{-4}s^{-1}$条件下发生穿晶断裂的原因分析如下：由于在此应变速率条件下，晶粒长大十分显著（晶粒尺寸达31.7μm），晶粒内部位错数量和位错密度增大，造成位错塞积和晶界的应力集中。当应力集中超过断裂应力时，便产生晶界空洞，空洞连接形成裂纹。裂纹迅速扩展造成穿晶断裂。从图7-21d可看出，与850%超塑性对应的Mg-7.83Li合金在573K、$1.67\times10^{-3}s^{-1}$条件下发生沿晶界形式的韧窝断裂。

本文作者等[44]研究了超塑性Al-12.7Si-0.7Mg合金的断裂形貌，发现了细丝（filament）的存在。超塑性断裂表面形貌如图7-22所示。从图7-22a、c、e、g可以看出有大量韧窝存在，韧窝尺寸为9.5~10μm但其深度很小。韧窝的存在是超塑性变形的基本特征之一，表明发生延性断裂。图7-22所示的小深度韧窝与低于379%的拉断伸长率对应。图7-22b、d、f、h表明细丝或晶须存在，细丝从凸起位置向内部以流线形式扩展，这在图7-22f、h中最明显。为了弄清楚细丝中是否存在氧化物，做了能谱分析，结果如图7-23所示。细丝主要由Al和Si组成，但还含有少量的O和Mg，氧化物并不存在。可以断定Al-12.7Si-0.7Mg合金细丝的形成与元素的氧化没有关系。为了弄清楚在当前超塑性实验条件下是否存在局部熔化或液相存在，做了差热分析，结果如图7-24所示，局部熔化的开始温度为831.47K，高于最大超塑性温度793K，因此Al-12.7Si-0.7Mg合金超塑性变形液相并不存在。

细丝形成机理分析如下。在超塑性Al 7475，Al-25Si，Al-16Si-5Fe-

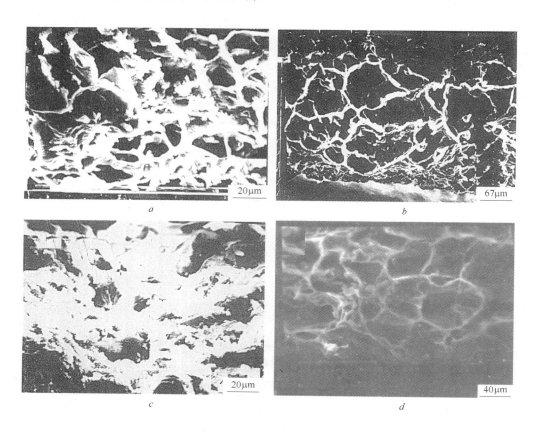

图 7-21 Mg-8.42Li 合金和 Mg-7.83Li 合金在 573K、不同初始
应变速率条件下超塑性变形的断口形貌

a—Mg-8.42Li, $1.67\times10^{-2}s^{-1}$; b—Mg-8.42Li, $1.67\times10^{-3}s^{-1}$;
c—Mg-8.42Li, $5\times10^{-4}s^{-1}$; d—Mg-7.83Li, $1.67\times10^{-3}s^{-1}$

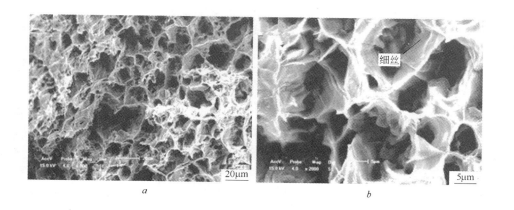

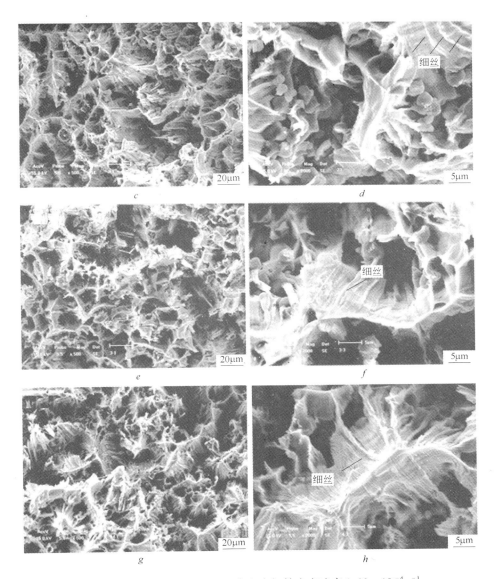

图 7-22　Al-12.7Si-0.7Mg 合金在初始应变速率 $3.33 \times 10^{-4} \mathrm{s}^{-1}$、不同温度条件下超塑性断口表面

a, b—733K；c, d—753K；e, f—773K；g, h—793K

1Cu-0.5Mg-0.9Zr，Al-Mg 或 AA5083 铝合金和 AZ31 镁合金中可以观察到图 7-22b、d、f、h 中的细丝。迄今为止，有以下几个不同的理论阐述细丝的形成机理：

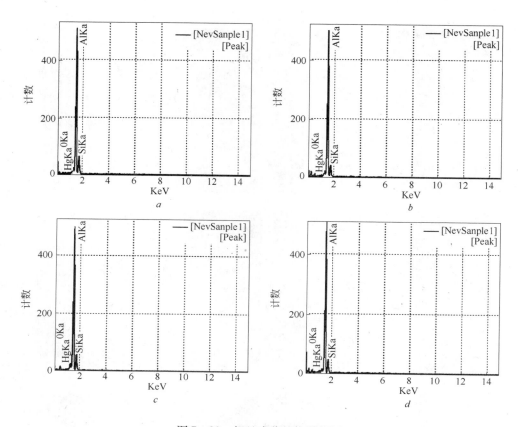

图7-23 细丝成分的能谱分析

a—对应于图7-22a, b 的细丝；b—对应于图7-22c, d 的细丝；
c—对应于图7-22e, f 的细丝；d—对应于图7-22g, h 的细丝

第一，Al 7475 合金超塑性变形后细丝的形成是由于晶界上的低熔点液相[80]。喷射沉积与挤压制备的 Al-25Si 合金中的细丝是由于点滴状液相在晶界上形成，类似于超塑性 Al 7475 合金的解释。由于开始熔化温度为781K，快速凝固与挤压制备的 Al-16Si-5Fe-1Cu-0.5Mg-0.9Zr 合金中类似细丝相的形成归因于液相的形成。

第二，超塑性 Al-Mg 或 AA5083 铝合金中形成的细丝是由于空气中富镁氧化物的形成[81]。

第三，超塑性 AA5083 铝合金中细丝的形成是由于低温下溶质拖曳蠕变向高温晶界滑移的转变[82]。

第四，超塑性 AZ31 镁合金中细丝的形成是由于高温下高的晶界扩散速率和晶内滑移和晶界扩散调节的晶界滑移，而不是晶界液相[83]。

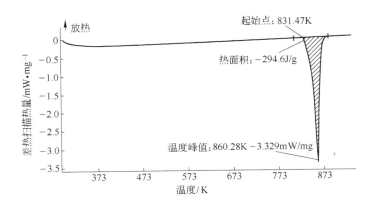

图 7-24 冷轧后 Al-12.7Si-0.7Mg 合金的差热分析

Al-12.7Si-0.7Mg 合金的变形温度为 733~793K，低于 Al-Si 共晶合金 850K 的共晶温度。根据 Al-Si 相图，Al、Si 和 Mg 的熔点分别为 933K、1687K 和 923K。因此，Al-Si-Mg 中没有液相。图 7-24 所示的差热分析结果进一步证明 733~793K 温度范围没有液相存在。快速凝固制备的 Al-Si 合金沿晶界没有液相存在的原因是由于快速凝固极高的冷却速率导致过冷度增加和共晶温度降低。由于 Al-Si-Mg 合金板材是用普通铸造、挤压和轧制方法制备的，与快速凝固的情况相反，图 7-24 中 Al-Si-Mg 合金的局部熔化温度为 831.47K，由于常规铸造和较低的凝固速率，略微低于共晶温度和高于超塑性变形温度。因此，Al-Si-Mg 合金因液相形成细丝被排除了。

图 7-23 所示能谱分析结果表明细丝中不存在氧化物。其原因是 Al-Si-Mg 合金中镁含量只有 0.7%，含量太低不会形成富镁氧化物，而在 AA5083 合金中，镁含量为 5.84%，足以导致富镁氧化物的形成。因此，Al-Si-Mg 合金因元素氧化形成细丝也被排除了。

注意到图 7-22b、d、f、h 中细丝的数量与密度在 $3.33 \times 10^{-4} s^{-1}$ 条件下，随变形温度从 733K 升高到 793K，对应于 733K、753K、773K 和 793K 的应力-应变曲线的，与图 7-22 的 m 值分别为 0.31、0.34、0.43 和 0.52，因此 n 值分别为 3.22、2.94、2.33 和 1.92。而 3.22 和 2.94 接近 3，表明 Al-Si-Mg 合金在 733K 和 753K 条件下的变形机理为位错黏性滑动蠕变，而 2.33 和 1.92 接近 2，表明 Al-Si-Mg 合金在 773K 和 793K 条件下的变形机理为晶界滑动。随变形温度升高，变形机理从黏性位错蠕变向晶界滑动转变，同时细丝的数量和密度增大。考虑到晶格扩散，有理由认为 Al-Si-Mg 合金断裂表面细丝的形成与变形机理和晶格扩散密切相关。

7.8 空洞研究新进展

Rashed 等[84]采用 X 射线照相术与实验结合研究了 AZ61 镁合金热变形的空洞。作者开发了获得颗粒与空洞作用的三维图像的方法。其结果如图 7-25 和图 7-26 所示。从图中可以直观看出红色颗粒与蓝色空洞的分布。结果表明，随应变增大，在较小的颗粒处形成空洞。由于变形伴随的晶粒长大减小了空洞形核的临界颗粒直径，导致连续空洞形核。颗粒聚合是空洞形成的潜在地点，导致形成大而复杂形状的空洞形成，条件是聚合体尺寸低于空洞形核的临界颗粒直径。

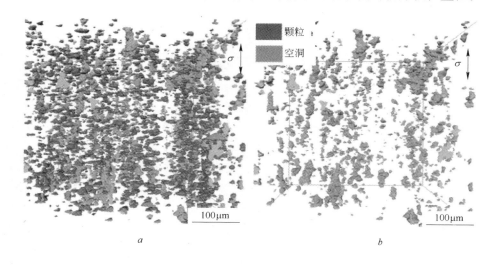

图 7-25 X 射线照相术空洞三维重构图
a—颗粒与空洞；b—只有空洞

Kawasaki 等[85]采用等通道转角挤压（ECAP）方法研究了 473K 8 道次变形后 Zn-22Al 合金的超塑性与空洞发展。在 473K、$1.0 \times 10^{-2} s^{-1}$ 条件下，在 $1.6\mu m$ 的合金中获得 2230% 的超塑性。空洞研究结果如图 7-27 和图 7-28 所示。从图 7-27 可以看出，低伸长率下的超塑性空洞长大与高伸长率下的塑性控制的空洞长大之间存在清楚的转变。图 7-28 表明空洞半径大于约 $2.1\mu m$ 会发生超塑性空洞长大向塑性控制的空洞长大机理的转变。这是超塑性空洞长大模型在超细晶中应用的最新报道。

Du 等[88]数值模拟研究了 AA5083 合金的空洞长大，建立了位错蠕变、晶界扩散与晶界滑移速率方程，对 236 个晶粒进行空洞模拟，预报加载条件、材料参数和显微组织对空洞长大速率的影响。研究发现空洞长大速率对空洞附近的详细的晶粒组织十分敏感，结果实际组织的空洞长大速率与模型预测存在很大差异。

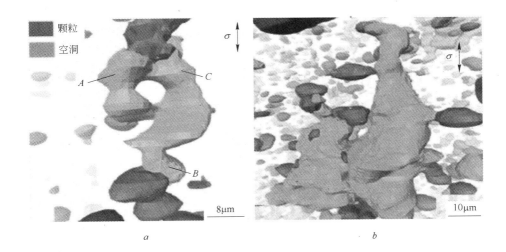

图7-26 在350℃条件下变形到应变1.05的三维图像

a—A、B、C空洞发生聚合；b——一个大空洞，由小空洞聚合形成

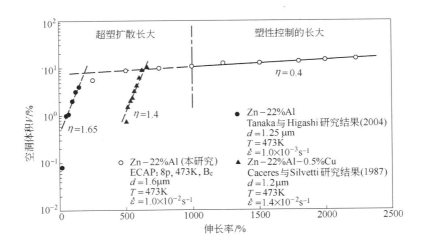

图7-27 Zn-22Al合金在473K、$1.0 \times 10^{-2} s^{-1}$条件下
内部空洞体积与伸长率的关系

（补充数据来自文献 [86, 87]）

图7-29所示为有限元（FEM）模拟的236个晶粒的代表性组织。图7-30所示为三个应变速率下空洞尺寸与应变的关系。由图可看出，模拟结果与Bae和Ghosh[89]实验结果一致。

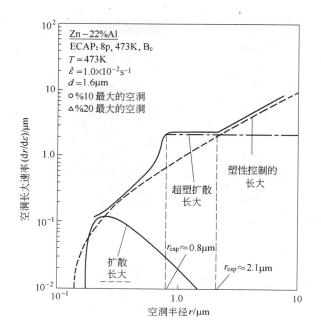

图7-28　等通道转角挤压Zn-22Al合金在473K、$1.0\times10^{-2}\mathrm{s}^{-1}$条件下的空洞长大

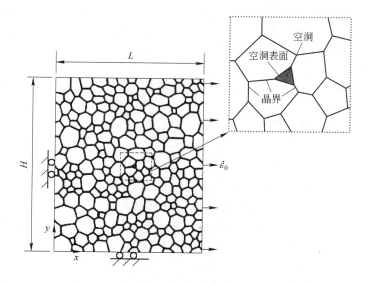

图7-29　FEM模拟的236个晶粒的代表性组织

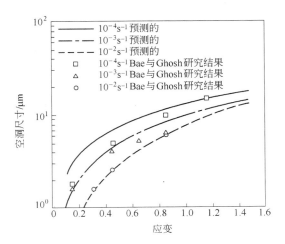

图 7-30 三个应变速率下空洞尺寸与应变的关系
(实验数据来自 Bae 和 Ghosh[89])

参 考 文 献

[1] Johnson R H. Superplasticity [J]. Metall. Review., 1970, 15: 115~134.

[2] Kashyap B P, Mukherjee A K. Cavitation behavior during high temperature deformation of micrograined superplastic materials - A review [J]. Res Mechanica. 1986, 17: 293~355.

[3] Stowell M J. Cavitation in superplasticity [C]. In N E Paton, C H Hamilton (eds.), Proc. Conf. Superplastic Forming of Structural Alloys. Metall. Soc. AIME, New York, 1982: 321~326.

[4] Pilling J, Ridley N. Superplasticity in Crystalline Solids [M]. UK, The Institute of Metals, 1989: 102~157.

[5] Livesey D W, Ridley N. Superplastic deformation, cavitation and fracture of microduplex Cu-Ni-Zn alloys [J]. Metall. Trans. A, 1978, 9 (4): 519~526.

[6] Ghosh A K. Dynamics of microstructural changes in a superplastic aluminum alloy [C]. In Deformation of Polycrystals: Mechanisms and Microstructures, (snd Riso Int. Conf. on Metallurgy and Materials Science), Eds. N Hansen, A Horsewell, T Leffers, H Lilholt, Denmark, Roskilde, 1981: 277~283.

[7] Stowell M J, Livesey D W, Ridley N. Cavitation coalescence in superplastic deformation [J]. Acta Metall. 1984, 32: 35~42.

[8] Gifkins R C. Mechanisms of euperplasticity [J]. In N E Paton, C H Hamilton (eds.), Proc. Conf. Superplastic Forming of Structural Alloys. Metall. Soc. AIME, New York, 1982: 3~

26.
- [9] Mukherjee A K. Deformation mechanisms in superplasticity [J]. Ann. Rev. Mater. Sci., 1979, 9: 191~217.
- [10] Livesey D W, Ridley N. Cavitation during superplastic flow of ternary alloys based on microduplex Pb – Sn eutectic [J]. J. Mater. Sci., 1978, 13 (4): 825~832.
- [11] Ridley N. Superplasticity in iron – base alloys [C]. In N E Paton, C H Hamilton (eds.), Proc. Conf. Superplastic Forming of Structural Alloys. Metall. Soc. AIME, New York, 1982: 191~207.
- [12] Lloyd D J, Moore D M. Aluminum alloy design for superplasticity [C]. In N E Paton, C H Hamilton (eds.), Proc. Conf. Superplastic Forming of Structural Alloys. Metall. Soc. AIME, New York, 1982: 147~172.
- [13] Bampton C C, Edington J W. Microstructural observations of superplastic cavitation in fine grained 7475 – Al [J]. Metall. Trans. A, 1982, 13: 1721~1727.
- [14] Suery M, Baudelet B, Hydrodynamical behaviour of a two – phase superplastic alloy: α/β brass [J]. Philos. Mag. A, 1980, 41 (1): 41~64.
- [15] Patterson W J D, Ridley N. Effect of phase proportion on deformation and cavitation of superplastic α/β brass [J]. J. Mater. Sci., 1981, 16: 457~464.
- [16] Suery M, Baudelet B. Problems relating to structure, rheology and mechanisms in superplasticity [C]. In N E Paton, C H Hamilton (eds.), Proc. Conf. Superplastic Forming of Structural Alloys. Metall. Soc. AIME, New York, 1982: 105~127.
- [17] Pilling J, Geary B, Ridley N, ICSMA – 7 [C], Eds. H J McQueen, J P Bailon, Oxford, Pergamon Press, 1985: 823~828.
- [18] Ghosh A K. Deformation of Polycrystals – Mechanics and Microstructure [C]. Eds. N Hansen, Denmark, Riso National Laboratories, 1981: 277~282.
- [19] Livesey D W, Ridley N. Effect of grain size on cavitation in superplastic Zn – Al eutectoid [J]. J. Mater. Sci., 1982, 17 (8): 2257~2266.
- [20] Humphries C W, Ridley N. Cavitation in alloy steels during superplastic deformation [J]. J. Mater. Sci., 1974, 9: 1429~1435.
- [21] Ridley N, Livesey D W. Factors affecting cavitation during superplastic flow [C]. In Proc. 4th Int. Conf. on Fracture, Waterloo, Vol. 2, 1977: 533~540.
- [22] Livesey D W, Ridley N. Cavitation and cavity sintering during compressive deformation of a superplastic microduplex Cu – Zn – Ni alloy [J]. Metal. Sci. 1982, 16: 563~568.
- [23] Rao M K, Kashyap B P, Mukherjee K. Cavitation growth during superplastic deformation in 7475 aluminum alloy [C]. In Advances in Fracture Research, Eds. S R Valluri et al, Oxford, Pergamon Press, 1984: 2311~2317.
- [24] Sagat S, Blenkinson P, Taplin D M R. Metallographic study of superplasticity and cavitation in microduplex Cu – 40percent Zn [J]. J. Inst. Metals, 1972, 100: 268~274.
- [25] Sengupta P K, Roberts W T, Wilson D V. Uniaxial and biaxial stretching of commercial – puri-

ty titanium and Ti – 6Al – 4V at 525 – 725℃ [J]. Metal Technol. 1981, 8: 171 ~ 179.
[26] Greenwood J N, Miller D R. Suiter J W. Acta Metall., 1954, 2: 250.
[27] Raj R, Ashby M F. Intergranular fracture at elevated temperatures [J]. Acta Metall., 1975, 23: 653 ~ 666.
[28] Mclean D. Influence of segregation on creep cavitation [J]. Metals Forum 1981, 4: 44 ~ 47.
[29] Raj R. Nucleation of cavities at second phase particles in grain boundaries [J]. Acta Metall., 1978, 26 (6): 995 ~ 1006.
[30] Jiang X G, Cui J Z, Ma L X. A cavity nucleation model during high temperature creep deformation of metals [J]. Acta Metall. Mater., 1993, 41 (2): 539 ~ 542.
[31] Liu Z Y. A new model for cavity nucleation [J]. Transactions of Nonferrous Metals Society of China. 1997, 7 (2): 145 ~ 148.
[32] Chokshi A H, Langdon T G. The influence of rolling direction on the mechanical behavior and formation of cavity stringers in the superplastic Zn – 22% Al alloy [J]. Acta Metall., 1989, 37 (2): 715 ~ 723.
[33] Jiang X G, Earthman J C, Mohamed F A. Cavitation and cavity – induced fracture during superplastic deformation [J]. J. Mater. Sci., 1994, 29: 5499 ~ 5514.
[34] Needleman A, Rice J R. Plastic creep flow effects in the diffusive cavitation of grain boundaries [J]. Acta Metall., 1980, 28 (10): 1315 ~ 1332.
[35] Chokshi A H, Mukherjee A K. An analysis of cavity nucleation in superplasticity [J]. Acta Metall., 1989, 37 (11): 3007 ~ 3017.
[36] Fleck R G, Taplin D M R, Beevers C J. Investigation of the nucleation of creep cavities by 1 MV electron microscopy [J]. Acta Metall., 1975, 23 (4): 415 ~ 424.
[37] Harris J E. Nucleation of creep cavities in magnesium [J]. Trans Met. Soc. AIME., 1965, 233: 1509 ~ 1518.
[38] Stowell M J. Failure of superplastic alloys [J]. Metal Sci., 1983, 17: 1 ~ 11.
[39] Gifkins R D. A mechanism for the formation of intergranular cracks when boundary sliding occurs [J]. Acta Metall., 1956, 4: 98 ~ 107.
[40] Chan K S, Page R A, Lankford J. Cavity nucleation at grain boundary ledges [J]. Acta Metall., 1986, 34 (12): 2361 ~ 2370.
[41] Argon A S, Chen I W, Lau C W. In Creep Fatigue Environment Interactions [C], Eds. R M Pelloux and N S Stoloff, New York, AIME, 1980: 46.
[42] Lim L C. Cavity nucleation at high temperature involving pile – ups of grain boundary dislocations [J]. Acta Metall., 1987, 35 (7): 1663 ~ 1673.
[43] Chokshi A H. Cavity nucleation and growth in superplasticity [J]. Mater. Sci. Eng. A, 2005, 410 ~ 411: 95 ~ 99.
[44] Cao Furong, Li Zhuoliang, Zhang Nianxian, Ding Hua, Yu Fuxiao, Zuo Liang. Superplasticity, flow and fracture mechanism in an Al – 12.7Si – 0.7Mg alloy [J]. Mater. Sci. Eng. A, 2013, 571C: 167 ~ 183.

[45] Leo P, Spigarelli S, Cerr Ei, Mehtedi M E. High temperature mechanical properties of an aluminum alloy containing Zn and Mg [J]. Mater. Sci. Eng. A, 2012, 550: 206~213.

[46] Rashd H M M A, Robson J D, Bate P S, Davis B. Application of X-ray microtomography to analysis of cavitation in AZ61 magnesium alloy during hot deformation [J]. Mater. Sci. Eng. A, 2011, 528: 2610~2619.

[47] Ridley N, Bate P S, Zhang B. Effect of strain rate path on cavitation in superplastic. aluminum alloy [J]. Mater. Sci. Eng. A, 2007, 463: 224~230.

[48] Cleveland R M, Ghosh A K, Bradley J R. Comparasion of superplastic behavior in two 5083 aluminum alloys [J]. Mater. Sci. Eng. A, 2003, 351: 228~236.

[49] Mukherjee A K. in: H. Mughrabi (Ed.), Plastic Deformation and Fracture of Materials [C], vol.6, VCH, Weinheim, 1993: 385~406.

[50] Chokshi A H, Langdon T G. Cavitation and fracture in the superplastic Al-33% Cu eutectic alloy [J]. J. Mater. Sci., 1989, 24: 143~153.

[51] Chandra T, Jonas J J, Taplin D M R. Grain boundary sliding and intergranular cavitation during superplastic deformation of α/β brass [J]. J. Mater. Sci., 1978, 13: 2380~2384.

[52] Watanabe H, Mukai T, Higashi K. Deformation mechanism of fine-grained superplasticity in metallic materials expected from the phenomenological constitutive equation [J]. Mater. Trans., 2004, 45: 2497~2502.

[53] Langdon T G. Unified approach to grain boundary sliding in creep and superplasticity [J]. Acta Metallurgica et Materialia, 1994, 42 (7): 2437~2443.

[54] Cao F R. Preparation of ultralight magnesium-lithium alloys and study on the high temperature deformation mechanism [D]. Ph D Dissertation. Shenyang, Northeastern University, 1999.

[55] Hull D, Rimmer R E. The growth of grain-boundary voids under stress [J]. Philos. Mag., 1959, 4 (42): 673~687.

[56] Speight M V, Beere W. Vacancy potential and void growth on grain boundaries [J]. Metal Sci., 1975, 9 (4): 190~191.

[57] Beere W, Speight M V. Creep cavitation by vacancy diffusion in plastically deforming solid [J]. Metal Sci., 1978, 12 (4): 172~176.

[58] Speight M V, Harris J E. The kinetics of stress-induced growth of grain-boundariy voilds [J]. J. Metal Sci., 1967, 1: 83.

[59] Chokshi A H. The development of cavity growth maps for superplastic materials [J]. J. Mater. Sci. 1986, 21 (6): 2073~2082.

[60] Chokshi A H, Langdon T G. A model for diffusional cavity growth in superplasticity [J]. Acta Metall., 1987, 35: 1089~1101.

[61] Hancock J W. Creep cavitation without a vacancy flux [J]. Metal Sci., 1976, 10: 319~325.

[62] Stowell M J. Cavity growth in superplastic alloys [J]. Metal Sci., 1980, 14 (7): 267~272.

[63] Cocks A C F, Ashby M F. Creep fracture by coupled power-law creep and diffusion under multiaxial stress [J]. Metal Sci., 1982, 16 (10): 465~474.

[64] Pilling J, Ridley N. Cavitation in superplastic alloys and the effect of hydrostatic pressure [J]. Res Mechanica, 1988, 23 (1): 31~63.

[65] Belzunce J, Suery M. Analysis of cavity growth and fracture in superplastic α/β brass [J]. Acta Metall., 1983, 31 (10): 1497~1504.

[66] Beere W, Speight M V. Creep cavitation by vacancy diffusion in plastically deforming solid [J]. Metal Sci., 1978, 12 (4): 172~176.

[67] Pilling J. Effect of coalescence on cavity growth during superplastic deformation [J]. Mater. Sci. Technol., 1985, 1: 461~465.

[68] Jiang X G, Cui J Z, Ma L X. A simple formula for cavity growth rate considering cavity interlinkage during superplastic deformation [J]. Mater. Sci. Eng. A, 1994, 174: 9~11.

[69] Chokshi A H, Mukherjee A K, Langdon T G. Superplasticity in advanced materials [J]. Mater. Sci. Eng. R, 1993, 10: 237~274.

[70] Ridley N, Pilling J. Cavitation in superplastic alloys - Experimental [C]. Superplasticity, Eds. B Baudelet, M Suery, Paris, CNRS, Chapter 8, 1985.

[71] 曹富荣, 管仁国, 丁桦, 李英龙, 周舸, 崔建忠. 超轻α固溶体基Mg-6Li-3Zn合金的位错蠕变 [J]. 金属学报, 2010, 46 (6): 715~722.

[72] 曹富荣, 丁桦, 李英龙, 周舸. 超轻双相镁锂合金超塑性、显微组织演变与变形机理 [J]. 中国有色金属学报, 2009, 19 (11): 1908~1916.

[73] Cao F R, Ding H, Li Y L, Zhou G, Cui J Z. Superplasticity, dynamic grain growth and deformation mechanism in ultralight two-phase magnesium-lithium alloys [J]. Mater Sci Eng A, 2010, 527 (9): 2335~2341.

[74] Bampton C C, Raj R. Influence of hydrostatic pressure and multiaxial straining on cavitation in a superplastic aluminum alloy [J]. Acta Metall., 1982, 30 (11): 2043~2053.

[75] Pilling J, Ridley N. Effect of hydrostatic pressure on cavitation in superplastic aluminum alloys [J]. Acta Metall. 1986, 34 (4): 669~679.

[76] Varloteauz A, Blandin J J, Suery M. Control of cavitation during superplastic forming of high strength aluminum alloys [J]. Mater. Sci. Technol., 1989, 5 (11): 1109~1117.

[77] Hart E W. Theory of the tensile test [J]. Acta Metall. 1967, 15 (2): 351~355.

[78] Duncombe E. Plastic instability and growth of grooves and patches in plates or tubes [J]. Int. J. Mech. Sci., 1972, 14 (5): 325~337.

[79] Sato E, Kuribayashi K. Superplasticity and deformation induced grain growth [J]. ISIJ Inter., 1993, 33 (8): 825~832.

[80] Chen C L, Tan M J. Cavity growth and filament formation of superplastically deformed Al 7475 alloy [J]. Mater. Sci. Eng. A, 2001, 298: 235~244.

[81] Chang J K, Taleff E M, Krajewski P E, Ciulik J R. Effects of atmosphere in filament formation on a superplastically deformed aluminum-magnesium alloy [J]. Scr. Mater., 2009, 60: 459~462.

[82] Kulas M A, Green W P, Taleff E M, Krajewski P E, McNelley T R. Failure mechanisms in

superplastic AA5083 material [J]. Metall. Mater. Trans. A, 2006, 37: 645~655.

[83] Tan J C, Tan M J, Superplasticity and grain boundary sliding characteristics in two stage deformation of Mg-3Al-1Zn alloy sheet [J]. Mater. Sci. Eng. A, 2003, 339: 81~89.

[84] Rashed H M M A, Robson J D, Bate P S, Davis B. Application of X-ray microtomography to analysis of cavitation in AZ61 magnesium alloy during hot deformation [J]. Mater. Sci. Eng. A, 2011, 528: 2610~2619.

[85] Kawasaki M, Langdon T G. An investigation of cavity development during superplastic flow in a inc-Aluminum alloy processed using severe plastic deformation [J]. Mater. Trans. A, 2012, 53: 87~95.

[86] Tanaka T, Higashi K. Cavitation behavior in superplastically deformed Zn-22mass% Al at room temperature [J]. Mater. Trans., 2004, 45 (8): 2547~2551.

[87] Caceres C H, Silvetti S P. Cavitation damage in the superplastic Zn-22%Al-0.5%Cu alloy [J]. Acta Metall., 1987, 35 (4): 897~906.

[88] Ningning Du, Allan F Bower, Paul E Krajewski. Numerical simulations of void growth in aluminum alloy AA5083 during elevated temperature deformation [J]. Mater. Sci. Eng. A, 2010, 527: 4837~4846.

[89] Bae D H, Ghosh AK. Cavity growth during superplastic flow in an Al-Mg alloy: I. Experimental study [J]. Acta Mater., 2002, 50 (5): 993~1009.